JN180998

146 コンクリートライブラリー

フェロニッケルスラグ骨材を用いたコンクリートの設計施工指針

土木学会

Concrete Library 146

Recommendations for Design and Construction of Concrete Structures Using Ferronickel Slag Aggregate

July ,2016

Japan Society of Civil Engineers

序

フェロニッケルスラグ骨材は，フェロニッケルを製錬する際に発生する溶融状態のスラグを徐冷あるいは水または空気で急冷し粒度調整したものである．フェロニッケルスラグ骨材をコンクリート用骨材として利用するための研究は1960年代から始められ，1980年代に入ってからは産業副産物の有効利用や，骨材採取による自然破壊を防止する観点から更なる検討が進められた．それらの成果をもとに，1992年10月，JIS A 5011「コンクリート用スラグ骨材」の中にフェロニッケルスラグ細骨材の品質規格が初めて盛り込まれた．また，1994年1月には，土木学会「フェロニッケルスラグ細骨材コンクリートの施工指針（案）」が発刊され，利用の促進が図られた．

その後，1997年8月，JIS A 5011-2「コンクリート用スラグ骨材—第2部：フェロニッケルスラグ骨材」として単独で規格化された．一方，土木学会コンクリート委員会では日本鉱業協会からの委託を受け，1996〜97年にスラグ細骨材研究小委員会を設けて改訂作業を行い，1998年2月に「フェロニッケルスラグ細骨材を用いたコンクリートの施工指針」を発刊している．

2010年に，コンクリート用骨材又は道路用等のスラグ類に化学物質評価方法を導入する指針に関する検討会が経済産業省により設置され，検討会が提案する「循環資材の環境安全品質及び検査方法に関する基本的考え方」に基づき，「コンクリート用スラグ骨材に環境安全品質及びその検査方法を導入するための指針」ならびに「道路用スラグに環境安全品質及びその検査方法を導入するための指針」が，日本工業標準調査会土木技術専門委員会及び建築技術専門委員会の審議を経て，2011年7月に制定された．

以上の状況を踏まえ，土木学会コンクリート委員会では，2013年10月に日本鉱業協会からの委託を受けて「非鉄スラグ骨材コンクリート研究小委員会」を設置し，これまでの指針の改訂版を作成すべく，2年半の調査研究活動を開始した．

1997年のJIS制定以降，JIS A 5011-2は，2003年6月の軽微な改正を経て，上記の検討会の指針をもとに，2016年4月に環境安全品質に関する規定の追加等を伴う改正に至っている．循環資材であるフェロニッケルスラグ骨材への環境安全品質及びその検査方法の導入は，2016年のJIS A 5011-2の大きな事項である．なお，これまでの実績では，フェロニッケルスラグ骨材は，環境安全品質基準として定める8項目の基準値を満足することが明らかになっている．

また2016年のJIS改正において，フェロニッケルスラグ粗骨材も新たに規格化された．この粗骨材は，フェロニッケルを製錬する際に発生する溶融スラグを徐冷し，粗骨材の粒度区分に適合するよう破砕，粒度調整したものである．これまでの研究成果を踏まえ，またJIS化されたことを受け，今回，新たに本指針でフェロニッケルスラグ粗骨材を取り上げて記載することとした．

本改訂版が，フェロニッケルスラグ骨材の有効利用と，フェロニッケルスラグ骨材を用いたコンクリートの健全な普及に寄与することを願っている．

最後に，本改訂版の発刊に献身的な努力を頂いた幹事長の佐伯竜彦博士ならびに日本鉱業協会の栗栖一之氏をはじめとする委員各位に厚くお礼申し上げる次第である．

平成28年6月

非鉄スラグ骨材コンクリート研究小委員会

委員長　　宇治公隆

土木学会　コンクリート委員会　委員構成

（平成25年度・26年度）

顧　問　石橋　忠良　魚本　健人　角田與史雄　國府　勝郎　阪田　憲次
　　　　関　　　博　田辺　忠顕　辻　　幸和　檜貝　　勇　町田　篤彦
　　　　三浦　　尚　山本　泰彦

委員長　二羽淳一郎

幹事長　岩波　光保

委　員

○綾野　克紀	○池田　博之	△石田　哲也	伊東　　昇	伊藤　康司	○井上　　晋
岩城　一郎	○上田　多門	○宇治　公隆	○氏家　　勲	○内田　裕市	○梅原　秀哲
梅村　靖弘	遠藤　孝夫	大津　政康	大即　信明	岡本　享久	金子　雄一
○鎌田　敏郎	○河合　研至	○河野　広隆	○岸　　利治	△小林　孝一	○佐伯　竜彦
○坂井　悦郎	堺　　孝司	佐藤　　勉	○佐藤　靖彦	佐藤　良一	○島　　　弘
△下村　　匠	○鈴木　基行	○添田　政司	○武若　耕司	○田中　敏嗣	○谷村　幸裕
○土谷　　正	○津吉　　毅	手塚　正道	鳥居　和之	○中村　　光	○名倉　健二
○信田　佳延	○橋本　親典	服部　篤史	△濵田　秀則	原田　哲夫	△久田　　真
福手　　勤	○前川　宏一	○松田　　隆	松田　　浩	○松村　卓郎	△丸屋　　剛
○丸山　久一	三島　徹也	○宮川　豊章	宮本　文穂	○睦好　宏史	○森　　拓也
○森川　英典	○横田　　弘	吉川　弘道	六郷　恵哲	渡辺　忠朋	○渡辺　博志

旧委員　城国　省二

（50音順，敬称略）

○：常任委員会委員

△：常任委員会委員兼幹事

土木学会　コンクリート委員会　委員構成

（平成 27 年度・28 年度）

顧　　問　石橋　忠良　　魚本　健人　　阪田　憲次　　丸山　久一

委 員 長　前川　宏一

幹 事 長　石田　哲也

委　員

△綾野　克紀	○井上　　晋	岩城　一郎	△岩波　光保	○上田　多門	○宇治　公隆
○氏家　　勲	○内田　裕市	○梅原　秀哲	梅村　靖弘	遠藤　孝夫	大津　政康
大即　信明	岡本　享久	春日　昭夫	金子　雄一	○鎌田　敏郎	○河合　研至
○河野　広隆	○岸　　利治	木村　嘉富	△小林　孝一	△齊藤　成彦	○佐伯　竜彦
○坂井　悦郎	○坂田　　昇	佐藤　　勉	○佐藤　靖彦	○島　　　弘	○下村　　匠
○鈴木　基行	須田久美子	○竹田　宣典	○武若　耕司	○田中　敏嗣	○谷村　幸裕
○土谷　　正	○津吉　　毅	手塚　正道	土橋　　浩	鳥居　和之	○中村　　光
△名倉　健二	○二羽淳一郎	○橋本　親典	服部　篤史	○濵田　秀則	原田　修輔
原田　哲夫	△久田　　真	福手　　勤	○松田　　浩	○松村　卓郎	○丸屋　　剛
三島　徹也	○水口　和之	○宮川　豊章	○睦好　宏史	○森　　拓也	○森川　英典
○横田　　弘	吉川　弘道	六郷　恵哲	渡辺　忠朋	渡邉　弘子	○渡辺　博志

旧 委 員　伊藤　康司
　　　　　添田　政司
　　　　　松田　　隆

（50 音順，敬称略）
○：常任委員会委員
△：常任委員会委員兼幹事

土木学会　コンクリート委員会
非鉄スラグ骨材コンクリート研究小委員会　委員構成

委員長　　宇治　公隆（首都大学東京）
幹事長　　佐伯　竜彦（新潟大学）

幹　事

綾野　克紀（岡山大学）
呉　　承寧（愛知工業大学）
上野　　敦（首都大学東京）
橋本　親典（徳島大学）

委　員

阿波　　稔（八戸工業大学）
伊藤　康司（全国生ｺﾝｸﾘｰﾄ工業組合連合会）
氏家　　勲（愛媛大学）
臼井　達哉（大成建設(株)）
久保　善司（金沢大学）
栗田　守朗（清水建設(株)）
佐川　康貴（九州大学）
近松　竜一（(株)大林組）（～2015 年 4 月）
信田　佳延（鹿島建設(株)）
羽渕　貴士（東亜建設工業(株)）
丸岡　正知（宇都宮大学）
三浦　律彦（(株)大林組）（2015 年 5 月～）
山路　　徹（(国研)港湾空港技術研究所）
渡辺　博志（(国研)土木研究所）

委託側委員

大舘　広克（大平洋金属(株)）（2014 年 7 月～）
亀谷　敏博（ﾊﾟﾝﾊﾟｼﾌｨｯｸ・ｶｯﾊﾟｰ(株)）（～2015 年 9 月）
川崎　康一（大平洋金属(株)）（～2014 年 6 月）
川西　政雄（住友金属鉱山(株)）
栗栖　一之（日本鉱業協会）
黒岩　義仁（三菱ﾏﾃﾘｱﾙ(株)）（2015 年 4 月～）
立屋敷久志（三菱ﾏﾃﾘｱﾙ(株)）（～2015 年 3 月）
平出　正幸（ﾊﾟﾝﾊﾟｼﾌｨｯｸ・ｶｯﾊﾟｰ(株)）（2015 年 10 月～）
安田　智弘（日本冶金工業(株)）

フェロニッケルスラグ骨材を用いた
コンクリートの設計施工指針

目　次

1章　総　　則

1.1　一　　般

（1）この指針は，フェロニッケルスラグを細骨材または粗骨材として用いるコンクリートの設計と施工について，一般の標準を示すものである．この指針に示されていない事項は，土木学会「コンクリート標準示方書」によるものとする．

（2）フェロニッケルスラグ細骨材とフェロニッケルスラグ粗骨材は併用して用いないことを標準とする．

【解　説】　（1）について　フェロニッケルスラグ骨材は，フェロニッケルを製錬する際に副産される溶融状態のスラグを徐冷あるいは水または空気で急冷し，コンクリート用骨材として粒度調整を施したものである．現在，国内のフェロニッケル製錬所の炉型式は，電気炉が2箇所，ロータリーキルンが1箇所ある．

フェロニッケルスラグをコンクリート用細骨材として活用するための研究は，1960年代から始められていたが,産業副産物の有効利用,骨材採取による自然環境破壊の防止等を求める社会的風潮が強まり始めた1980年代に入って特に活発に行われるようになった．また，土木学会および日本建築学会のそれぞれの委員会や日本鉱業協会が独自に組織した中立的な委員会でも，フェロニッケルスラグをコンクリート用細骨材の新たな資源として活用していく場合の問題点や利用方法の検討が行われた．これらの研究の成果をもとに，フェロニッケルスラグ細骨材は，コンクリートに使用可能なスラグ骨材の１種類として，1992年10月にJIS A 5011「コンクリート用スラグ骨材」の中に初めて規格が盛り込まれ，1997年8月にはJIS A 5011-2「コンクリート用スラグ骨材－第2部：フェロニッケルスラグ骨材」として単独で規格化された．その後，引用規格の名称および用語の変更に伴う改正（2003年6月），環境安全品質に関する規定の追加等に伴う改正（2016年4月）を経て現在に至っている．また，2016年のJIS改正ではフェロニッケルスラグ粗骨材も統合規格化されるに至った．この粗骨材はニッケルを製錬する際に副産される溶融スラグを徐冷し，粗骨材の粒度区分に適合するよう破砕，粒度調整したものである．

また，建設材料の環境安全性に対する社会的要請の高まりから，日本鉱業協会では非鉄スラグの有効利用における環境リスク解析調査を実施した．その結果を踏まえ2016年のJIS改正では，土壌汚染対策法に基づく溶出量基準および含有量基準が環境安全品質基準として盛り込まれた．ただし，現在，わが国で製造されているフェロニッケルスラグ骨材は，コンクリートの細骨材あるいは粗骨材の全量をスラグ骨材に置換した場合であってもJISに規定されている環境安全品質基準を満足することが確認されている．このことから，コンクリートの環境安全性に特段の配慮を必要とせず，フェロニッケルスラグ骨材をコンクリート用骨材として単独使用することも可能である．

循環資材であるフェロニッケルスラグ骨材への環境安全品質およびその検査方法は，2016年のJIS A 5011-2での改正で初めて導入されたものであり，この指針においては，フェロニッケルスラグ骨材を用いたコンクリートの環境安全性の考え方は3章にまとめている．

一般に，フェロニッケルスラグ骨材を用いたコンクリートは，普通骨材コンクリートと比較して収縮ひずみが小さくなる傾向にあることから，コンクリートのひび割れ抵抗性の改善にフェロニッケルスラグ骨材を活用することが有効である．フェロニッケルスラグ細骨材および粗骨材の一部にはアルカリシリカ反応性を有する骨材が含まれる．しかし，「無害でない」と判定されるフェロニッケルスラグ骨材であっても，抑制対策が確立されている．アルカリシリカ反応性試験において無害でないと判定されるフェロニッケルスラグ骨材をコンクリートに用いる場合には，JIS A 5011-2 附属書D（規定）に示されている抑制対策を講じることでコンクリート用骨材として用いればよい．なお，アルカリシリカ反応の抑制対策についてはこの指針で詳述している．

この指針におけるフェロニッケルスラグ骨材の使用は，JIS規格に適合しているものを用いることを前提としている．一般の土木構造物に適用するコンクリートの場合は，コンクリートに対する要求性能が満足されるよう適切な混合率で，フェロニッケルスラグ細骨材あるいは粗骨材を通常の砂や砕砂，あるいは砂利や砕石と混合使用することが推奨される．フェロニッケルスラグ細骨材および粗骨材の絶乾密度は，使用される炉の種類，粒径等によっても相違するが，一般の天然産骨材の値と比べて10～25％程度大きい．この特質を積極的に活用して，フェロニッケルスラグ細骨材あるいは粗骨材を単独，もしくは砂や砕砂，あるいは砂利や砕石と高い混合率で混合して用いれば，コンクリートの単位容積質量が増加するので，このような効果が望ましい構造物，たとえば，消波ブロック，砂防ダム，重力式擁壁等の場合は有利になると考えられる．特に，浮力の影響を考慮する必要がある消波ブロック等では，フェロニッケルスラグ骨材の密度が大きい特質を効果的に利用できる．

以上のように，フェロニッケルスラグ骨材は，その特徴を十分に把握して適切に使用すれば，コンクリート用骨材として適用可能な材料である．特に，2016年の時点で，年間約290万トンに及ぶフェロニッケルスラグが副産されている3つの製錬所は，東北地方，近畿地方および九州地方に分散・立地している．したがって，各製錬所で製造されるフェロニッケルスラグ骨材は，それぞれの地域における川砂・砕砂，砂利・砕石等の品質改善あるいは骨材の枯渇問題の緩和に大きく寄与できるものと考えられる．しかし，他の各種材料と同様に，フェロニッケルスラグ骨材の場合も，その使用方法が適切でないと，所要の効果が得られないだけでなく，コンクリートの品質が悪化することもあるので，事前にその使用方法について十分に検討しておくことが大切である．

この指針は，フェロニッケルスラグ骨材を用いたコンクリートを土木構造物に適用する場合に特に必要な事項についての標準を示したものであり，所要の品質のコンクリート構造物を造るためには，この指針に示した事項の趣旨を十分に理解して，適切に施工する必要がある．この指針に示されていない事項については，土木学会「コンクリート標準示方書」によるものとする．

なお，この指針では，フェロニッケルスラグ骨材と混合使用する骨材としては，JIS規格に示される砂・砕砂，あるいは砂利・砕石のみを対象としている．これは，この指針が作成された時点で，砂・砕砂，砂利・砕石を除く他の種類の骨材とフェロニッケルスラグ骨材を混合使用した試験の結果や施工例がほとんど無く，必要な情報を収集できなかった理由による．また，同様の理由により，オートクレーブ養生を行うコンクリートも対象外とする．

なお，この指針で引用しているコンクリート標準示方書，JIS等は，指針発行時の最新のものとする．

（２）について　フェロニッケルスラグ細骨材とフェロニッケルスラグ粗骨材を併用して用いると，コンクリートの単位容積質量の増加が100kg/m^{3}を超えること，アルカリシリカ反応の抑制対策に信頼性がないこと等から，本指針では併用をしないことを標準としている．ただし，コンクリートの品質が確認されれば，フェロニッケルスラグ細骨材とフェロニッケルスラグ粗骨材を併用して用いてよい．

1.2　用語の定義

この指針では，用語を次のように定義する．

普通細骨材：細骨材として用いる砂および砕砂の総称．

普通粗骨材：粗骨材として用いる砂利および砕石の総称．

フェロニッケルスラグ細骨材：フェロニッケルの製錬の際に生成する溶融スラグを徐冷，または水，空気等によって急冷し，コンクリート用細骨材に適合するよう粒度調整したもの（略記：FNS）．

フェロニッケルスラグ粗骨材：フェロニッケルの製錬の際に生成する溶融スラグを徐冷し，コンクリート用粗骨材に適合するよう粒度調整したもの（略記：FNG）．

フェロニッケルスラグ混合細骨材：フェロニッケルスラグ細骨材と普通細骨材とを所定の割合で混合したもの

フェロニッケルスラグ混合粗骨材：フェロニッケルスラグ粗骨材と普通粗骨材とを所定の割合で混合したもの

フェロニッケルスラグ細骨材混合率：コンクリート中の細骨材全量に占めるフェロニッケルスラグ細骨材の混合割合を絶対容積百分率で表わした値（略記：FNS 混合率）．

フェロニッケルスラグ粗骨材混合率：コンクリート中の粗骨材全量に占めるフェロニッケルスラグ粗骨材の混合割合を絶対容積百分率で表わした値（略記：FNG 混合率）．

フェロニッケルスラグ骨材コンクリート：骨材の一部または全てにフェロニッケルスラグ骨材を用いたコンクリート．

普通骨材コンクリート：骨材として，普通細骨材および普通粗骨材のみを用いて製造されたコンクリート．

環境安全形式検査：フェロニッケルスラグ骨材が環境安全品質を満足するものであるかを判定するための検査．

環境安全受渡検査：環境安全形式検査に合格したものと同じ製造条件のフェロニッケルスラグ骨材の受渡しの際に，その環境安全品質を保証するために行う検査．

一般用途：フェロニッケルスラグ骨材を用いるコンクリート構造物又はコンクリート製品の用途のうち，港湾用途を除いた一般的な用途．

港湾用途：フェロニッケルスラグ骨材を用いるコンクリート構造物等の用途のうち，海水と接する港湾の施設又はそれに関係する施設で半永久的に使用され，解体・再利用されることのない用途．港湾に使用する場合であっても再利用を予定する場合は，一般用途として取り扱わなければならない．

【解　説】　普通細骨材について　この指針では，川砂，山砂，海砂等の砂や砕砂を総称して，普通細骨材と呼ぶ．

普通粗骨材について　この指針では，川砂利に代表される天然産の各種の砂利や砕石を総称して，普通粗骨材と呼ぶ．

フェロニッケルスラグ細骨材および粗骨材について　フェロニッケルの製法は，電気炉を使用する製法とロータリーキルンを使用する製法の2種類に大別される．副産されるフェロニッケルスラグは，冷却方法によって水砕スラグ，風砕スラグおよび徐冷スラグの3種類に分けられる．電気炉からは電炉水砕スラグ，電炉風砕スラグおよび電炉徐冷スラグが製造され，ロータリーキルンからはキルン水冷スラグが製造されている．これらのフェロニッケルスラグをコンクリート用細骨材および粗骨材の粒度区分に適合するよう粒度調整したものがフェロニッケルスラグ細骨材および粗骨材である．現在，細骨材として，電炉水砕スラグ，電炉風砕スラグおよびキルン水冷スラグの3種類のフェロニッケルスラグ細骨材が，粗骨材として，電炉徐冷スラグの1種類のフェロニッケルスラグ粗骨材が供給されている．

電炉風砕スラグは，溶融スラグを空気流で急冷することによって得られるので，そのほとんど全ての粒子が球状に近い粒形をしている．このことから，コンクリートの単位水量の低減やフレッシュコンクリートの流動性を改善する効果が期待できる．現在，わが国で電炉風砕スラグを製造している工場では，カルシウム量が比較的高いことからスラグ中のガラス質なシリカ分の割合が少なくなる傾向にあり，JIS A 1146（モルタルバー法）によるアルカリシリカ反応性試験において無害と判定されるフェロニッケルスラグ細骨材が製造されている．

電炉水砕スラグは，溶融スラグを水で急冷することによって得られたもので，ガラス質であること，微粒分を含まない単粒度に近い粒度組成のものであること等の特徴を有する．電炉徐冷スラグは，溶融スラグを徐冷ヤードに 0.5m 程度以下の厚さで層状に排出し，大気によって冷却したものであるが，徐冷ヤード内で最初に流れてくる溶融状態のスラグは，常温の樋に接触し急冷されるため，部位によってはガラス化しやすい．さらに，電炉水砕スラグおよび電炉徐冷スラグを製造している工場では，スラグ中のカルシウムが乏しいことからガラス質なシリカ分の割合が増加しやすい．このため，電炉水砕スラグおよび電炉徐冷スラグは，JIS A 1146（モルタルバー法）によりアルカリシリカ反応試験を行うと，無害でないと判定されることが多い．

キルン水冷スラグは，フェロニッケルとスラグが混在した半溶融物を水で冷却し，これをさらに破砕機で破砕した後，磁力および密度差を利用し，フェロニッケルを多く含む部分を選鉱回収した後に残るスラグであり，スラグ粒子は全般的に細かくなる傾向にある．キルン水冷スラグは，水砕スラグほど冷却速度が速くないことや，現在わが国で製造している工場ではカルシウム量が高いことから骨材中のガラス質なシリカ分の割合が少なく JIS A 1146（モルタルバー法）によるアルカリシリカ反応性試験では無害と判定されることが多い．

上記のように，フェロニッケルスラグは，スラグが副産される過程がそれぞれ異なっており，スラグのガラス化の程度，粒形および粒度等も種類によって相違している．これらの中には，コンクリート用骨材として利用するために，粒形および粒度の改善を必要とするものも含まれている．このため，各製錬所では，フェロニッケルスラグをクラッシャで破砕する等して，その粒度および粒形がコンクリート用骨材として適するように調整したものを製造している．なお，JIS A 5011-2 には，粒度の違いによって，4種類のフェロニッケルスラグ細骨材と3種類のフェロニッケルスラグ粗骨材が規定されている．

フェロニッケルスラグ混合細骨材および混合粗骨材について　フェロニッケルスラグ細骨材および粗骨材を普通骨材と混合した骨材で，ミキサに投入時に混合される場合と，予め混合してレディーミクストコンクリート工場に入荷される場合がある．

フェロニッケルスラグ細骨材混合率および粗骨材混合率について　コンクリート中の細骨材あるいは粗骨材の全量に占めるフェロニッケルスラグ細骨材あるいは粗骨材の量を容積百分率で表した値．密度の異なる骨材を混合して使用する場合には，混合率は容積の比率で表すのが適切と考えられる．この指針では，フェロニッケルスラグ骨材と普通骨材を混合する場合の混合率や粒度分布を表す場合には絶対容積の比率で表す．

環境安全形式（かたしき）検査について　JIS A 5011-2 で定義されている用語であり，フェロニッケルスラグをコンクリート用骨材として使用するために粒度調製等の加工を行った後，物理的・化学的性質ならびに粒度，微粒分量等が要求品質を満足することが確認されたフェロニッケルスラグ骨材が，環境安全品質を満足するかを判定するための検査である．試料には利用模擬試料（コンクリート）または適切な試料採取方法で採取されたフェロニッケルスラグ骨材が用いられるが，利用模擬試料（コンクリート）を用いた場合の環境安全品質の保証は，同一とみなせる配合条件で使用する場合のみに限定される．

環境安全受渡検査について　JIS A 5011-2 で定義されている用語であり，環境安全形式検査に合格したものと同じ製造条件のフェロニッケルスラグ骨材の受渡しの際に，その環境安全品質を保証するために行う検査である．試料には適切な試料採取方法で採取されたフェロニッケルスラグ骨材が用いられる．

一般用途および港湾用途について　JIS A 5011-2 で定義されている用語であり，フェロニッケルスラグ細骨材を用いるコンクリート構造物等の用途を表す．環境安全品質基準が一般用途と港湾用途で異なり，一般用途の場合には重金属類の溶出量および含有量に関する基準を，港湾用途の場合には溶出量に関する基準を満足しなければならない．

1.3　構　　成

この指針は，フェロニッケルスラグを細骨材または粗骨材として用いるコンクリートの品質について設計段階および施工段階で考慮すべき事項について示すとともに，所要の性能を満足するコンクリートを製造できるように，以下の 13 章から構成されている．

1 章　総　　則
2 章　フェロニッケルスラグ骨材コンクリートの品質
3 章　環境安全性
4 章　性能照査
5 章　材料の設計値
6 章　骨　　材
7 章　配合設計
8 章　製　　造
9 章　レディーミクストコンクリート
10 章　運搬・打込みおよび養生
11 章　品質管理
12 章　検　　査
13 章　特別な考慮を要するコンクリート

【解　説】　2 章について　フェロニッケルスラグ骨材を用いたコンクリートの品質および設計時に考慮すべき事項について示している．なお，フェロニッケルスラグ骨材コンクリートの充填性および圧送性の施工性能についても設計時に予め考慮しておくことが望ましい．

3 章について　2011 年 7 月に JIS に導入された環境安全品質の考え方に基づいて，フェロニッケルスラグ骨材コンクリートの環境安全性の照査およびその照査に用いる環境安全品質の設計値を示している．

6 章について　フェロニッケルスラグ細骨材およびフェロニッケルスラグ粗骨材の特性，品質および環境安全面での留意事項，混合細骨材の品質等を整理している．また，予め混合したフェロニッケルスラグ混合細骨材の取扱い方法について示している．なお，混合率の推定方法については，付録Ⅲに示している．

13 章について　単位容積質量が大きいことが有利なコンクリート部材，舗装コンクリートおよびダムコンクリートにフェロニッケルスラグ骨材コンクリートを用いる場合に留意すべきことを示している．

2章　フェロニッケルスラグ骨材コンクリートの品質

2.1 一　般

（1）フェロニッケルスラグ骨材コンクリートは，品質のばらつきが少なく，施工の各作業に適したワーカビリティーを有するとともに，硬化後は所要の強度，耐久性，水密性，ひび割れ抵抗性，単位容積質量，環境安全性等を有するものでなければならない．

（2）フェロニッケルスラグ細骨材混合率またはフェロニッケルスラグ粗骨材混合率は，容積比で50%以下を標準とする．

【解　説】 （1）および（2）について　フェロニッケルスラグ骨材コンクリートを用いて所要の性能を有する構造物を造るためには，普通骨材コンクリートと同様にそれらの要求性能を構造物に付与でき，かつ，適切な施工を行うことができるコンクリートを用いる必要がある．この章は，この原則に基づいて，フェロニッケルスラグ骨材コンクリートに要求される基本的な品質について規定するものである．

この章では，フェロニッケルスラグ骨材コンクリートに要求される基本的品質として，均質性，ワーカビリティー，強度，耐久性，水密性，ひび割れ抵抗性，鋼材を保護する性能，化学的侵食に対する抵抗性，単位容積質量を取り上げた．なお，材料に含有する，あるいは，材料から溶出する重金属等の化学物質が，人および自然環境に悪い影響を及ぼさないためにフェロニッケルスラグ骨材が確保しなければならない環境安全品質は，第3章に示す．

JIS A 5011-2 では，粒度区分によりフェロニッケルスラグ細骨材は 5mm フェロニッケルスラグ（FNS5），2.5mm フェロニッケルスラグ細骨材（FNS2.5），1.2mm フェロニッケルスラグ細骨材（FNS1.2）および 5～0.3mm フェロニッケルスラグ細骨材（FNS5-0.3）の 4 種類，フェロニッケルスラグ粗骨材はフェロニッケルスラグ粗骨材 2005（FNG20-5），フェロニッケルスラグ粗骨材 2015（FNG20-15）およびフェロニッケルスラグ粗骨材 1505（FNG15-5）の 3 種類がそれぞれ規格化されている．しかし，現在，コンクリート用骨材として市場に供給されているものは，フェロニッケルスラグ細骨材においては FNS5，FNS1.2 および FNS5-0.3 の 3 種類で，フェロニッケルスラグ粗骨材においては FNG20-5 の 1 種類である．したがって，本章ではこれらの粒度区分の骨材を用いたコンクリートの品質を中心に解説する．また，JIS ではフェロニッケルスラグ骨材を用いたコンクリートの用途として一般用途と港湾用途が規定されており，以下のように呼び方が定められている．

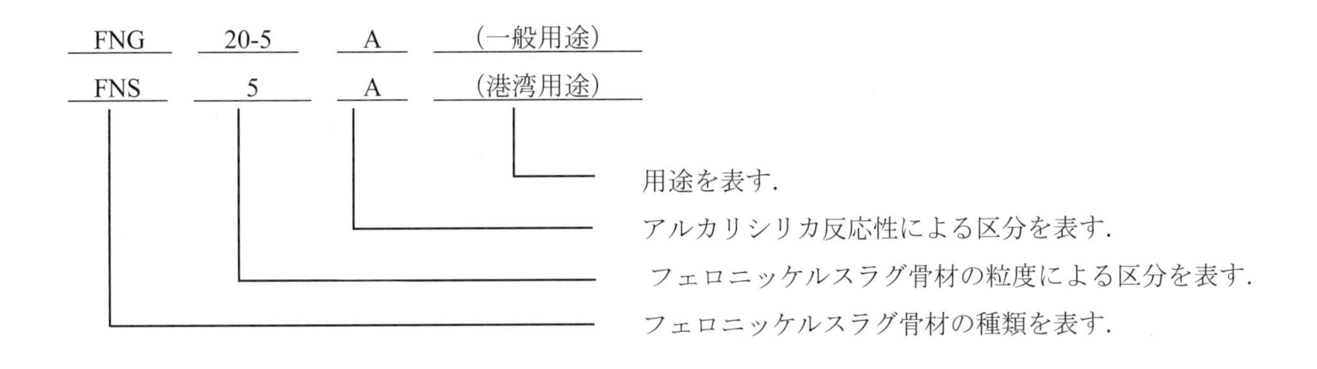

一般に, FNS1.2 および FNS5-0.3 は, 他の細骨材と混合し粒度調整を行うことが前提となる. 一方, FNS2.5, FNS5, FNG20-5 および FNG15-5 は単独使用が可能である. なお, 現在製造されているフェロニッケルスラグ骨材は, コンクリートの細骨材あるいは粗骨材の全量をスラグ骨材に置換した場合であっても JIS に規定されている環境安全品質基準を満足することが確認されている.

フェロニッケルスラグ骨材混合率が大きなコンクリートでは, 単位容積質量の増大とともに普通骨材コンクリートと比較してブリーディングが生じやすくなり, ワーカビリティーや耐凍害性への配慮が必要となる. ただし, 細骨材はフェロニッケルスラグ細骨材混合率が容積比で50%以下で, 粗骨材は普通粗骨材のみが用いられる場合, あるいは, 粗骨材はフェロニッケルスラグ粗骨材混合率が容積比で50%以下で, 細骨材は普通細骨材のみが用いられる場合であれば, コンクリートの単位容積質量の増加が100kg/m^{3}程度以下であり, 特別な配慮を必要とせず普通骨材コンクリートと同等と考えてよいことが実験によって確認されている.

なお, この章に記載されているもの以外の品質がコンクリートに求められる場合には, 構造物の要求性能を満足できるように, コンクリートの品質を検討することが重要である.

2.2　均 質 性

フェロニッケルスラグ骨材コンクリートは, その材料の品質および製造のばらつきが少なく, 品質が安定していなければならない.

【解　説】　コンクリートに使用する材料の品質および製造のばらつきが大きいと, 所要の品質のコンクリートを安定して供給することが困難になり, コンクリート構造物の性能に悪影響を及ぼす. したがって, フェロニッケルスラグ骨材を用いる場合でも普通骨材コンクリートと同様に材料の品質管理ならびにコンクリートの製造工程の管理を十分に行い, バッチ間の変動が少なく, 安定した品質のコンクリートを常に供給できるよう配慮することが大切である. また, フェロニッケルスラグ骨材の混合率が大きなコンクリートでは, 普通骨材コンクリートと比較してブリーディングが増加し均質性への影響も懸念される. そこで, 細骨材あるいは粗骨材のフェロニッケルスラグ骨材混合率が 50%を超えるコンクリートの場合には, 過度なブリーディング等の材料分離が生じにくい配合とするとともに, ブリーディングの影響を小さくする施工計画が設計段階から考慮されることが望まれる.

2.3　ワーカビリティー

フェロニッケルスラグ骨材コンクリートは, 施工条件, 構造条件, 環境条件に応じてその運搬, 打込み, 締固め, 表面仕上げ等の作業に適するワーカビリティーを有していなければならない.

【解　説】　所要の性能を有するコンクリート構造物を構築するためには, コンクリートの運搬, 打込み, 締固めや仕上げ等の作業が適切に行われる必要がある. フェロニッケルスラグ骨材コンクリートのワーカビリティーは, フェロニッケルスラグ細骨材混合率あるいはフェロニッケルスラグ粗骨材混合率が容積比で50%以下であれば普通骨材コンクリートと同等以上と考えてよい. とくに, FNS1.2 を用いた場合には, ワーカビリティーは著しく改善されることが実験によって確認されている. ただし, フェロニッケルスラグ骨材コンクリートは，フェロニッケルスラグ細骨材混合率あるいはフェロニッケルスラグ粗骨材混合率の増加にともないブリーディングが生じ，ワーカビリティーが低下しやすい傾向にある．ブリーディングの発生を抑制するためには各種鉱物質微粉末を混和することが効果的であるが，各種鉱物質微粉末を混和する場合には，減水効果の高い混和剤を使用することおよび適切なフェロニッケルスラグ骨材混合率を検討するのがよい．

2.3.1　充 塡 性

（1）充塡性は，構造物の種類，部材の種類および大きさ，鋼材量や鋼材の最小のあき等の配筋条件とともに，場内運搬の方法や締固め作業方法等を考慮して，作業のできる範囲内で適切に定めなければならない．

（2）充塡性は，フェロニッケルスラグ骨材コンクリートの流動性と材料分離抵抗性から定めるものとする．

（3）フェロニッケルスラグ骨材コンクリートの流動性は，打込みの最小スランプを適切に設定することによって確保することを標準とする．

（4）フェロニッケルスラグ骨材コンクリートの材料分離抵抗性は，単位セメント量または単位粉体量，細骨材率，化学混和剤の種類または添加量等を適切に設定することによって確保することを標準とする．

【解　説】　（1）および（2）について　コンクリートに要求される充塡性とは，振動締固めを通じて，コンクリートが材料分離することなく鉄筋間を通過し，かぶり部や隅角部等に密実に充塡できる性能である．作業の条件に応じて必要とされる充塡性は異なるため，種々の施工条件を考慮して適切な充塡性を設定する必要がある．

（3）について　コンクリートの密実な充塡性を得るためには，打込み時に必要なスランプを確実に確保しておく必要がある．そのためには，コンクリート標準示方書［施工編：施工標準］に示されるように，施工方法や現場内の運搬方法等を考慮して打込みの最小スランプを設定し，荷卸しの目標スランプを選定するのがよい．

（4）について　フェロニッケルスラグ骨材は，普通骨材と比較して密度が大きいのが特徴である．そのため，フェロニッケルスラグ細骨材混合率あるいはフェロニッケルスラグ粗骨材混合率が容積比で50%を超えるような場合には，コンクリートの材料分離抵抗性が低下する可能性がある．そのような場合に，一般的な施工計画で設定されている打込み高さや打込み速度，締固め方法で，確実にフェロニッケルスラグ骨材コンクリートを充塡させるためには，普通骨材コンクリートの単位粉体量よりも多くする，細骨材率を増加させる，減水効果の大きい化学混和剤を使用し単位水量を低減する等の対策を講じるとよい．

2.3.2　圧 送 性

ポンプを用いて施行する場合は，フレッシュコンクリートは，圧送作業に適する流動性と適度な材料分離抵抗性を有していなければならない．

【解　説】　ポンプによる運搬を行う場合には，管内で閉塞を起こすことなく，計画された圧送条件の下で所定の圧送性を確保できることが必要であり，圧送前後でフレッシュコンクリートの品質が大きく変化しないことが望ましい．このような条件を満たすためには，コンクリートの配合を変更するだけでなく，ポンプの種類，輸送管の径，輸送距離等の施工条件の変更も検討して，総合的に適切な条件を決定する必要がある．

一般に，フェロニッケルスラグ骨材コンクリートの圧送性は，フェロニッケルスラグ細骨材混合率あるいはフェロニッケルスラグ粗骨材混合率が容積比で50%以下であれば，普通骨材コンクリートと同等と考えてよいことが実験によって確認されている．コンクリートの圧送性は流動性と材料分離抵抗性から決まるため，フェロニッケルスラグ骨材を用いる場合でも適切なスランプと単位粉体量を設定することが基本となる．また，場内運搬の過程でスランプの低下が大きいコンクリートの場合，圧送作業に支障がでる可能性がある．したがって，圧送にともなうスランプの変化を適切に考慮した打込みの最小スランプを確保するための荷卸しの目標スランプや練上がりの目標スランプを選定する必要がある．コンクリートの圧送計画に際しては，土木学会「コンクリートポンプ施工指針」を参考にするとよい．

2.3.3 凝結特性

フレッシュコンクリートの凝結特性は，打重ね，仕上げ等の作業に適するものでなければならない．

【解　説】 凝結特性は，コンクリートの許容打重ね時間間隔，仕上げ時期，型枠に作用する側圧等と関連するものである．

凝結特性は，一般にJIS A 1147「コンクリートの凝結時間試験方法」によって得られる凝結の始発時間と終結時間で評価される．一般のフェロニッケルスラグ骨材コンクリートの凝結は，始発時間6～8時間，終結時間9～11時間であり，普通骨材コンクリートと同等と考えてよいことが実験によって確認されている．しかし，暑中コンクリートや寒中コンクリート等では，打込み時期や打込み温度等により変化することに注意する必要がある．

2.4 強度およびヤング係数

2.4.1 強　　度

（1）フェロニッケルスラグ骨材コンクリートの強度は，所定の材齢において，設計基準強度を，指定された割合以上の確率で下回ってはならない．

（2）フェロニッケルスラグ骨材コンクリートの強度は，一般には材齢 28 日における標準養生供試体の試験値で表わすものとする．

（3）必要に応じて，施工時の各段階で必要となるコンクリートの強度発現特性を確認しなければならない．

【解　説】 （1），（2）および（3）について　フェロニッケルスラグ細骨材コンクリートおよびフェロニッケルスラグ粗骨材コンクリートの圧縮強度の発現は，一般に，普通骨材コンクリートと同等以上になる．

コンクリートの圧縮強度と引張強度の関係および圧縮強度と曲げ強度との関係は，フェロニッケルスラグ骨材の混合率によらず普通骨材コンクリートと同程度と考えてよいことが実験によって確認されている．また，フェロニッケルスラグ細骨材を用いたコンクリートの圧縮強度と付着強度の関係は，普通骨材コンクリートと同等であることが実験で示されている．しかし，フェロニッケルスラグ粗骨材コンクリートの付着強度は，十分なデータがないことから，試験によって確認する必要がある．

2.4.2　ヤング係数

フェロニッケルスラグ骨材コンクリートのヤング係数は，設計で考慮されている値を満足するものでなければならない．

【解　説】　フェロニッケルスラグ骨材コンクリートのヤング係数は，細骨材あるいは粗骨材のフェロニッケルスラグ骨材混合率が大きくなるほど，普通骨材コンクリートよりも大きくなる傾向がある．材齢28日におけるコンクリートの圧縮強度が30～60N/mm^{2}の範囲において，フェロニッケルスラグ細骨材あるいはフェロニッケルスラグ粗骨材を混合率 100%で使用したコンクリートでは，普通骨材コンクリートと比較してヤング係数が1割から2割増加している．これは，普通骨材と比較してフェロニッケルスラグ骨材のヤング係数が大きいことに起因するものである．

2.5　耐久性

2.5.1　コンクリートの耐久性

（1）フェロニッケルスラグ骨材コンクリートは，構造物の供用期間中に受ける種々の物理的，化学的作用に対して十分な耐久性を有していなければならない．

（2）フェロニッケルスラグ骨材コンクリートの材料および配合は，それを用いたコンクリートが所要の耐久性を満足するよう設定しなければならない．

【解　説】（1）および（2）について　コンクリート構造物が所定の期間，所要の性能を発揮するためには，コンクリート自体の耐久性およびコンクリートが内部の鉄筋を保護する性能が必要となる．コンクリート自体の耐久性を阻害する要因には，凍害，化学的侵食，アルカリシリカ反応等がある．構造物が供用される環境において，コンクリートに耐凍害性，耐化学的侵食性，耐アルカリシリカ反応性等のいずれか，または複数の性能が要求される場合には，いずれの要求性能も十分に満足できる品質のコンクリートを使用しなければならない．

J1S A 5011-2に適合するフェロニッケルスラグ骨材コンクリートの耐凍害性は，AE剤を用い，所要の空気量とすることで確保することができる．フェロニッケルスラグ細骨材を単独で用いたコンクリートを寒冷地の海岸に約10年間暴露しておいても，気象作用による劣化，変質，色調の変化等が生じていない事例がある．一般に，フェロニッケルスラグ細骨材またはフェロニッケルスラグ粗骨材混合率が容積比で50%以下であれば，ブリーディングは普通骨材コンクリートと同程度となることが実験で確認されている．ただし，フェロニッケルスラグ細骨材混合率が大きくなると，エントラップトエアが増加しやすいことに注意が必要である．

コンクリートのブリーディング率が大きくなると，耐凍害性が低下する傾向がある．これは，過度なブリーディングが生じた場合，ブリーディングにともないフレッシュコンクリート中の気泡が移動し，重なり合って粗大化し，外部へ消失することにより硬化コンクリートの残存空気量の減少や気泡間隔係数の増大を招くことに起因している．したがって，特に凍結融解作用を受ける寒冷地域においては，所要の耐久性を確保するためにフェロニッケルスラグ細骨材混合率あるいはフェロニッケルスラグ粗骨材混合率を適切に設定した上で，所要の空気量を確保しなければならない．

凍結防止剤が散布される環境では表面損傷（スケーリング）が顕在化する恐れがある．フェロニッケルスラグ骨材を用いた場合においても，水セメント比を下げることおよびAE剤による適切な空気量の確保が，スケーリングの対策として有効である．

フェロニッケルスラグ骨材コンクリートの化学的侵食に対する抵抗性は，普通骨材コンクリートとほぼ同程度と考えてよい．しかし，フェロニッケルスラグ骨材コンクリートの耐化学的侵食性に関する実験データは，試験条件が限られた範囲のものであることから，化学的侵食に対する抵抗性が要求される場合には，想定される環境作用に対して適切な試験を行って確認しなければならない．

一般に，カルシウムに乏しいフェロニッケルスラグ骨材では，溶融状態のスラグの冷却速度によってはガラス質なシリカ分の割合が増加してアルカリシリカ反応性を示す場合がある．これまで，細骨材では電炉水砕，粗骨材では電炉徐冷により製造されたフェロニッケルスラグ骨材においてアルカリシリカ反応性が認められている．アルカリシリカ反応性を有する細骨材あるいは粗骨材を，コンクリートに単独で用いる場合はもちろんのこと，これらを他の健全な骨材と混合使用する場合においても，アルカリシリカ反応に対する抑制対策を施すことが，耐久的なコンクリート構造物を造るための原則である．このことは，フェロニッケルスラグ骨材コンクリートの場合も全く同様であり，使用するフェロニッケルスラグ骨材がアルカリシリカ反応性試験において無害と判定されない場合は，JIS A 5011-2 附属書D（規定）に従って適切なアルカリシリカ反応抑制対策を施さなければならない．なお，JIS A 5011-2 附属書D（規定）に示される抑制対策は，以下のとおりである．

a) 無害でないフェロニッケルスラグ骨材は，以下の2組の骨材の組合せでのみ使用が認められる．
   i) 無害でないフェロニッケルスラグ粗骨材と，普通粗骨材[1)]および普通細骨材[2)]
   ii) 容積比で30%以下の混合率で無害でないフェロニッケルスラグ細骨材と，普通粗骨材[1)]および普通細骨材[2)]

   注[1)] JIS A 5308の附属書A（レディーミクストコンクリート用骨材）に規定する砂利またはJIS A 5005（コンクリート用砕石及び砕砂）に規定する砕石

   [2)] JIS A 5308の附属書A（レディーミクストコンクリート用骨材）に規定する砂またはJIS A 5005（コンクリート用砕石及び砕砂）に規定する砕砂

b) 普通骨材は，アルカリシリカ反応性が無害と判定されたもの以外を用いてはならない．
c) 混合セメントを使用する場合は，JIS R 5211に適合する高炉セメントB種，又は高炉セメントC種を用いる．ただし，高炉セメントB種の高炉スラグの分量（質量分率%）は40 %以上でなければならない．
d) 高炉スラグ微粉末を混和材として使用する場合は，併用するポルトランドセメントとの組合せにおいて，アルカリシリカ反応抑制効果があると確認された単位量で用いる．

2.5.2　鋼材を保護する性能

（1）フェロニッケルスラグ骨材コンクリートは，その内部に配置される鋼材が供用期間中所要の機能を発揮できるよう，鋼材を保護する性能を有していなければならない．

（2）フレッシュコンクリート中に含まれる塩化物イオンの総量は，原則として0.30kg/m^3以下とする．

【解　説】　（1）について　結合材に普通ポルトランドセメントあるいは高炉セメントB種を用いたフェロニッケルスラグ骨材コンクリートの塩化物イオンの拡散透過性や中性化等は，普通骨材コンクリートと同等であることが，実験によって確認されている．したがって，フェロニッケルスラグ骨材コンクリートの鋼材を保護する性能は，普通骨材コンクリートと同等と考えてよい．

（2）について　JIS A 5011-2「フェロニッケルスラグ骨材」に適合するフェロニッケルスラグ細骨材の場合には，水砕スラグ製造時において海水は使用されていない．したがって，フェロニッケルスラグ骨材には鋼材の腐食を促進する塩化物イオンはほとんど含まれておらず，JIS 規格にも塩化物量に関する規定は設けられていない．

2.6　水密性

フェロニッケルスラグ骨材コンクリートは，透水によりコンクリート構造物の機能が損なわれないよう，所要の水密性を有していなければならない．

【解　説】　水密性を必要とする構造物の場合は，普通骨材コンクリートと同様に，フェロニッケルスラグ骨材コンクリートの水セメント比を55%以下にするとともに，適切な混和材料を使用する等して，できるだけ単位水量を小さくしてブリーディングを抑制することが重要である．このようなフェロニッケルスラグ骨材コンクリートを入念に締め固めれば，普通骨材コンクリートと同等の水密性が得られることが実験で確認されている．

2.7　ひび割れ抵抗性

フェロニッケルスラグ骨材コンクリートは，沈みひび割れ，プラスティック収縮ひび割れ，温度ひび割れ，自己収縮ひび割れあるいは乾燥収縮ひび割れ等の発生ができるだけ少ないものでなければならない．

【解　説】　コンクリートの施工のごく初期段階に発生する主なひび割れとしては，沈みひび割れやプラスティック収縮ひび割れがある．フェロニッケルスラグ骨材コンクリートの沈みひび割れやプラスティック収縮ひび割れ等の施工段階におけるひび割れ抵抗性は，ブリーディング性状に大きく影響される．特にフェロニッケルスラグ細骨材混合率あるいはフェロニッケルスラグ粗骨材混合率の大きなコンクリートではブリーディングが増大する傾向にあることから，沈みひび割れを防ぐためには，減水効果を有する混和材料を用い，単位水量の少ない配合とすることが有効となる．また，施工上の配慮によってもひび割れの発生を防ぐことが可能であり，沈みひび割れは，ブリーディングを低減するとともに適切な時期にタンピングや再振動を施すことで防ぐことができる．ただし，タンピングや再振動によって防げるのは打込み面の沈みひび割れであり，セパレータ等で拘束されて側面に発生するひび割れを防ぐことは難しい．このような場合には，配合を検討してブリーディングを低減することが重要である．

プラスティック収縮ひび割れは，ブリーディング水の上昇速度に比べて表面からの水分の蒸発量が大きい場合に生じる恐れがあることから，粉体量が多く，ブリーディングを少なくしたフェロニッケルスラグ骨材コンクリートでは打込み終了後に水分逸散の防止が重要である．

一般にフェロニッケルスラグは吸水率が小さく材質的にも堅固な骨材であることから，それを用いたコンクリートの乾燥収縮量は，フェロニッケルスラグ細骨材あるいはフェロニッケルスラグ粗骨材の使用によるコンクリートのヤング係数の増加にともない低減する傾向にある．このことから，単位水量およびブリーディングの増大に注意し，良質なフェロニッケルスラグ骨材を用いることは，コンクリートの収縮ひび割れの抑制が期待できる．

フェロニッケルスラグ骨材コンクリートの熱伝導率や熱膨張係数は，普通骨材コンクリートと同等の特性を有していることが実験で確認されている．したがって，普通骨材コンクリートに準じる温度ひび割れ対策を適用することが可能である．

2.8　単位容積質量

フェロニッケルスラグ骨材コンクリートの単位容積質量は，設計で設定されている値を満足するものでなければならない．

【解　説】　フェロニッケルスラグ骨材の絶乾密度のJIS規格値は2.7 g/cm^{3}以上で，一般的な普通骨材よりも大きい．実際の工場ではフェロニッケルスラグ細骨材で2.7～3.1g/cm^{3}程度，フェロニッケルスラグ粗骨材で2.9～3.0g/cm^{3}程度の骨材が製造されている．したがって，フェロニッケルスラグ骨材コンクリートの単位容積質量は，フェロニッケルスラグ細骨材混合率あるいはフェロニッケルスラグ粗骨材混合率が容積比で50%程度では一般的な普通骨材コンクリートよりも100 kg/m^{3}大きくなる程度であるが，橋梁上部工や下部工等に用いる場合は，設計段階で自重に対する配慮が不可欠となる．

一方，フェロニッケルスラグ細骨材混合率あるいはフェロニッケルスラグ粗骨材混合率が容積比で50%を超える場合は，浮力の影響を考慮する必要がある消波ブロック等に効果的に利用できる．

3章　環境安全性

3.1　一　　般

（1）フェロニッケルスラグ骨材コンクリートは，その使用される条件を考慮して，環境に悪影響を及ぼさないものでなければならいない．

（2）フェロニッケルスラグ骨材コンクリートの用途が一般用途の場合，環境安全品質は溶出量および含有量に関する環境安全品質基準を満たすことを照査しなければならない．

（3）フェロニッケルスラグ骨材コンクリートの用途が港湾用途の場合，環境安全品質は溶出量に関する環境安全品質基準を満たすことを照査しなければならない．

【解　説】 （1）について　フェロニッケルスラグの代表的な化学成分は，二酸化ケイ素，酸化マグネシウムおよび酸化カルシウムである．フェロニッケルスラグ細骨材および粗骨材ともに，環境安全品質基準に設定された検査項目の溶出量と含有量の試験値は，これまでの実績では，全ての項目が基準値未満であり，フェロニッケルスラグ骨材が環境安全品質上問題となることはない．しかし，ふっ素については，含有量が環境安全品質基準を超えることはないが，スラグ表面に付着した冷却水の蒸発にともなって濃縮した残渣の影響により溶出量が高めになることが知られている．したがって，フェロニッケルスラグ骨材コンクリートの環境安全性については，ふっ素の溶出量が環境安全品質基準を超えないことを確認する必要がある．

（2）および（3）について　フェロニッケルスラグ骨材コンクリートの環境安全品質は，**解説 表**3.1.1の環境安全品質基準を満足しなければならない．一般に，フェロニッケルスラグ骨材が基準（**解説 表**3.1.1）を満たしていれば，それを骨材として用いたコンクリートも，環境安全性を満足していると見なすことができる．したがって，フェロニッケルスラグ骨材コンクリートの環境安全性に対する照査は，フェロニッケルスラグ骨材が環境安全品質基準を満足していることを確認することにより照査にかえて良いこととした．なお，JIS A 5011-2では，用途が特定できない場合および港湾用途であっても，再利用が予定されている場合は，一般用途として取り扱わなければならないことになっている．

過去5年間の国内3つのフェロニッケル製造所の実態調査の結果では，ふっ素の溶出量に関してのみ，高めの試験値になることが知られており，環境安全受渡検査の試験結果には，ふっ素の溶出量に関してのみ試験結果が示されている．したがって，フェロニッケルスラグ骨材の入荷時においては，フェロニッケルスラグ骨材コンクリートの用途に応じて，ふっ素の溶出量が基準以下であることを確認しなければならない．

解説 表 3.1.1 環境安全品質基準

(a)一般用途の場合

項目	溶出量（mg/L）	含有量[a]（mg/kg）
カドミウム	0.01 以下	150 以下
鉛	0.01 以下	150 以下
六価クロム	0.05 以下	250 以下
ひ素	0.01 以下	150 以下
水銀	0.0005 以下	15 以下
セレン	0.01 以下	150 以下
ふっ素	0.8 以下	4000 以下
ほう素	1 以下	4000 以下

[a] ここでいう含有量とは，同語が一般的に意味する“全含有量”とは異なることに注意を要する。

(b)港湾用途の場合

項目	溶出量（mg/L）
カドミウム	0.03 以下
鉛	0.03 以下
六価クロム	0.15 以下
ひ素	0.03 以下
水銀	0.0015 以下
セレン	0.03 以下
ふっ素	15 以下
ほう素	20 以下

3.2 環境安全品質の設計値

フェロニッケルスラグ骨材に含まれる化学物質の含有量およびその溶出量の設計値は，使用が想定されるフェロニッケルスラグ骨材を製造している工場が実施した環境安全形式検査の試験結果を用いてよい.

【解　説】 フェロニッケルスラグ骨材を製造する工場では，製品の原料や製造工程が変わる都度，または，3 年に 1 度の定期にフェロニッケルスラグ骨材に含まれる化学物質の含有量および溶出量に関する環境安全形式検査を実施しており，**解説 表 3.1.1** に示される全ての化学物質の試験結果がカタログ等に記載されている．設計においては，フェロニッケルスラグ骨材コンクリートの用途に応じて，カタログ等に記載されている環境安全形式検査の試験結果を設計値として，その値が環境安全品質基準以下となることを確認するとよい.

4章　性能照査

4.1　一　　般

フェロニッケルスラグ骨材コンクリートは，構造物が要求される性能を満足できる品質が確保されていなければならない．

【解　説】　コンクリート構造物の設計においては，構造物または構造物の一部に与えられる複数の要求性能を明確に設定し，それぞれに対応する等価な限界状態が規定される．それぞれの限界状態において，要求性能に応じた限界値が設定された上で，荷重や環境の作用により生じる応答値を算定し，応答値が限界値を超えないことを確認するのが原則である．

一方，フェロニッケルスラグを細骨材あるいは粗骨材としてコンクリート構造物に用いる場合，使用するコンクリートが構造物の要求性能を満足できる品質が確保されていることを確認しなければならない．その具体な方法は，コンクリート標準示方書［設計編］に従うものとし，この指針では，設計段階において断面形状，寸法，配筋が既に決定した構造物あるいは部材を想定し，フェロニッケルスラグ骨材コンクリートの品質が構造物の性能に対する影響が大きいと考えられる耐久性，水密性，ひび割れおよび単位容積質量の照査について記述している．なお，環境安全性についてはこの指針の第3章に，また，この指針で示されていない性能については，コンクリート標準示方書［設計編］に従い構造物の要求性能に応じて適切に照査しなければならない．

4.2　耐 久 性

4.2.1　鋼材腐食に対する照査

4.2.1.1　一　　般

与えられた環境条件のもと，設計耐用期間中に，中性化や塩化物イオンの侵入等に伴う鋼材腐食によって構造物の所要の性能が損なわれてはならない．一般に，以下の（i）を確認した上で，（ii）または（iii）の照査を行うものとする．

（i）コンクリート表面のひび割れ幅が，鋼材腐食に対するひび割れ幅の限界値以下であること．

（ii）中性化深さが，設計耐用期間中に鋼材腐食発生限界深さに達しないこと．

（iii）鋼材位置における塩化物イオン濃度が，設計耐用期間中に鋼材腐食発生限界濃度に達しないこと．

【解　説】　コンクリートの中性化とコンクリート中への塩化物イオンの侵入は，コンクリート中の鋼材腐食の原因となる．本項で用いられる照査は，コンクリート表面から鉄筋に向かう物質移動を想定したものであり，このような照査方法が成り立つのは，ひび割れ位置における局所的な腐食が生じないことが前提となる．このためには，ひび割れ幅が小さくなければならない．そこで，（i）によりひび割れ幅が鋼材腐食に対するひび割れ幅の限界値以下に抑えられていることを確認したことを前提に，（ii）中性化深さの照査，（iii）

鋼材位置における塩化物イオン濃度の照査を行うこととした.

コンクリートの中性化の恐れのない環境，ならびに塩化物イオンが飛来しない通常の屋外環境において供用される構造物はそれぞれ（ii）（iii）の照査は行わなくてよいが，それらの場合であっても過大なひび割れ幅は好ましいことではないので，ひび割れ幅は限界値以下に抑えることが望ましい.

4.2.1.2　中性化に伴う鋼材腐食に対する照査

中性化に対する照査は，中性化深さの設計値 y_d の鋼材腐食発生限界深さ y_{lim} に対する比に構造物係数γ_iを乗じた値が，1.0 以下であることを確かめることにより行うことを原則とする.

$$\gamma_i \frac{y_d}{y_{lim}} \leq 1.0 \qquad (4.2.1)$$

ここに，γ_i　：構造物係数

y_{lim}　：鋼材腐食発生限界深さ．一般に，式（4.2.2）で求めてよい.

$$y_{lim} = c_d - c_k \qquad (4.2.2)$$

ここに，c_d は，耐久性に関する照査に用いるかぶりの設計値（mm）で，施工誤差を予め考慮して，式（4.2.3）で求めることとする.

$$c_d = c - \Delta c_e \qquad (4.2.3)$$

c　：かぶり（mm）

Δc_e　：施工誤差（mm）

c_k　：中性化残り（mm）．一般に，通常環境では 10mm としてよい．塩害環境下では 10〜25mm とするのがよい.

y_d　：中性化深さの設計値．一般に，式（4.2.4）で求めてよい.

$$y_d = \gamma_{cb} \cdot \alpha_d \sqrt{t} \qquad (4.2.4)$$

ここに，α_d　：中性化速度係数の設計値（mm／$\sqrt{}$年）

$= \alpha_k \cdot \beta_e \cdot \gamma_c$

α_k　：中性化速度係数の特性値（mm／$\sqrt{}$年）

β_e　：環境作用の程度を表す係数．一般に，環境しにくい環境では 1.0，環境しやすい環境では 1.6 としてよい.

γ_c　：コンクリートの材料係数．一般に 1.0 としてよい．ただし，上面の部位に関しては 1.3 とするのがよい.

γ_{cb}　：中性化深さの設計値 y_d のばらつきを考慮した安全係数．一般に 1.15 としてよい.

T　：中性化に対する耐用年数（年）．耐用年数 100 年を上限とする.

【解　説】　コンクリートは，大気中の二酸化炭素等の影響によって細孔溶液のpHが低下し，これがコンクリート中の鋼材位置まで達すると鋼材腐食が生じやすくなる．いったん腐食が始まると，腐食生成物の体積膨張がコンクリートにひび割れや剥離を引き起こし，鋼材の腐食が一層進み，断面減少等を伴うようになる．これによって構造物としての性能が所要のもの以下となることを防ぐ必要がある．これまでの報告から，中性化による鋼材の腐食は，コンクリートの品質や環境条件以外にも，かぶり不足や豆板・ひび割れ，養生不足等の施工による要因が関与しているとされている．したがって，十分に施工管理を実施することが大切である.

無筋コンクリートで，用心鉄筋も配置されていない構造物の場合には，中性化により鋼材が腐食し，構造物の性能を損なう恐れはないのでこの照査は不要である．用心鉄筋が配置されている場合には，用心鉄筋の配置位置と目的によっては，この照査が必要となる場合もある．

コンクリートの中性化による鋼材腐食が生じないようにすることは，比較的容易である．そこで，ここでは中性化深さが鋼材腐食発生限界深さ以下であることを照査すればよいこととした．

具体的には，後述の5.4に示される中性化速度係数の特性値α_kから中性化速度係数の設計値α_dを求めた上で，中性化深さの設計値y_d，および鋼材腐食発生限界深さy_{lim}を用いて照査を行う．フェロニッケルスラグ骨材コンクリートの材料係数γ_cは，細骨材あるいは粗骨材のスラグ混合率が容積比で50%以下であれば普通骨材コンクリートと同じとしてよい．なお，コンクリートにおける環境作用の程度を表す係数β_eや中性化深さの設計値のばらつきを考慮した安全係数γ_{cb}は，細骨材あるいは粗骨材のスラグ混合率が容積比で50%以下の場合，普通骨材コンクリートと同じとする．

照査を満足できない場合には，かぶりを大きくする，コンクリートの水セメント比を小さくする等の対策が考えられる．

4.2.1.3　塩化物イオンの侵入に伴う鋼材腐食に対する照査

塩化物イオンの侵入に伴う鋼材腐食に対する照査は，鋼材位置における塩化物イオン濃度の設計値 C_d の鋼材腐食発生限界濃度 C_{lim} に対する比に構造物係数γ_iを乗じた値が，1.0 以下であることを確かめることにより行うことを原則とする．

$$\gamma_i \frac{C_d}{C_{lim}} \leq 1.0 \tag{4.2.5}$$

ここに，γ_i　：構造物係数

C_{lim}　：鋼材腐食発生限界濃度（kg/m^3）

C_d　：鋼材位置における塩化物イオン濃度の設計値．一般に，式（4.2.6）により求めてよい．

$$C_d = \gamma_{cl} \cdot \left(1 - erf\left(\frac{0.1 \cdot c_d}{2\sqrt{D_d \cdot t}}\right)\right) + C_i \tag{4.2.6}$$

ここに，C_0　：コンクリート表面における塩化物イオン濃度（kg/m^3）．

c_d　：耐久性に関する照査に用いるかぶりの設計値（mm）．施工誤差を予め考慮して，式（4.2.7）で求めることとする．

$$c_d = c - \Delta c_e \tag{4.2.7}$$

c　：かぶり（mm）

Δc_e　：施工誤差（mm）

T　：塩化物イオンの侵入に対する耐用年数（年）．一般に，式（4.2.6）で算定する鋼材位置における塩化物イオンに対しては，耐用年数 100 年を上限とする．

γ_{cl}　：鋼材位置における塩化物イオン濃度の設計値 C_dのばらつきを考慮した安全係数．

D_d　：塩化物イオンに対する設計拡散係数（cm^2/年）．

C_0　：初期塩化物イオン濃度（kg/m^3）．一般に 0.3 kg/m^3 としてよい．

なお，$erf(s)$は，誤差関数であり，$erf(s) = \frac{2}{\sqrt{\pi}} \int_0^s e^{-\eta^2} d\eta$ で表される．

【解　説】 鋼材に腐食が生じても構造物が所要の性能を有していれば，供用上の問題はないと判断される．すなわち，鋼材が発錆しても，コンクリートに腐食に起因したひび割れが発生するまでは，構造物の性能が確保されていると考えてよい．ただし，鋼材の腐食発生から腐食ひび割れ発生までの期間を精度よく予測することは現状では難しいことから，鋼材の発錆を照査対象の限界状態としている．

無筋コンクリートで，用心鉄筋も配置されていない構造物の場合には，塩化物イオンの侵入により鋼材が腐食し，構造物の性能を損なう恐れはないのでこの照査は不要である．用心鉄筋が配置されている場合には，用心鉄筋の配置位置と目的によっては，この照査が必要となる場合もある．その場合にはこの項に準じて照査すればよい．

塩化物イオンの侵入に対する構造物の性能照査にあたっては，供用期間中に鋼材に腐食を発生させないことを条件とすることが分かりやすく，また最も安全側の照査となる．そこで，鋼材位置における塩化物イオン濃度が鋼材腐食発生限界濃度以下であることを確認すればよい．ただし，可能であれば，対象とするコンクリート構造物の要求性能や重要度に応じ，塩化物イオンの侵入による鋼材腐食に起因するコンクリートのひび割れ発生を限界状態とした照査を行うとよい．なお，ここでの塩化物イオン濃度とは，コンクリート中の液相における実際の塩化物イオン濃度のことではなく，コンクリート単位体積当りの全塩化物量を指している．

具体的には，後述の5.5に示される塩化物イオン拡散係数の特性値D_kからその設計値D_dを求めた上で，鋼材位置における塩化物イオン濃度の設計値C_d，および鋼材腐食発生限界濃度C_{lim}を用いて照査を行う．フェロニッケルスラグ骨材コンクリートの材料係数γ_cは，細骨材あるいは粗骨材のスラグ混合率が容積比で50%以下であれば普通骨材コンクリートと同じとしてよい．なお，コンクリートにおける鋼材腐食発生限界濃度C_{lim}や鋼材位置における塩化物イオン濃度の設計値C_dのばらつきを考慮した安全係数γ_{cl}等の安全係数は，スラグ混合率によらず普通骨材コンクリートと同じとする．

照査を満足できない場合には，かぶりを大きくする，コンクリートの水セメント比を小さくする，混合セメントを使用する等の対策が考えられる．

4.2.2　コンクリートの劣化に対する照査

4.2.2.1　凍害に対する照査

（1）凍害に対する照査は，内部損傷に対する照査と表面損傷（スケーリング）に対する照査に分けて行うことを原則とする．

（2）内部損傷に対する照査は，構造物内部のコンクリートが劣化を受けた場合に関して，凍結融解試験における相対動弾性係数の最小限界値 E_{min} とその設計値 E_d の比に構造物係数γ_i を乗じた値が，1.0以下であることを確かめることにより行うことを原則とする．ただし，一般の構造物の場合であって，凍結融解試験における相対動弾性係数の特性値が 90%以上の場合には，この照査を行わなくてよい．

$$\gamma_i \frac{E_{min}}{E_d} \leq 1.0 \qquad (4.2.8)$$

ここに，γ_i　：構造物係数

E_d　：凍結融解試験における相対動弾性係数の設計値

E_{min}：凍害に関する性能を満足するための凍結融解試験における相対動弾性係数の最小限界値

（3）表面損傷（スケーリング）に関する照査は，構造物表面のコンクリートが凍害を受けた場合に関して，コンクリートのスケーリング量の限界値 d_{lim} とその設計値 d_d との比に構造物係数 γ_i を乗じた値が，1.0以下であることを確かめることにより行うことを原則とする．

$$\gamma_i \frac{d_d}{d_{lim}} \leq 1.0 \tag{4.2.9}$$

ここに，γ_I　：構造物係数

d_d　：コンクリートのスケーリング量の設計値（g/m^2）

d_{lim}：コンクリートのスケーリング量の限界値（g/m^2）

【解　説】　（1）について　凍結融解作用によるポップアウト，スケーリング，微細ひび割れといった凍害によるコンクリートの劣化により，コンクリートの種々の材料特性は影響を受け，物質透過性は大きくなり，強度や剛性といった力学特性は低下する．しかし，凍害による劣化の程度と材料特性さらには構造物の性能の関係については，現段階では定量的に評価された研究成果は十分ではない．したがって，構造物に要求される性能との関係で凍害による劣化の程度や深さの限界値を定め，これを性能照査の指標として用いることは難しい．現状においては一般のコンクリート構造物において，凍結融解によってコンクリートに多少の劣化は生じるが構造物の機能は損なわないレベルを，凍結融解作用に関する構造物の性能の限界状態と考え，構造物の凍結融解作用に関する照査をコンクリートの凍結融解作用に関する照査に置き換える．このとき，海水の影響のある海岸構造物や凍結防止剤の散布が行われる道路構造物では，塩化物イオンの影響によりスケーリングによる表面の劣化が著しくなる事例が報告されている．構造物内部の損傷とスケーリングやポップアウトのような表面の損傷では，劣化機構が異なり，かつ劣化機構が構造物の性能に与える影響が異なるため，内部損傷と表面損傷ごとに照査を行うこととした．

なお，コンクリートが凍結する恐れのない場合には，凍害に関する構造物の性能を照査しなくてもよい．

（2）および（3）について　コンクリートの耐凍害性は，コンクリートの品質のほか，最低温度，凍結融解繰返し回数，飽水度等，多くの要因が影響し，それらを正確に評価することは容易ではないが，一般にはコンクリート自体に凍結融解作用に対する適切な抵抗性を与えることで対処できることが多い．

凍結融解作用によるコンクリートの凍害のうち，構造物の内部損傷に対しては，促進凍結融解試験結果とコンクリート構造物の凍害による劣化状況の関係が既往の実績や研究成果からある程度明らかにされているため，促進凍結融解試験の結果として得られるコンクリートの相対動弾性係数を指標として，凍結融解作用に関するコンクリートの性能照査を行ってよいことにした．一方，スケーリングのような表面損傷に対しては，凍結融解作用に伴うスケーリングによるコンクリートの質量減少量であるスケーリング量を指標としてよいこととした．

具体的には，後述の5.6に示される凍結融解試験における相対動弾性係数の特性値 E_k からその設計値 E_d を求めた上で，内部損傷に対する性能を満足するための相対動弾性係数の最小限界値 E_{lim} を用いて照査を行う．また，表面損傷（スケーリング）に関する照査は，スケーリング量の特性値 d_k からその設計値 d_d を求めた上で，表面損傷（スケーリング）に対する性能を満足するためのスケーリング量の最小限界値 d_{lim} を用いて照査を行う．フェロニッケルスラグ骨材コンクリートにおけるコンクリートの材料係数 γ_c は，その混合率が容積比で50%以下であれば普通骨材コンクリートと同じとしてよいが，スラグ混合率を大きくし過度なブリーディングが懸念される場合には，その値を大きくするのがよい．

照査を満足できない場合には，スラグ混合率を低下させる，コンクリートの水セメント比を小さくする，

空気量を増やす等の対策が考えられる．

4.2.2.2　化学的侵食に対する照査

（1）化学的侵食に対する照査は，化学的侵食深さの設計値y_{ced}のかぶりc_dに対する比に構造物係数γ_iを乗じた値が，1.0以下であることを確かめることにより行うことを原則とする．ただし，コンクリートが所要の耐化学的侵食性を満足すれば，化学的侵食によって構造物の所要の性能は失われないとし，この照査を行わなくてよい．

$$\gamma_i \frac{y_{ced}}{c_d} \leq 1.0 \qquad (4.2.10)$$

ここに，γ_i　：構造物係数

y_{ced}　：化学的侵食深さの設計値

c_d　：耐久性に関する照査に用いるかぶりの設計値

（2）化学的侵食作用が非常に厳しい場合には，一般に，化学的侵食を抑制するためのコンクリート表面被覆や腐食防止処置を施した補強材の使用等の対策を行うものとする．その場合には，対策の効果を適切な方法で評価しなければならない．

【解　説】　<u>（1）について</u>　化学的侵食とは，侵食性物質とコンクリートとの接触によるコンクリートの溶解・劣化や，コンクリートに侵入した侵食性物質がセメント組成物質や鋼材と反応し，体積膨張によるひび割れやかぶりの剥離等を引き起こす劣化現象である．現段階では，侵食性物質の接触や侵入によるコンクリートの劣化が，構造物の機能低下に与える影響を定量的に評価するまでの知見は必ずしも得られていない．したがって，現状においては，構造物の要求性能，構造形式，重要度，維持管理の難易度および環境の厳しさ等を考慮して，侵食性物質の接触や侵入によるコンクリートの劣化が顕在化しないことや，その影響が鋼材位置まで及ばないこと等を限界状態とするのが妥当である．なお，環境作用としてコンクリートが化学的侵食を受けない場合，あるいはコンクリートの化学的侵食が構造物の所要の性能への影響が無視できるほど小さい場合は，この照査を省略できる．

フェロニッケルスラグ骨材コンクリートの耐化学的侵食性に関する実験データは，硫酸に対する抵抗性に関するものを除いて，ほとんど無いのが現状である．このため，フェロニッケルスラグ骨材コンクリートの化学的侵食深さy_{ced}は，実験データあるいは実構造物の調査結果等に基づき適切に定める必要がある．

<u>（2）について</u>　下水道環境や温泉環境等の化学的侵食作用が非常に厳しい場合には，かぶりおよびコンクリートの抵抗性のみで化学的侵食に対する性能を確保することは一般に難しい．このような場合には，化学的侵食を抑制するためのコンクリート表面被覆，腐食防止処置を施した補強材の使用等の対策を施すのが現実的かつ合理的であることが多い．このような対策を行う場合には，実際に処理を行った状態で暴露実験を実施する等，化学的侵食に対する抵抗性を確認しなければならない．なお，特に下水道環境における劣化に対しては，下水道コンクリート構造物の設計，施工，維持管理に関する具体的手法が示されている日本下水道事業団「下水道コンクリート構造物の腐食抑制技術及び防食技術マニュアル」を参考にするとよい．

4.3　水密性に対する照査

（1）　水密性に対する照査は，透水によって構造物の機能が損なわれないことを照査することとする．

（2）　水密性の照査は，構造物の各部分に対して行い，その指標には透水量を用いることを原則とする．

【解　説】　（1）および（2）について　水密を要するコンクリート構造物とは透水により，構造物の安全性，耐久性，機能性，維持管理，外観等が影響を受ける構造物で，各種貯蔵施設，地下構造物，水理構造物，貯水槽，上下水道施設，トンネル等があげられる．また，長期において，コンクリート中のカルシウム分の外部への溶脱が，構造物の所要の性能を損なうことも考えられる．なお，構造物に特段の水密性を要求しない場合には，この節の照査を行わなくてもよい．

4.4　ひび割れに対する照査

（1）　初期ひび割れが，構造物の所要の性能に影響しないことを確認しなければならない．

（2）　沈みひび割れおよびプラスチック収縮ひび割れについては，一般にその照査を省略してもよい．

（3）　セメントの水和に起因するひび割れが問題となる場合には，実績による評価，または温度応力解析による評価のいずれかの方法により照査しなければならない．

（4）　ひび割れの制御を目的としてひび割れ誘発目地を設ける場合には，構造物の機能を損なわないように，その構造および位置を定めなければならない．

（5）　コンクリートの乾燥収縮に伴うひび割れが，構造物の所要の性能に影響しないことを確認しなければならない．

【解　説】　（1）について　施工段階に発生するひび割れが設計耐用期間にわたる構造物の種々の性能に及ぼす影響は必ずしも明らかにされてはいないが，耐久性，安全性，使用性，復旧性の照査は，構造物の所要の性能に影響するような初期ひび割れが施工段階で発生しないことを前提としていることは言うまでもない．施工段階で発生する初期ひび割れが構造物の所要の性能に影響しないことを確かめておけば，設計耐用期間中の性能を確保する上では十分に安心できることも事実である．施工段階に発生する体積変化に起因するひび割れの制御には様々な対処が可能であり，配合設計や構造諸元が確定した後でも，施工手順や養生方法等によって制御することも可能である．また，施工段階で発生するひび割れは，供用開始後に発生するひび割れとは異なり，構造物の受け取り検査時に，容易に発見できる特徴を有する．なお，セメントの水和に起因するひび割れが構造物の性能に与える影響の有無を確認する方法は，コンクリート標準示方書[設計編]に示されている．構造物の所要の性能に悪影響を与えないように初期ひび割れに対する限界値を明確に定め，照査を行うことが肝要である．

上述のように，耐久性，安全性，使用性，復旧性の照査は構造物の所要の性能に影響するような初期ひび割れが発生しないことを前提としていることから，初期ひび割れに対する照査も設計段階で行われることを念頭に置いている．しかし，場合によっては，初期ひび割れに対する照査を施工段階または設計段階と施工段階の両方で実施した方がより合理的であることがある．その場合も，設計段階において，どの時点で初期ひび割れに対する照査を行うのかを定めておく必要がある．この節は，初期ひび割れに対する照査が施工段階で実施される場合，あるいは設計段階と施工段階の両者で実施される場合に参照されることも想定して記述している．

一般にフェロニッケルスラグ骨材は，スラグ混合率の増加にともないコンクリートのブリーディングが増える傾向にある．そのため，スラグ混合率が大きなコンクリートを使用する場合は，沈下ひび割れ等のブリーディングに起因した初期ひび割れに注意が必要である．特に冬季間はコンクリートの凝結遅延によってブリーディングが増加しやすいため，設計段階においてブリーディングの抑制対策を検討することは初期ひび割れ低減の観点からも大切である．

（2）について　施工段階に発生する主なひび割れとして，硬化前に発生する材料分離や急速な乾燥が主たる要因となるひび割れ，および水和や乾燥に伴うコンクリートの体積変化に起因するひび割れを取り上げた．しかし，沈みひび割れは，骨材の沈下や材料分離によって鉄筋上面や変断面部に発生することがあるが，適切な時期にタンピングを施すと一般に防ぐことができる．また，プラスチック収縮ひび割れは，ブリーディング水の上昇速度に比べ，表面からの水分の蒸発量が大きい場合に生じる恐れがあるが，コンクリートを打ち込んだ後に表面からの急速な乾燥を防止すれば，一般に防ぐことができる．すなわち，コンクリート標準示方書［施工編：施工標準］に従って施工すれば，問題となるような沈みひび割れやプラスチック収縮ひび割れの発生を防ぐことができるのでこれらのひび割れの照査を省略してもよい．セメントの水和に起因するひび割れにおいても，安全性，使用性，耐久性，美観等の観点を十分に考慮しても問題ないと判断されるようなきわめて微細なひび割れは，照査を省略してもよい．

（3）について　セメントの水和に起因するひび割れが懸念され，マスコンクリートとして取り扱うべき構造物の部材寸法は，構造形式，使用材料，施工条件によりそれぞれ異なるため一概には決めにくいが，おおよその目安として，広がりのあるスラブについては厚さ 80～100cm 以上，下端が拘束された壁では厚さ 50cm 以上と考えてよい．しかし，プレストレストコンクリート構造物等のように，富配合のコンクリートが用いられる場合には，より薄い部材でも拘束条件によってはマスコンクリートに準じた扱いが必要になる．

セメントの水和に起因するひび割れの照査には，大きく分けて既往の実績による評価と温度応力解析による評価の 2 つ方法がある．たとえば鉄筋コンクリート高架橋等のように，同種の構造物が数多く施工される場合には，既往の施工実績から，施工段階で発生する初期ひび割れを予測することができる．また，ひび割れ誘発目地等のひび割れ抑制対策の効果も同様に既往の施工実績より推定することができる．しかしながら，フェロニッケルスラグ骨材コンクリートでは，施工実績から初期ひび割れの発生を予測し，誘発目地の効果を推定できる十分なデータの蓄積がない．そのことから，温度ひび割れ等のセメントの水和に起因するひび割れの照査や誘発目地の検討を行う場合は，温度応力解析に基づいた照査が原則となる．温度応力解析によって照査を行う場合には，解析評価の精度向上をはかるために，工事に用いる材料や現地の地盤・岩盤の物性値を基に設計値に定めることが望ましい．なお，実測値を用いない場合は信頼できるデータに基づいて材料の設計値を定めてよい．

（4）について　一般にマッシブな壁状の構造物等に発生する温度ひび割れを材料，配合上の対策により制御することは難しい場合が多い．また，水密性を要するコンクリートにおいては，ひび割れの発生は初期の目的を達成できなくしてしまう．このような場合，構造物の長手方向に一定間隔で断面減少部分を設け，その部分にひび割れを誘発し，その他の部分でのひび割れ発生を防止するとともに，ひび割れ箇所での事後処置を容易にする方法がある．予定箇所にひび割れを確実に入れるためには，誘発目地の断面欠損率を 50%

程度とする必要がある．ひび割れ誘発目地の間隔は，構造物の寸法，鉄筋量，打込み温度，打込み方法等に大きく影響されるので，これらを考慮して決める必要がある．また，目地部の鉄筋の腐食を防止する方法，所定のかぶりを保持する方法，目地に用いる充填材の選定等についても十分な配慮が必要である．ひび割れ誘発目地を設けることにより，壁状の構造物等では，比較的容易にひび割れ制御を行うことができる．しかし，ひび割れ誘発目地は，構造上の弱点部にもなり得ることから，その構造および位置等は過去の実績等も参考にしながら適切に定める必要がある．

（５）について　乾燥収縮等のコンクリートの収縮に伴うひび割れは，構造物の美観を損ない，コンクリートの機能性，耐久性を低下させる原因となる．コンクリートの乾燥収縮に伴うひび割れは，コンクリートの使用材料，配合，構造物の形状，寸法，拘束条件，温度，湿度等の環境条件の違いによって，構造物表面に分散する浅いひび割れとなる場合もあれば，鉄筋に到達するひび割れ，部材を貫通するひび割れとなる場合もある．したがって，構造物の性能への影響も多様である．従来，乾燥収縮によるひび割れは，構造的に重要度の低い部材に多いこと，湿潤により閉じる傾向があること，乾燥によってひび割れが開いている状態でも内部の鋼材に対して容易に水分が供給されないこと等から，構造物の性能への影響は比較的軽微であると考えられてきた．しかし，過大な収縮によるひび割れが部材の剛性やたわみに影響を及ぼす場合もあるので，構造物の所要の性能に影響しないことを設計段階で確認しておくことが望ましい．なお，コンクリートの乾燥収縮は，大部分は供用開始以前に生じると考えられるため，この節において取り扱うこととした．

配合や環境によっては，温度変化による体積変化および自己収縮によって応力が構造物中のコンクリートに蓄積された状態で乾燥を受けることにより，ひび割れが生じることもある．この場合には，コンクリートの温度変化による体積変化，自己収縮に加えて，乾燥収縮やクリープを考慮して，構造物中のコンクリートに導入される応力を評価し，ひび割れの発生やひび割れ幅，剛性やたわみ等を予測することが望ましい．

一般にフェロニッケルスラグ骨材を用いたコンクリートは，細骨材および粗骨材ともにスラグ混合率が大きなコンクリートほど普通骨材コンクリートと比較して乾燥収縮ひずみが小さくなる．そこで，コンクリートの乾燥収縮に伴うひび割れ抵抗性の改善にフェロニッケルスラグ骨材を積極的に使用することも有効である．FNG 混合率を 50%とし石灰岩砕石と混合使用したコンクリート（配合：24-12-20BB，細骨材：天然砂）を用い，部材厚さ 0.25m，高さ 1.7m の壁部材（ひび割れ誘発目地の間隔：1.2～1.85m，部材下面が拘束）をコンクリート標準示方書に従い設計・施工した．その結果，3 年後の調査においてもコンクリートに有害なひび割れが発生していないことが確認されている．

なお，フェロニッケルスラグ骨材コンクリートの収縮ひび割れに対する照査は，普通骨材コンクリートと同様の方法で行ってよい．

4.5　単位容積質量に対する照査

コンクリートの単位容積質量が，設計において設定した範囲内にあることを照査しなければならない．

【解　説】　コンクリートの単位容積質量を決定する最も大きな要因は，骨材の密度であるので，使用材料の密度およびコンクリートの配合から単位容積質量を求め，設定した範囲内にあることを照査しなければならない．また，コンクリートの単位容積質量を調べる方法として，フレッシュコンクリートの単位容積質量を測定する方法があり，JIS A 1116「フレッシュコンクリートの単位容積質量試験方法」により行うことを標準とする．

5章　材料の設計値

5.1　一　般

（1）フェロニッケルスラグ骨材コンクリートの品質は，性能照査上の必要性に応じて，圧縮強度あるいは引張強度に加え，その他の強度特性，ヤング係数やその他の変形特性，熱特性，耐久性，水密性，単位容積質量等の材料特性によって表される．強度特性，変形特性については，必要に応じて載荷速度の影響を考慮しなければならない．

（2）フェロニッケルスラグ骨材コンクリートの品質に関する設計値は，フェロニッケルスラグ骨材コンクリートの品質に関する特性値をフェロニッケルスラグ骨材コンクリートの材料係数で除した値（または乗じた値）とする．

（3）フェロニッケルスラグ骨材コンクリートの材料係数γ_cは，照査する性能に応じて適切に設定するものとする．

（4）材料強度の特性値f_kは，試験値のばらつきを想定したうえで，大部分の試験値がその値を下回らないことが保証される値とする．

【解　説】　（1）について　構造物または部材に用いられるコンクリートは，使用目的，環境条件，設計耐用期間，施工条件等を考慮して，適切な種類および品質のものを使用する必要がある．

強度特性は，圧縮強度，引張強度，付着強度等の静的強度や疲労強度の諸量で表される．変形特性は，非時間依存性のヤング係数やポアソン比等，あるいは時間依存性のクリープ係数や収縮ひずみで表される．また，応力－ひずみ関係のように2つの力学因子間の関係で表される力学特性もある．

物理特性には，熱膨張係数や比熱等の熱特性，密度，水密性，気密性等が含まれるが，現在のところ，密度および熱特性についての数量的な取扱いが一般化されている．

化学特性には，酸類の侵食や硫酸塩の分解作用に対する抵抗性等がある．

コンクリートの耐久性は，気象作用をはじめ，化学物質の浸透・侵食作用，その他の種々の作用とそれらの時間経過に伴って生じる劣化に対する抵抗性であり，鉄筋コンクリートの耐久性は，さらに鋼材の腐食に対する時間経過を考慮した抵抗性が問題とされる．特に，鋼材の腐食に対しては，コンクリートの中性化および塩化物イオンの侵入に対する抵抗性を指標とした耐久性能照査が行われるようになっている．

また,フェロニッケルスラグ骨材コンクリートは,単位容積質量についても所要の品質をもつ必要がある．

コンクリートの品質は，使用材料や配合の条件ばかりでなく，施工条件さらにはコンクリートの使用される環境条件によっても大きく影響される場合がある．これらの条件が多様であるため，ここでは通常の設計段階で用いられる諸特性の一般的な数値として，主にポルトランドセメントを用いて常温の大気中で施工され，通常の環境条件のもとにあるコンクリートを対象としたものが示されている．これらの数値は一つの標準値であり，諸条件の変化に対して変動の範囲が小さなものもあるが，変動の範囲が大きなものもある．このため，コンクリートの材料特性について，実際の使用材料，配合，施工，環境等の条件のもとでの信頼できる数値が得られるならば，ここに示された諸数値の代わりに，実際に即した値を用いることが望ましい．

この章で示されている材料特性の値は，静的および通常の動的作用に対する限界状態の照査に用いてよい．

衝撃を考慮する場合のように，ひずみ速度の影響を特に考慮する必要がある場合は，信頼性の高い実験等により得られた値を用いなければならない．なお，圧縮強度，引張強度，ヤング係数，最大応力時のひずみ等の材料特性に対する載荷速度の影響を必要に応じて検討するのがよい．

（２）について　フェロニッケルスラグ骨材コンクリートの品質に関する設計値は，一般に式（解 5.1.1）により求めてよい．特性値の性質がコンクリート構造物の性能に与える影響を考慮し，設計値が安全側となるようその特性値の性質に応じてコンクリートの材料係数を除した値，あるいは乗じた値とする．

$$m_d = \frac{m_k}{\gamma_c} \quad \text{または} \quad m_d = \gamma_c \cdot m_k \qquad (解\ 5.1.1)$$

ここに，　m_d　：フェロニッケルスラグ骨材コンクリートの品質に関する設計値

m_k　：フェロニッケルスラグ骨材コンクリートの品質に関する特性値

γ_c　：フェロニッケルスラグ骨材コンクリートの材料係数

（３）について　フェロニッケルスラグ骨材コンクリートの材料係数は，材料の特性値からの望ましくない方向への変動，供試体と構造物中との材料特性の差異，材料特性が限界状態に及ぼす影響，材料特性の経時変化等を考慮して定めるものとする．フェロニッケルスラグ骨材コンクリートの材料係数は照査する性能に応じて設定することとなるが，細骨材あるいは粗骨材ともにフェロニッケルスラグ混合率が容積比で 50%以下であれば，コンクリート標準示方書［設計編］を適用する場合の標準的な値（**解説 表 5.1.1**）を用いてよい．

解説 表 5.1.1　標準的なコンクリートの材料係数の値

要求性能	コンクリートの材料係数 γ_c
安全性（断面破壊，疲労）※	1.3
使用性※	1.0
耐久性	一般に 1.0 としてよい．ただし，上面の部位に関しては 1.3 とするのがよい

※線形解析を用いる場合

（４）について　材料強度の特性値 f_k は，一般に式（解 5.1.2）により求めてよい．

$$f_k = f_m - k\sigma = f_m(1 - k\delta) \qquad (解\ 5.1.2)$$

ここに，　f_m　：試験値の平均値

σ　：試験値の標準偏差

δ　：変動係数（標準偏差を平均値で割った値）

k　：係数

係数 k は，特性値より小さい試験値が得られる確率と試験値の分布形より定まるものである．特性値を下回る確率を 5%とし，分布形を正規分布とすると，係数 k は 1.645 となる．

5.2　強　度，応力-ひずみ曲線，ヤング係数，ポアソン比

（1）フェロニッケルスラグ骨材コンクリートの強度の特性値は，原則として材齢 28 日における試験強度に基づいて定めるものとする．ただし，使用目的，主な荷重の作用する時期および施工時期等に応じて，適切な材齢における試験強度に基づいて定めても良い．

圧縮試験は，JIS A 1108「コンクリートの圧縮強度試験方法」による．

引張試験は，JIS A 1113「コンクリートの割裂引張試験方法」による．

（2）JIS A 5308 に適合するレディーミクストコンクリートを用いる場合には，購入者が指定する呼び強度を，一般に圧縮強度の特性値 f'_{ck} としてよい．

（3）フェロニッケルスラグ骨材コンクリートの付着強度および支圧強度の特性値は，適切な試験により求めた試験強度に基づいて定めるものとする．

（4）フェロニッケルスラグ骨材コンクリートの曲げひび割れ強度は，乾燥，水和熱，寸法の影響を考慮して適切に定めるものとする．

（5）限界状態の照査の目的に応じて，コンクリートの応力-ひずみ曲線を仮定するものとする．

（6）フェロニッケルスラグ骨材コンクリートのヤング係数は，原則として JIS A 1149 によって求めるものとする．

（7）フェロニッケルスラグ骨材コンクリートのポアソン比は，弾性範囲内では，一般に 0.2 としてよい．ただし，引張を受け，ひび割れを許容する場合は 0 とする．

【解　説】　（1）について　フェロニッケルスラグ骨材コンクリートが適切に養生されている場合，その圧縮強度は材齢とともに増加し，一般の構造物では，標準養生を行った供試体の材齢 28 日における圧縮強度以上となることが期待できる．この点を考慮して，コンクリート強度特性は，一般の構造物に対してコンクリート標準供試体の材齢 28 日における試験強度に基づいて定めることを原則とした．

フェロニッケルスラグ骨材コンクリートの圧縮強度と引張強度との関係は，普通骨材コンクリートと同程度との実験データが得られている．よって，スラグ骨材コンクリートの引張強度は，一般の普通コンクリートと同様に，圧縮強度の特性値 f'_{ck}（設計基準強度）に基づいて，式（解 5.2.1）により求めてよいこととした．ここで，強度の単位は N/mm^2 である．

$$f_{tk} = 0.23 {f'_{ck}}^{2/3} \qquad \text{(解 5.2.1)}$$

なお，本指針（案）におけるスラグ骨材コンクリートの圧縮強度の根拠となるデータの範囲は，15～60N/mm^2 程度である．

（3）について　付着強度は，JSCE-G 503「引き抜き試験による鉄筋とコンクリートの付着強度試験方法（案）」による．フェロニッケルスラグ細骨材コンクリートの圧縮強度と付着強度との関係は，普通骨材コンクリートと同程度との実験データが得られている．よって，コンクリートの付着強度の特性値は，一般の普通コンクリートと同様に，圧縮強度の特性値 f'_{ck}（設計基準強度）に基づいて，式（解 5.2.2）により求めてよいこととした．ここで，強度の単位は N/mm^2 である．一方，フェロニッケルスラグ粗骨材コンクリートの付着強度は，十分なデータがないことから，試験によって特性値を定める必要がある．

付着強度　JIS G 3112 の規定を満足する異形鉄筋について，

$$f_{bok} = 0.28 {f'_{ck}}^{2/3} \qquad \text{(解 5.2.2)}$$

ただし，$f_{bok} \leq 4.2$ N/mm^2

普通丸鋼の場合は，異形鉄筋の場合の 40 %とする．ただし，鉄筋端部に半円形フックを設けるものとする．

一般に，普通骨材コンクリートの支圧強度は，圧縮強度の関数として与えることができる．しかし，フェロニッケルスラグ骨材コンクリートの支圧強度については十分な試験データがないことから，構造性能照査において支圧強度が必要となる場合には，試験等によって特性値を定める必要がある．

（4）について　コンクリートの曲げひび割れ強度は，式（解 5.2.3）により求めてよい．

$$f_{bck} = k_{0b} k_{1b} f_{tk} \qquad \text{（解 5.2.3）}$$

ここに，
$$k_{0b} = 1 + \frac{1}{0.85 + 4.5(h/l_{ch})} \qquad \text{（解 5.2.4）}$$

$$k_{1b} = \frac{0.55}{\sqrt[4]{h}} \quad (\geq 0.4) \qquad \text{（解 5.2.5）}$$

k_{0b}　：コンクリートの引張軟化特性に起因する引張強度と曲げ強度の関係を表す係数

k_{1b}　：乾燥，水和熱等，その他の原因によるひび割れ強度の低下を表す係数

h　：部材の高さ（m）（>0.2）

l_{ch}　：特性長さ（m）（$= G_F E_c / f_{tk}^2$，E_c：ヤング係数，G_F：破壊エネルギー，f_{tk}：引張強度の特性値．）

曲げひび割れ強度の算定にあたっては，軟化特性を考慮することによって解析的に説明できる寸法効果を取り込み，乾燥や水和熱等に起因する影響は分離して扱い，過去の実験結果から定量化した．乾燥や水和熱等による影響が定量的に評価できる場合には，将来的にこれを取込めるようにした．

（5）について　フェロニッケルスラグ骨材コンクリートの場合でも，応力－ひずみ曲線はコンクリートの種類，材齢，作用する応力状態，載荷速度および載荷経路等によって相当に異なる．しかしながら，棒部材の断面終局耐力のように，応力－ひずみ曲線の相違が大きな影響を与えない場合がある．一般に，フェロニッケルスラグ骨材コンクリートの応力－ひずみ曲線は，コンクリート標準示方書［設計編］に示される曲線を用いてよい．

（6）について　フェロニッケルスラグ骨材コンクリートのヤング係数は，スラグ骨材の製造方法や混合率，品質の程度によって異なることが知られている．コンクリートのヤング係数の値は，他の特性値と比べて構造物の安全性に及ぼす影響は小さいが，ヤング係数が構造性能に大きな影響を与える場合には，諸条件を十分に吟味し，必要ならば実際に使用する材料を用いて実測した値を用いるのが望ましい．

なお，試験によらない場合は，構造物の使用性の照査や疲労破壊に対する安全性の照査における弾性変形または不静定力の計算には，一般に式（解 5.2.6）から求められるヤング係数 E_c (N/mm^2)を用いてよいが，この式によって求められるフェロニッケルスラグ骨材コンクリートのヤング係数は，実際よりも 1 割程度小さい値となる傾向がある．

$$E_c = \left(2.2 + \frac{f_c' - 18}{20}\right) \times 10^4 \qquad f_c' < 30\text{N/mm}^2 \qquad \text{（解 5.2.6）}$$

$$E_c = \left(2.8 + \frac{f_c' - 30}{33}\right) \times 10^4 \qquad 30 \leq f_c' < 40\text{N/mm}^2$$

5.3　熱物性

フェロニッケルスラグ骨材コンクリートの熱伝導率，熱拡散率，比熱等の熱物性値は，その配合を考慮して実験あるいは既往のデータに基づいて定めるものとする．

【解　説】 コンクリートの熱物性は，一般に体積の大部分を占める骨材の特性によって大きく影響される．フェロニッケルスラグ骨材コンクリートの熱物性は，熱伝導率や比熱，熱拡散率，熱膨張係数等があるが，フェロニッケルスラグ骨材の製造方法や混合率，コンクリートの配合によっても相違することが想定されることから，その配合を考慮して実験あるいは既往のデータに基づいて定めることが原則である．しかし，フェロニッケルスラグ骨材コンクリートの熱物性は，普通骨材コンクリートと同等であるとの報告がある．したがって，一般的なコンクリートの熱物性値を用いても良い．一般のコンクリートでは，熱伝導率 λ は 2.6～2.8W/m℃，比熱 Cc は 1.05～1.26kJ/kg℃，熱拡散率 hc^2 は $0.83～1.1×10^{-6}m^2/s$ 程度である．

5.4　中性化速度係数

フェロニッケルスラグ骨材コンクリートの中性化速度係数の特性値 α_k は，実験あるいは既往のデータに基づき，コンクリートの有効水結合材比と結合材の種類から定めるものとする．

【解　説】 コンクリートの中性化速度係数を実験により求める場合，コンクリートの有効水結合材比と結合材の種類の影響を考慮しなければならない．実験等により中性化速度係数を導く場合には，コンクリートライブラリー64「フライアッシュを混和したコンクリートの中性化と鉄筋の発錆に関する長期研究（最終報告）」の方法を参考にするとよいが，中性化速度係数は初期の養生および環境条件の影響を大きく受けるため，実験においては，これらを適切に定める必要がある．

JIS A 1153「コンクリートの促進中性化試験方法」に従って求めたフェロニッケルスラグ骨材コンクリートの中性化速度係数は，普通ポルトランドセメントあるいは高炉セメント B 種を用いた場合には普通骨材コンクリートと同程度との実験データが示されている．よって，コンクリートの中性化速度係数の特性値 α_k は，コンクリート標準示方書［設計編］に従い式（解 5.4.1）によりコンクリートの有効水結合材比と結合材の種類から定めてよい．式（解 5.4.1）は，中性化深さを材齢（年）の平方根で割った中性化速度係数と，水結合材比との関係の直線回帰式であり，この式に含まれる係数 a および b は，水結合材比の異なる複数のデータに基づいて求めることができる．

$$\alpha_k = a + b \cdot W/B \qquad \text{（解 5.4.1）}$$

ここに，a，b　：セメント（結合材）の種類に応じて，実績から定まる係数

　　　　W/B　：有効水結合材比

ただし，式（解 5.4.1）における係数 a および b は，厳密には環境条件にも依存するので，特に中性化に関して厳しい環境と考えられる場合には，環境条件の影響を適切に考慮しなければならない．以下の式は，コンクリートライブラリー64「フライアッシュを混和したコンクリートの中性化と鉄筋の発錆に関する長期研究（最終報告）」に示された普通ポルトランドセメントあるいは中庸熱ポルトランドセメントを用いた

17種類の実験データに基づいて求めた回帰式である．

$$\alpha_k = -3.57 + 9.0W/B \qquad (mm/\sqrt{年}) \qquad (解\ 5.4.2)$$

ここに，W/B　：有効水結合材比（$=W/(C_p + k \cdot A_d)$）

W　：単位体積あたりの水の質量　(kg/m^3)

B　：単位体積あたりの有効結合材の質量（kg/m^3）

C_p　：単位体積あたりのポルトランドセメントの質量（kg/m^3）

A_d　：単位体積あたりの混和材の質量　(kg/m^3)

k　：混和材の影響を表す係数（フライアッシュの場合：0，高炉スラグ微粉末の場合：0.7）

式（解5.4.2）は，中性化深さを材齢（年）の平方根で割った値と，水結合材比との関係の直線式を，屋外暴露試験によって求めたものである．

5.5　塩化物イオン拡散係数

フェロニッケルスラグ骨材コンクリートの塩化物イオン拡散係数の特性値D_kは，次の何れかの方法で求めるものとする．

(i)　水セメント比と見掛けの拡散係数との関係式

(ii)　電気泳動法や浸せき法を用いた室内試験または自然暴露実験

(iii)　実構造物調査

【解　説】　拡散係数は，Fickの拡散法則に現れる比例係数で，拡散の速さを規定するものである．コンクリートの塩化物イオン拡散係数は，使用する材料や配合等に影響を受ける．拡散係数を求める方法には，既往のデータから水セメント比と見掛けの拡散係数について整理して得られた関係式を用いる方法，室内実験から求める方法，設計する構造物が置かれる自然環境と類似し，同様な作用を受けると考えられる既設の構造物から採取したコアや暴露供試体より求める方法等がある．

(i)について　フェロニッケルスラグ骨材コンクリートの塩化物イオン拡散係数は，普通ポルトランドセメントあるいは高炉セメントB種を用いた場合には普通骨材コンクリートと同程度との実験データが示されている．よって，普通ポルトランドセメントあるいは高炉セメントB種を用いるケースで室内試験や暴露試験等の結果が無い場合には，コンクリート標準示方書［設計編］に示されている既往の実験データに基づいて求められた以下の塩化物イオン拡散係数の予測式を適用してもよい．

(a)普通ポルトランドセメントを使用する場合

$$\log_{10} D_k = 3.0(W/C) - 1.8 \qquad (0.30 \leqq W/C \leqq 0.55) \qquad (解\ 5.5.1)$$

(b)高炉セメントB種相当を使用する場合

$$\log_{10} D_k = 3.2(W/C) - 2.4 \qquad (0.30 \leqq W/C \leqq 0.55) \qquad (解\ 5.5.2)$$

(ii)および(iii)について　室内試験によって塩化物イオン拡散係数を求める場合は，電気泳動法によるコンクリート中の塩化物イオンの実効拡散係数試験方法（案）（JSCE-G 571），浸せきによるコンクリート中の塩化物イオンの見掛けの拡散係数試験方法（案）（JSCE-G 572）に準拠するとよい．

実験室レベルでの塩化物イオン拡散係数試験方法とは別に，構造物中のコンクリートにおける塩化物イオン濃度分布を測定する方法もある．その場合には，実構造物におけるコンクリート中の全塩化物イオン濃度分布の測定方法（案）（JSCE-G 573）に準拠するとよい．

上述の室内試験や実構造物調査によって塩化物イオン拡散係数の特性値を求める場合は，コンクリート標準示方書［設計編］を参考にするとよい．

5.6　凍結融解試験における相対動弾性係数，スケーリング量

（1）フェロニッケルスラグ骨材コンクリートの相対動弾性係数の特性値 E_k は，一般にはコンクリートの凍結融解試験法（水中凍結融解試験方法）JIS A 1148（A 法）による相対動弾性係数に基づいて定めるものとする．

（2）フェロニッケルスラグ骨材コンクリートのスケーリング量の特性値 d_k は，一般にはけい酸塩系表面含浸材の試験方法（案）（JSCE-K 572）の 6.10 スケーリングに対する抵抗性試験によるコンクリートのスケーリング量に基づいて定めるものとする．

【解　説】　（1）について　凍結融解作用によるコンクリートの内部損傷に対しては，凍結融解試験における相対動弾性係数を特性値とする．相対動弾性係数は，JIS A 1127（共鳴振動によるコンクリートの動弾性係数，動せん断弾性係数及び動ポアソン比試験方法）によって計測されるたわみ振動の一次共鳴振動数について，劣化を受ける前の値の二乗に対する劣化後の値の二乗の比を百分率で表したものである．

（2）について　コンクリートのスケーリングは我が国では海水の影響のある海岸構造物や凍結防止剤を散布する道路構造物で問題となっている．スケーリングのような表面損傷に対しては，塩化ナトリウム水溶液等を試験溶液として一面凍結融解試験より求めたスケーリング量を特性値として定めることができる．凍結融解作用によるコンクリートのスケーリング量を求めるための，コンクリートの一面凍結融解試験方法は，「けい酸塩系表面含浸材の試験方法（案）（JSCE-K 572）」の「6.10 スケーリングに対する抵抗性試験」に規格化されており，これを利用してスケーリング量の特性値を求めることができる．

5.7　収　縮，クリープ

（1）フェロニッケルスラグ骨材コンクリートの収縮の特性値は，使用骨材，セメントの種類，コンクリートの配合等の影響を考慮して定めることを原則とする．試験には，7 日間水中養生を行った 100×100×400mm の角柱供試体を用い，温度 20±2℃，相対湿度 60±5%の環境条件で，JIS A 1129「モルタル及びコンクリートの長さ変化測定方法」に従い測定された乾燥期間 6 ヶ月（182 日）における値とする．

（2）フェロニッケルスラグ骨材コンクリートのクリープひずみは，作用する応力による弾性ひずみに比例するとして，一般に式（5.7.1）により求めるものとする．

$$\varepsilon'_{cc} = \phi \cdot \sigma'_{cp} / E_{ct} \qquad (5.7.1)$$

ここに，　ε'_{cc}　：コンクリートの圧縮クリープひずみ

ϕ　：クリープ係数

σ'_{cp}　：作用する圧縮応力度

E_{ct}　：載荷時材齢のヤング係数

【解　説】　(1) について　コンクリートの収縮は，乾燥収縮，自己収縮を含み，構造物の置かれる環境の温度，相対湿度，部材断面の形状寸法，コンクリートの配合のほか，骨材の性質，セメントの種類，コンクリートの締固め，養生条件等の要因によって影響を受ける．そこで，養生条件，環境条件，形状寸法を統一した条件下での収縮を，そのコンクリートの収縮の特性値とした．構造物の性能照査においてコンクリートの収縮が影響する構造物の応答値を算定する場合は，強度等の特性値と同様にコンクリートの収縮の特性値を設計段階で設定し，その値を設計図に記載しなければならない．

収縮の特性値は，100×100×400mm の角柱供試体を用い，水中養生 7 日後，温度 20℃，相対湿度 60%の環境下で JIS A 1129 試験に従って測定された乾燥期間 6 ヶ月における収縮ひずみとし，実際に使用するコンクリートと同材料，同配合のコンクリートの試験値や，実績をもとに定めることを原則とする．

構造物中におけるコンクリートの収縮は，そのコンクリートの収縮の特性値に，構造物の置かれる環境の温度，相対湿度，部材断面の形状寸法，乾燥開始材齢等の影響を考慮して算定することを原則とする．

なお，試験によらない場合はコンクリート標準示方書［設計編］に示される式を参考にし，特性値を設定してもよい．一般にフェロニッケルスラグ骨材を用いたコンクリートの収縮ひずみは普通骨材コンクリートと比較して小さくなる．よって，コンクリート標準示方書式より予測した収縮ひずみは安全側の特性値となる．

(2) について　コンクリートの応力度が圧縮強度の 40 %以下であれば，クリープひずみは作用する応力にほぼ線形に比例するので，作用する応力が変動する場合には重ね合わせの原理を適用してよい．コンクリートの応力度がこれより大きい場合には，クリープひずみは作用応力による弾性ひずみに比例すると考えることは適当ではない．なお，ひび割れが発生していないコンクリートでは，引張応力下においても圧縮応力下と同じクリープ特性を仮定してよい．

フェロニッケルスラグ骨材コンクリートのクリープ係数は，構造物の周辺の湿度，部材断面の形状寸法，コンクリートの配合，応力が作用するときのコンクリートの材齢等の影響を考慮して，これを定めることを原則とする．

なお，試験によらない場合はコンクリート標準示方書［設計編］に示される式を参考にし，特性値を設定してもよい．

5.8　化学的侵食深さ

フェロニッケルスラグ骨材コンクリートの化学的侵食深さの特性値は，次の何れかの方法で求めるものとする．

(i) 構造物の供用環境を想定した室内試験または自然暴露実験

(ii) 実構造物調査

【解　説】　化学的侵食の原因となる侵食性物質の種類と影響の程度は様々であり，コンクリートの抵抗性を画一的な試験方法によって評価することは困難である．そのため，コンクリートの化学的侵食深さの特性値は，環境の劣化外力の種類と強さに応じた試験を実施し適切に定める必要がある．また，設計する構造物が置かれる環境と類似し，同様な作用を受けると考えられる既設の構造物から採取したコアや暴露供試体より，化学的侵食深さの特性値を求めることもできる．しかし，フェロニッケルスラグ骨材コンクリートの化学的侵食深さに関する実験あるいは調査データはほとんど無いのが現状である．よって，特性値を設定する場合は，データの変動を安全側に考慮し適切に定める必要がある．

5.9　単位容積質量

フェロニッケルスラグ骨材コンクリートの単位容積質量の特性値は，設計時に想定した配合あるいは JIS A 1116「フレッシュコンクリートの単位容積質量試験方法」に基づいて定めるものとする．

【解　説】　フェロニッケルスラグ骨材は，普通骨材と比べて密度が大きい材料であることから，その混合率の増加にともないコンクリートの単位容積質量が増大する．そこで，コンクリート構造物の設計段階で単位容積質量に対して配慮が必要な場合には，単位容積質量の特性値を定め照査することとした．コンクリートの単位容積質量の特性値は，設計時に想定した配合あるいは JIS A 1116「フレッシュコンクリートの単位容積質量試験方法」に基づいて定めるものとする．

6章　骨　　材

6.1　総　　則

フェロニッケルスラグ細・粗骨材，普通細・粗骨材またはフェロニッケルスラグ混合細骨材・混合粗骨材は，清浄，堅硬，耐久的で適切な粒度をもち，コンクリートおよび鋼材の品質に悪影響を及ぼす物質を有害量含まず，品質のばらつきの少ないものでなければならない．

【解　説】　フェロニッケルスラグ骨材について　フェロニッケルスラグ骨材の品質は，その製造方法や溶融状態のスラグの冷却工程および粒度調整・加工の影響を受けるので，粒度の区分が同じであっても供給される製造工場によって相違する．ただし，JIS A 5011-2「フェロニッケルスラグ骨材」に適合するフェロニッケルスラグ細・粗骨材は，コンクリートの品質に悪影響を及ぼす物質を有害量含んでおらず，また十分な管理状態のもとで製造されているので，同一工場から供給される同一粒度のものの場合は，それぞれの品質は安定していると言える．したがって，使用するフェロニッケルスラグ骨材の品質を十分に理解してこれを用いるとともに，その運搬や貯蔵中に有害物が混入することのないように入念に管理すれば，品質が良好，かつ安定したコンクリートの製造が可能になる．

フェロニッケルスラグ細骨材の混合使用について　近年，良質の天然細骨材を入手することが困難となってきている状況の中で，コンクリート標準示方書［施工編：施工標準］の規定に適合しない砂でも粒度調整や塩化物含有量の低減を行えば，コンクリート用細骨材として使用できるものも多い．このような普通細骨材と，適切な種類のフェロニッケルスラグ細骨材とを混合することによって，良質のコンクリート用細骨材を得ることができる．ただし，粒度および塩化物含有量以外の項目が規定に適合しない普通細骨材は，フェロニッケルスラグ細骨材と混合使用できない．

フェロニッケルスラグ細骨材と普通細骨材との混合には，コンクリートの練混ぜ時にミキサ内で混合する方法と，コンクリートの練混ぜを行う前に予め混合する方法とがある．

予め混合されたフェロニッケルスラグ混合細骨材の場合は，混合される前のそれぞれの細骨材の品質や混合後の均一性を試験によって確認することが一般に困難である．したがって，コンクリートを製造する場合は，フェロニッケルスラグ細骨材と普通細骨材とを別々に貯蔵し，フェロニッケルスラグ細骨材混合率に応じてそれぞれ個別に計量して，練混ぜ時にミキサ内で混合する方法が推奨される．なお，やむを得ず予め混合されたフェロニッケルスラグ混合細骨材を用いる場合もあるため，この指針では，これについても記述している．

フェロニッケルスラグ粗骨材の混合使用について　フェロニッケルスラグ粗骨材は，これをコンクリートに用いる場合，概ね単独使用する場合が多いが，粗骨材の全量に用いるとコンクリートの単位容積質量が若干大きくなる．このため，施工時には考慮すべき項目も生じることに留意するのが良い．フェロニッケルスラグ粗骨材を用いたコンクリートでは，普通粗骨材コンクリートと比較して，乾燥収縮ひずみを低減する効果が期待できる．フェロニッケルスラグ粗骨材を使用する場合，アルカリシリカ反応性において区分 B「無害でない」と判定されるフェロニッケルスラグ粗骨材も多いため，JIS A 5011-2 附属書 D(規定)に従い，アルカリシリカ反応抑制対策を採る必要がある．

6.2　フェロニッケルスラグ細骨材

6.2.1　一　　般

フェロニッケルスラグ細骨材は，JIS A 5011-2 に適合したものでなければならない．

【解　説】　JIS A 5011-2 では，フェロニッケルスラグ細骨材を**解説 表 6.2.1** に示す 4 種類に区分し，種類ごとの呼び方は FNS2.5A または B のように記号で示されている．記号の末尾の A または B は，アルカリシリカ反応性による区分を示している．また，フェロニッケルスラグ細骨材の品質は**解説 表 6.2.2** に示すように規定されている．

フェロニッケルスラグ細骨材は，その化学成分として二酸化けい素(SiO_2)，酸化マグネシウム(MgO)，酸化鉄(FeO)，酸化カルシウム(CaO)等を含有しているが，酸化マグネシウムや酸化カルシウムはいずれの製造方法においても遊離した形では存在しないので，これらがコンクリートの品質に悪影響を及ぼすことはない．

フェロニッケルスラグ細骨材の絶乾密度および単位容積質量の規格値の下限は，普通細骨材に比べてやや大きい値となっている．現在製造されているフェロニッケルスラグ細骨材の品質の実態は，付録 I に示すとおりである．

解説 表 6.2.1　フェロニッケルスラグ細骨材の粒度による区分(JIS A 5011-2)

種類	粒の大きさの範囲 mm	記号
5mm フェロニッケルスラグ細骨材	5.0 以下	FNS5
2.5mm フェロニッケルスラグ細骨材	2.5 以下	FNS2.5
1.2mm フェロニッケルスラグ細骨材	1.2 以下	FNS1.2
5.0～0.3mm フェロニッケルスラグ細骨材	5.0～0.3	FNS5-0.3

解説 表 6.2.2　フェロニッケルスラグ細骨材の物理・化学的性質(JIS A 5011-2)

項目			規格値
化学成分	酸化カルシウム（CaO として）	%	12.0　以下
	酸化マグネシウム（MgO として）	%	40.0　以下
	全硫黄（S として）	%	0.5　以下
	全鉄（FeO として）	%	13.0　以下
	金属鉄（FeO として）	%	1.0　以下
絶乾密度		g/cm^3	2.7　以上
吸水率		%	3.0　以下
単位容積質量		kg/L	1.50　以上

フェロニッケルスラグ細骨材の一部には，製造時の冷却条件によってアルカリシリカ反応性を示すものがあり，フェロニッケルスラグ細骨材の製造者が発行する試験成績表にその判定結果が示されている．したがって，フェロニッケルスラグ細骨材を使用する場合は，この試験成績表を参照して**解説 表 6.2.3** に示すアルカリシリカ反応性による区分を確認することが重要である．アルカリシリカ反応性が区分 B と判定された骨材であっても， JIS A 5011-2 附属書 D（規定）「アルカリシリカ反応の抑制対策の方法」に従って抑制対策を行えば，コンクリート用細骨材として使用できる．なお，この附属書による場合，フェロニッケルスラグ

細骨材混合率は，30%以下で用いることとなるので注意が必要である．

解説 表6.2.3 フェロニッケルスラグ細骨材のアルカリシリカ反応性による区分(JIS A 5011-2)

区分	摘要
A	アルカリシリカ反応性試験結果が"無害"と判定されたもの
B	アルカリシリカ反応性試験結果が"無害でない"と判定されたもの。 又はこの試験を行っていないもの。

フェロニッケルスラグ骨材の環境安全品質基準は，JIS A 5011-2 の 5.5.1 に従い，それを用いるコンクリート構造物等の用途が一般用途の場合，**解説 表6.2.4**の規定に，港湾用途の場合は**解説 表6.2.5**の規定にそれぞれ適合しなければならない．なお，用途が特定できない場合および港湾用途であっても再利用が予定されている場合は，一般用途として取り扱うものとする．

また，ここに示す溶出量および含有量の試験は JIS A 5011-2 の 6.5 によるものとする．

解説 表6.2.4 一般用途の場合の環境安全品質基準(JIS A 5011-2)

項目	溶出量（mg/L）	含有量（mg/kg）
カドミウム	0.01　以下	150　以下
鉛	0.01　以下	150　以下
六価クロム	0.05　以下	250　以下
ひ素	0.01　以下	150　以下
水銀	0.0005　以下	15　以下
セレン	0.01　以下	150　以下
ふっ素	0.8　以下	4000　以下
ほう素	1　以下	4000　以下

注）ここでいう含有量とは，同語が一般的に意味する"全含有量"とは異なることに注意を要する．

解説 表6.2.5 港湾用途の場合の環境安全品質基準(JIS A 5011-2)

項目	溶出量（mg/L）
カドミウム	0.03　以下
鉛	0.03　以下
六価クロム	0.15　以下
ひ素	0.03　以下
水銀	0.0015　以下
セレン	0.03　以下
ふっ素	15　以下
ほう素	20　以下

6.2.2　粒　　度

（1）フェロニッケルスラグ細骨材の粒度の範囲は，**表 6.2.1** によるものとする．ふるい分け試験は，JIS A 1102 によるものとする．

表 6.2.1　フェロニッケルスラグ細骨材の粒度の範囲（JIS A 5011-2）

区分	ふるいを通るものの質量分率　%						
	ふるいの呼び寸法 a)						
	10	5	2.5	1.2	0.6	0.3	0.15
5mm フェロニッケルスラグ細骨材	100	90～100	80～100	50～90	25～65	10～35	2～15
2.5mm フェロニッケル細骨材	100	95～100	85～100	60～95	30～70	10～45	5～20
1.2mm フェロニッケル細骨材	-	100	95～100	80～100	35～80	15～50	10～30
5-0.3mm フェロニッケル細骨材	100	95～100	45～100	10～70	0～40	0～15	0～10

注 a)　ふるいの呼び寸法は,それぞれ JIS Z 8801-1 に規定するふるいの公称目開き 9.5mm, 4.75mm, 2.36mm, 1.18mm, 0.6mm，0.3mm および 0.15mm である．

（2）フェロニッケルスラグ細骨材の粗粒率は，購入契約時に定められた粗粒率と比べ±0.20 以上変化してはならない．

（3）フェロニッケルスラグ細骨材の微粒分量の上限値は，**表 6.2.2**，その許容差は，**表 6.2.3** によるものとする．

表 6.2.2　フェロニッケルスラグ細骨材の微粒分量上限値（JIS A 5011-2）

区分	上限値　%
5 mm フェロニッケルスラグ細骨材	7.0
2.5 mm フェロニッケルスラグスラグ細骨材	9.0
1.2 mm フェロニッケルスラグスラグ細骨材	10.0
5～0.3 mm フェロニッケルスラグスラグ細骨材	7.0

表 6.2.3　フェロニッケルスラグ細骨材の微粒分量許容差（JIS A 5011-2）

区分	許容差　%
5 mm フェロニッケルスラグスラグ細骨材	±2.0
2.5 mm フェロニッケルスラグスラグ細骨材	±2.0
1.2 mm フェロニッケルスラグスラグ細骨材	±3.0
5～0.3 mm フェロニッケルスラグスラグ細骨材	±2.0

【解　説】　（1）について　**表 6.2.1** に示すフェロニッケルスラグ細骨材の粒度の範囲は，JIS A 5011-2 に規定されている 4 種類のフェロニッケルスラグ細骨材の粒度の範囲と同じである．

フェロニッケルスラグ細骨材には，普通細骨材の細目，中目または粗目のいずれのものとも混合使用できるように，4 種類の粒度区分のものが準備されている．なお，5mm フェロニッケルスラグ細骨材（FNS5）および 2.5mm フェロニッケルスラグ細骨材（FNS2.5）は，コンクリート用細骨材としてこれを単独でも用いることのできるものである．

微粒分の量は，フェロニッケルスラグの製造方法によって相違している．例えば 1.2mm フェロニッケルスラグ細骨材（FNS1.2）の場合，キルン水冷スラグから製造されるフェロニッケルスラグ細骨材の場合は，その製造方式の特徴から，0.15mm ふるいを通るものの量が，粉砕機によって製造されるものに比べてやや多いが，0.075mm 以下の量は少ない傾向にある．

フェロニッケルスラグ細骨材に含まれる 0.15mm 以下の粒子は，粘土やシルトではないので，その混入割合を増してもコンクリートの所要の単位水量の増加は少なく，また，ブリーディングを大幅に抑制する効果をもたらす．したがって，フェロニッケルスラグ細骨材混合率を大きくした場合等においてコンクリートのブリーディング率を減少させたい場合は，0.15mm 以下の粒子を多く含有するフェロニッケルスラグ細骨材を選定して使用するのがよい．

（２）について　フェロニッケルスラグ細骨材の粗粒率が大きく変化すると，所定の品質を確保するためにコンクリートの配合を変える必要が生じる．そこで，フェロニッケルスラグ細骨材の粗粒率は，購入契約時に定められた粗粒率に比べて±0.20 以上変化してはならない．

6.3　普通細骨材

（１）フェロニッケルスラグ細骨材と混合使用する普通細骨材は，その粒度および塩化物含有量を除き，JIS A 5308 の附属書 A に規定されている砂または JIS A 5005 に規定されている砕砂でなければならない．

（２）フェロニッケルスラグ細骨材と混合使用する普通細骨材は，アルカリシリカ反応性の区分が無害のものを用いなければならない．

【解　説】　（１）について　この指針では，粒度が適切でなかったり，場合によっては塩化物含有量が許容限度を超える普通細骨材にフェロニッケルスラグ細骨材を混合して良好な品質の細骨材とし，未利用資源を有効に活用することも目的としている．しかし，この目的によりフェロニッケルスラグ細骨材を混合使用する場合にも，組み合せて用いる普通細骨材の物理的品質は良好でなければならない．たとえば，混合使用する普通細骨材の吸水率が大きい場合や，耐凍害性，安定性等が低い場合には，品質の悪い骨材粒の存在によってコンクリートの品質あるいは性能が損なわれる恐れがある．この点を考えて，フェロニッケルスラグ細骨材とともに用いる普通細骨材は，粒度および塩化物含有量を除き，JIS A 5308 の附属書 A の規定を満足する砂または JIS A 5005 の規定を満足する砕砂とした．

（２）について　アルカリシリカ反応性の区分が無害のフェロニッケルスラグ細骨材を用いる場合であっても，混合に使用する普通細骨材は，アルカリシリカ反応性の区分が無害のものを用いることとした．これは，無害でない普通細骨材と無害のフェロニッケルスラグ細骨材を混合した場合のアルカリシリカ反応抑制対策の有効性を検証する実験データの蓄積がないためである．

6.4　フェロニッケルスラグ混合細骨材

6.4.1　一　　般

（１）フェロニッケルスラグ細骨材と普通細骨材とをコンクリートの練混ぜ時にミキサ内で混合する場合，所定のフェロニッケルスラグ細骨材混合率が確保されるよう注意しなければならない．

（２）予め混合されたフェロニッケルスラグ混合細骨材は，混合前のそれぞれの細骨材の品質が試験成績表によって確認でき，かつ目標としたフェロニッケルスラグ細骨材混合率が明示され，これを保証されたものでなければならない．また，フェロニッケルスラグ細骨材と普通細骨材とが均一に混合されているものでなければならない．

【解　説】 （1）について　フェロニッケルスラグ混合細骨材に用いるフェロニッケルスラグ細骨材および普通細骨材は，それぞれ6.2および6.3に適合したものでなければならないことが基本である．普通細骨材の粒度あるいは塩化物含有量の調整を目的に，フェロニッケルスラグ細骨材と普通細骨材とを混合して使用する場合，所定のフェロニッケルスラグ細骨材混合率が確保されるように，混合時に正しくそれぞれを計量し，均一になるまで練り混ぜることが重要である．

（2）について　予め混合されたフェロニッケルスラグ混合細骨材の場合は，混合前のそれぞれの細骨材の品質と混合の際に目標としたフェロニッケルスラグ細骨材混合率が明らかになっていることが，これを適切に使用するためにきわめて重要である．例えば，6.3 の解説でも述べたように，混合に用いる普通細骨材の物理的品質が劣る場合には，混合されたものの見かけ上の物理的品質は向上しても，コンクリートの耐久性をはじめとする品質が損なわれる危険性がある．また，フェロニッケルスラグ細骨材のアルカリシリカ反応性が「無害でない」場合，予め混合された状態で混合細骨材を製造または使用してはならない．

一方，フェロニッケルスラグ細骨材混合率が不明の場合は，7 章の規定に従ってコンクリートの配合を正しく定めることが困難になる．本条文は，これらの諸点を考慮して設けられたものである．

フェロニッケルスラグ混合細骨材を予め製造する場合，大量の細骨材を混合することになるので，フェロニッケルスラグ細骨材混合率に応じたそれぞれの分量の細骨材が均一に混合されるよう，入念に作業する必要がある．混合の方法としては，フェロニッケルスラグ細骨材および普通細骨材それぞれホッパに貯蔵した後，ベルドコンベヤ上に定量ずつ切り出して混合する方法等がある．細骨材をできるだけ均一に混合するためには，例えば中継ホッパを設けて混合頻度を増やす等の配慮が必要である．

フェロニッケルスラグ混合細骨材中のフェロニッケルスラグ細骨材混合率の確認方法には，蛍光X線分析および絶乾密度による方法がある．これらの方法の詳細については，付録Ⅲを参照されたい．目標としたフェロニッケルスラグ細骨材混合率に対する試験結果の許容誤差は，±3%とする．なお，予め混合されたフェロニッケルスラグ混合細骨材は，日本鉱業協会の非鉄スラグ製品の製造販売ガイドラインに基づいて製造・販売されたものを用いなければならない．

6.4.2　フェロニッケルスラグ混合細骨材の粒度

（1）フェロニッケルスラグ混合細骨材の粒度は，均一に混合された状態において，**表 6.4.1** の範囲を標準とする．

表 6.4.1 フェロニッケルスラグ混合細骨材の粒度の標準

区分	各ふるいを通過する容積分率 (%)						
	ふるいの呼び寸法 [a]						
	10	5	2.5	1.2	0.6	0.3	0.15
フェロニッケルスラグ混合細骨材	100	90～100	80～100	50～90	25～65	10～35	2～15 [b]

注 [a] ふるいの呼び寸法は，それぞれ JIS Z 8801-1 に規定するふるいの公称目開き 9.5mm, 4.75mm, 2.36mm, 1.18mm, 0.6mm, 0.3mm および 0.15mm である．

[b] 予め混合された細骨材にあっては，上限値を 15%とし，コンクリート製造時に別々に計量されるものについては上限値を 20%としてよい．ただし，いかなる場合も砂からもたらされるものは 10%以下，砕砂からもたらされるものは 15%以下でなければならない．

（2）フェロニッケルスラグ混合細骨材の粗粒率は，購入契約時に定められた粗粒率と比べ±0.20 を超えて変化してはならない．

【解　説】 （1）について　フェロニッケルスラグ混合細骨材は，フェロニッケルスラグ細骨材と普通細骨材とが適切な比率で均一に混合され，大小粒が適度に混合した粒度分布を有するものでなければならない．その混合細骨材の標準とする粒度分布は，**表 6.4.1** に示す範囲内にあり，かつ，粒度分布の変動ができるだけ少ないことが望ましい．この粒度範囲の混合細骨材を用いれば，一般に良好なコンクリートを製造することができる．なお，この粒度分布は，予め混合した細骨材はもとより，コンクリートの製造時にミキサ内で混合する細骨材に対しても適用する．粗粒率としては 2.6～2.8 程度を目標とするのがよい．

フェロニッケルスラグ細骨材に含まれる 0.15 mm 以下の粒子は，コンクリートの品質を損なう粘土等ではなく，ブリーディングの抑制に効果があることが確認されている．フェロニッケルスラグ細骨材中の 0.15 mm ふるいを通過するものの質量分率の上限が，普通細骨材より大きい値に設定されているのは，この特性を活用するためである．このことを踏まえ，フェロニッケルスラグ混合細骨材の 0.15 mm ふるいを通過するものの容積分率の上限値を 15%まで許容し，コンクリート製造時に別々に計量されるものの場合は，上限値を 20%としてよいことにした．コンクリート製造時に混合する場合の上限値を大きくしたのは，この方法の場合，混合前の各骨材の品質が十分に確認でき，かつ，混合割合に関する信頼性も高まることによる．

ただし，混合に用いる砂あるいは砕砂の 0.15 mm ふるいを通るものには，粘土やシルトが含まれている可能性が高いので，砂からもたらされる 0.15 mm 以下の粒子の容積分率は 10%以下，砕砂からもたらされる 0.15 mm 以下の粒子の容積分率は 15%以下でなければならないと規定した．

1 つの種類の細骨材を対象とした場合や密度差を無視できる複数の細骨材を混合したものを対象にした場合は，その粒度分布を便宜的に質量分率で表示してもよい．しかし，混合される各々の細骨材の密度差がやや大きくなるフェロニッケルスラグ混合細骨材の場合は，その粒度分布を各粒径範囲に存在する骨材の絶対容積を基準として表わすのが適切である．このため，フェロニッケルスラグ混合細骨材の粒度の標準は，**表 6.4.1** のように，各ふるいを通るものの容積分率で表わすことにした．また，このような混合細骨材の場合は，その粗粒率も絶対容積を基準とした数値で表わすのが適切である．

参考のために，フェロニッケルスラグ細骨材混合率を 40%に定め，細目のフェロニッケルスラグ細骨材〔FNS 1.2 : 絶乾密度 3.10 g/ cm^3，FM 1.68，0.15mm ふるい通過量 25%〕と粗目の川砂〔絶乾密度 2.55 g/ cm^3，FM 3.36, 0.15 mm ふるい通過量 3%〕とを混合したフェロニッケルスラグ混合細骨材の粗粒率を計算すると，骨材の粒度を容積で表示して求めた値は 2.69，質量で表示して求めた値は 2.61 となり，質量表示の方が 0.08 小さい値を示す．

混合に用いるフェロニッケルスラグ細骨材と普通細骨材の両方の粒度分布が判明していれば，混合後の粗粒率を所定の値とするために必要なフェロニッケルスラグ細骨材混合率は，式（解 6.4.1）によって求めることができる．

$$m = \frac{FM_m - FM_n}{FM_s - FM_n} \times 100 \qquad \text{（解 6.4.1）}$$

ここに，m　：フェロニッケルスラグ細骨材混合率（%）（容積分率）

FM_s　：フェロニッケルスラグ細骨材の粗粒率

FM_n　：普通細骨材の粗粒率

FM_m　：混合後の細骨材の粗粒率（容積表示による粒度分布）

（2）について　フェロニッケルスラグ細骨材に対する 6.2.2（2）の解説と同じ趣旨により，この規定を設けた．

6.4.3　フェロニッケルスラグ混合細骨材の塩化物含有量

フェロニッケルスラグ混合細骨材の塩化物含有量は，均一に混合された状態でコンクリート標準示方書［施工編：施工標準］3.4 に示されている細骨材中の塩化物含有量に関する規定を満足しなければならない．

【解　説】　混合して用いるフェロニッケルスラグ細骨材が 6.2 に規定する品質を，また，普通細骨材が 6.3 に規定する品質恐れぞれ満足したものであれば，これらを混合した後の細骨材の品質は，粒度および塩化物含有量に関する事項を除き，一般にはコンクリート用細骨材として良好な品質を有していると考えてよい．

フェロニッケルスラグ細骨材には塩化物がほとんど含まれていないので，これを普通細骨材と混合することにより，コンクリート中の塩化物イオン総量の低減を図ることができる．コンクリート中に含まれる塩化物含有量が鋼材の腐食におよぼす影響は，骨材の種類が相違しても同じであるので，フェロニッケルスラグ混合細骨材においても，塩化物含有量の上限値は，一般のコンクリートに用いられる普通細骨材に対する規定値と同じとした．

フェロニッケルスラグ混合細骨材の塩化物含有量は，混合前のそれぞれの細骨材に含まれる塩化物量とフェロニッケルスラグ細骨材混合率とから計算によって求められるが，試験を行う必要がある場合には，土木学会規準「海砂の塩化物イオン含有率試験方法（滴定法）(JSCE-C 502)」によればよい．

6.5 フェロニッケルスラグ粗骨材

6.5.1 一　般

フェロニッケルスラグ粗骨材は，J1S A 5011-2 に適合したものでなければならない．

【解　説】 JIS A 5011-2 では，フェロニッケルスラグ粗骨材を**解説 表 6.5.1** に示す 3 種類に区分し，種類ごとの呼び方は FNG20-5 のように記号で示されている．また，フェロニッケルスラグ粗骨材の品質は**解説 表 6.5.2** に示すように規定されている．

フェロニッケルスラグ粗骨材は，その化学成分として二酸化けい素（SiO_2），酸化マグネシウム（MgO），酸化鉄（FeO），酸化カルシウム（CaO）等を含有しているが，酸化マグネシウムや酸化カルシウムはいずれの製造方法においても遊離した形では存在しないので，コンクリートの品質に悪影響を及ぼすことはない．

フェロニッケルスラグ粗骨材の絶乾密度および単位容積質量の規格値の下限は，普通粗骨材に比べてやや大きい値となっている．現在製造されているフェロニッケルスラグ粗骨材の品質の実態は，付録 I に示すとおりである．

解説 表 6.5.1 フェロニッケルスラグ粗骨材の粒度による区分（JIS A 5011-2）

種類	粒の大きさの範囲 mm	記号
フェロニッケルスラグ粗骨材 2005	20～5	FNG20-5
フェロニッケルスラグ粗骨材 2005	20～15	FNG20-15
フェロニッケルスラグ粗骨材 2005	15～5	FNG15-5

解説 表 6.5.2 フェロニッケルスラグ粗骨材の物理・化学的性質（JIS A 5011-2）

項目			規格値
化学成分	酸化カルシウム（CaO として）	%	15.0　以下
	酸化マグネシウム（MgO として）	%	40.0　以下
	全硫黄（S として）	%	0.5　以下
	全鉄（FeO として）	%	13.0　以下
	金属鉄（Fe として）	%	1.0　以下
絶乾密度		g/cm^3	2.7　以上
吸水率		%	3.0　以下
単位容積質量		kg/L	1.50　以上

フェロニッケルスラグ粗骨材の一部には，製造時の冷却条件によってアルカリシリカ反応性を示すものがあるが，JIS A 5011-2 附属書 D（規定）「アルカリシリカ反応抑制対策の方法」に従って抑制対策を行えば，コンクリート用粗骨材として使用できる．

フェロニッケルスラグ粗骨材についても，フェロニッケルスラグ細骨材と同様に，6.2.1 に示した JIS A 5011-2 に規定の環境安全品質基準が適用される．微量成分の含有量および溶出量の規定値は，**解説 表 6.2.4** および**解説 表 6.2.5** のとおりである．

6.5.2　粒　度

（1）フェロニッケルスラグ粗骨材の粒度の範囲は，**表 6.5.1** によるものとする．ふるい分け試験は JIS A 1102 によるものとする．

（2）フェロニッケルスラグ粗骨材の粗粒率は，購入契約時に定められた粗粒率と比べ±0.30 以上変化してはならない．

表 6.5.1　フェロニッケルスラグ粗骨材粒度の範囲(JIS A 5011-2)

区分	各ふるいを通過する質量分率 (%)					
	ふるいの呼び寸法 [a]					
	25	20	15	10	5	2.5
フェロニッケルスラグ粗骨材 2005	100	90～100	－	20～55	0～10	0～5
フェロニッケルスラグ粗骨材 2015	100	90～100	－	0～10	0～ 5	－
フェロニッケルスラグ粗骨材 1505	－	100	90～100	40～70	0～15	0～5

注 [a]　ふるいの呼び寸法は,それぞれ JIS Z 8801-1 に規定するふるいの公称目開き 26.5mm，19mm，16mm，9.5mm，4.75mm および 2.36mm である．

【解　説】　(1) について　**表 6.5.1** に示すフェロニッケルスラグ粗骨材の粒度の範囲は，JIS A 5011-2 に規定されている 3 種類のフェロニッケルスラグ粗骨材の粒度の範囲と同じである．

フェロニッケルスラグ粗骨材には，普通粗骨材と混合使用できるように，3 種類の粒度区分のものが準備されている．なお，フェロニッケルスラグ粗骨材 2005（FNG20-5）およびフェロニッケルスラグ粗骨材 1505（FNG15-5）は，コンクリート用粗骨材としてこれを単独でも用いることのできるものである．

フェロニッケルスラグ粗骨材の微粒分量の上限値は，砕石と同じ値で規定されており，通常の粗骨材と同様に扱って良い．

(2) について　フェロニッケルスラグ粗骨材の粗粒率が大きく変化すると，所定の品質を確保するためにコンクリートの配合を変える必要が生じる．そこで，フェロニッケルスラグ粗骨材の粗粒率は，購入契約時に定められた粗粒率に比べて±0.30 以上変化してはならないことにした．なお，現在製造されているフェロニッケルスラグ粗骨材の粗粒率の変動は，一般に±0.30 の範囲にある．

6.6　普通粗骨材

（1）フェロニッケルスラグ骨材コンクリートに使用する普通粗骨材は，その粒度および塩化物含有量を除き，JIS A 5308 の附属書 A に規定されている砂利または JIS A 5005 に規定されている砕石でなければならない．

（2）フェロニッケルスラグ粗骨材と混合使用する普通粗骨材は，アルカリシリカ反応性の区分が無害のものを用いなければならない．

【解　説】フェロニッケルスラグ粗骨材と混合して用いられる普通粗骨材の品質は，粒度および塩化物含有量を除き，JIS A 5308 の附属書 A の規定を満足する砂利または JIS A 5005 の規定を満足する砕石でなければならない．すなわち，6.3 と同様に，フェロニッケルスラグ骨材コンクリートに使用する普通粗骨材では，粒度，塩化物イオン量以外の粗骨材に要求される性質（密度，吸水率，耐凍害性等）は，通常のコンクリート用粗骨材に要求される品質と何ら変わるところはない．

（2）について　アルカリシリカ反応性の区分が無害のフェロニッケルスラグ粗骨材を用いる場合であっても，混合に使用する普通粗骨材は，アルカリシリカ反応性の区分が無害のものを用いることとした．これは，無害でない普通粗骨材と無害のフェロニッケルスラグ粗骨材を混合した場合のアルカリシリカ反応抑制対策の有効性を検証する実験データの蓄積がないためである．

6.7　フェロニッケルスラグ混合粗骨材

6.7.1　一　　般

フェロニッケルスラグ粗骨材と普通粗骨材を混合使用する場合，フェロニッケルスラグ粗骨材と普通粗骨材とをコンクリートの練混ぜ時にミキサ内で混合し，所定のフェロニッケルスラグ粗骨材混合率が確保されるようにする．

【解　説】　フェロニッケルスラグ混合粗骨材に用いるフェロニッケルスラグ粗骨材および普通粗骨材は，それぞれ6.5および6.6に適合したものであることが基本である．フェロニッケルスラグ粗骨材と普通粗骨材とを混合して使用する場合，所定のフェロニッケルスラグ粗骨材混合率が確保されるように，混合時に正しくそれぞれを計量し，均一に練り混ぜることが重要である．したがって，本指針では，コンクリートの練混ぜ時に両粗骨材をミキサ内で混合することとした．

6.7.2　フェロニッケルスラグ粗骨材混合率

フェロニッケルスラグ粗骨材の混合率は，所要の性能を有するコンクリートが得られるように，試験等によって適切に定めることを標準とする．

【解　説】　フェロニッケルスラグ粗骨材混合率は，コンクリートの施工性能および硬化コンクリートに要求される性能が得られるよう，試験等によって確認する．

これまでの実験結果によれば，フェロニッケルスラグ粗骨材混合率が50%程度以下の範囲で使用する場合には，普通粗骨材を用いる場合と同様に取り扱うことができ，そのコンクリートの品質も普通骨材コンクリートとほぼ同等であることが確かめられている．

フェロニッケルスラグ粗骨材は絶乾密度が2.7g/cm^{3}以上と普通骨材よりやや大きいものの，普通粗骨材のそれと大きく変わらない．しかし，これを単独あるいはフェロニッケルスラグ粗骨材混合率が大きい範囲で用いた場合には，コンクリートの単位容積質量をやや大きくすることができる．

6.7.3　フェロニッケルスラグ混合粗骨材の粒度

フェロニッケルスラグ混合粗骨材の粒度は，ミキサ内で均一に混合された状態において，**表 6.7.1** の範囲を標準とする.

表 6.7.1　フェロニッケルスラグ混合粗骨材の粒度の標準

区分	最大寸法 (mm)	各ふるいを通過する容積分率　(%) ふるいの呼び寸法[a]								
		50	40	30	25	20	15	10	5	2.5
フェロニッケル	40	100	95～100	−	−	35～70	−	10～30	0～ 5	
スラグ	25			100	95～100	−	30～70	−	0～10	0～5
混合粗骨材	20				100	90～100	−	20～55	0～10	0～5

注[a]　ふるいの呼び寸法は,それぞれ JIS Z 8801-1 に規定するふるいの公称目開き 53mm，37.5mm，31.5mm，26.5mm，19mm，16mm，9.5mm，4.75mm および 2.36mm である.

【解　説】　フェロニッケルスラグ混合粗骨材は，フェロニッケルスラグ粗骨材と普通粗骨材とが適切な混合率で均一に混合され，大小粒が適当に混合した粒度分布を有するものでなければならない．その混合粗骨材の標準とする粒度は，**表 6.7.1** の範囲にあり，かつ，粒度分布の変動ができるだけ少ないことが望ましい．この粒度範囲の混合粗骨材を用いれば，一般に良好なコンクリートを製造することができる．

1つの種類の粗骨材を対象とした場合や密度の差が無視できる複数の粗骨材を混合したものを対象とした場合は，その粒度分布を便宜的に質量分率で表示してもよい．しかし，混合される粗骨材との密度差が大きいフェロニッケルスラグ粗骨材の場合は，その粒度分布を，各粒度範囲に存在する骨材の絶対容積を基準として表すのが適切である．このため，フェロニッケルスラグ混合粗骨材の粒度の標準は**表6.7.1**のように各ふるいを通るものの容積分率で表すことにした．また，このような混合粗骨材の場合は，その粗粒率も絶対容積を基準とした数値で表すのが適切である．

7章　配合設計

7.1　総　　則

（1）フェロニッケルスラグ骨材コンクリートの配合設計においては，所要のワーカビリティー，設計基準強度および耐久性を満足するように，コンクリートのスランプ，配合強度，水セメント比等の配合条件を明確に設定した上で，使用材料の各単位量を定めなければならない．

（2）コンクリートの配合は，要求される性能を満足する範囲内で，単位水量をできるだけ少なくするように定めなければならない．また，単位容積質量が指定されている場合には，これを満足するよう，配合を定めなければならない．

【解　説】　（1）について　この章では，コンクリートの目標性能としてワーカビリティー，設計基準強度，耐久性の3つの性能を満足するためのフェロニッケルスラグ骨材コンクリートの配合設計の方法について示す．また，ここに示す配合設計の方法は，設計基準強度が50N/mm²未満，フレッシュコンクリートの充填性をスランプで評価するコンクリートを対象とする．配合設計の基本的な考え方は，コンクリート標準示方書［施工編：施工標準］4章に従うものとする．

ここで，使用するフェロニッケルスラグ細・粗骨材および普通細・粗骨材は6.2，6.3，6.4，6.5および6.6に示されたものを用いることとし，これ以外の材料（水，セメント，混和材料）についてはコンクリート標準示方書［施工編：施工標準］3章に示されたものを用いることとする．

（2）について　所要のワーカビリティー，設計基準強度および耐久性を有するフェロニッケルスラグ骨材コンクリートを造るためには，普通骨材コンクリートの場合と同様に，作業に適するワーカビリティーが得られる範囲内で，単位水量ができるだけ少なくなるよう配合を定めることが重要である．

一般的には，フェロニッケルスラグ細骨材を混合すると，単位水量を減じる効果が得られやすい傾向にある．他方，スランプ8～10 cm程度のコンクリート配合においては，ブリーディングや流動性の観点から単位粉体量を300～340 kg/m³程度確保することが望ましい．

フェロニッケルスラグ細骨材は，6.2【解　説】に示されているように，骨材粒子の形状や粒度，密度等の品質がその種類あるいは製造条件によって異なっている．このことから，フェロニッケルスラグ細骨材を用いたコンクリートの品質は，使用するフェロニッケルスラグ細骨材の種類や混合率，さらには混合する普通細骨材の品質によってもかなり相違する．したがって，フェロニッケルスラグ細骨材コンクリートの配合は，実際の施工に用いる材料を使用し，フェロニッケルスラグ細骨材の使用条件あるいは使用目的について十分に配慮し，試験により定めることが重要である．

フェロニッケルスラグ粗骨材は，徐冷後破砕して製造されるため，粒子形状は砕石のそれに近いものとなる．破砕後の粒形の改善や，普通砕石と比較して密度が若干大きいことで，同一スランプを得るための単位水量が減少する傾向にある．

7.2　配合設計の手順

（1）配合設計にあたっては，設計図書に記載されたコンクリートの強度や耐久性に関する特性値を確認するとともに，参考として記載された粗骨材の最大寸法・スランプ・水セメント比・セメントの種類・単位セメント量・空気量等の参考値を確認する．

（2）設計図書に記載された上記（1）に示すコンクリートの参考値に基づいて，配合条件を設定する．

（3）設定した配合条件に基づき，試し練りの基準となる暫定の配合を設定する．

（4）設定した暫定の配合を基に，実際に使用する材料を用いて試し練りを行ない，コンクリートが所要の性能を満足することを確認する．試し練りの結果，所要の性能を満たしていない場合は，使用材料の変更や配合を修正し，所定の品質が得られる配合を決定する．

【解　説】配合設計の手順は，コンクリート標準示方書［施工編：施工標準］4.2に従うものとする．

7.3　フェロニッケルスラグ骨材コンクリートの特性値の確認

7.3.1　一　　般

配合設計に先立ち，設計基準強度，耐久性，単位容積質量，その他の性能に関して設計図書に記載されたコンクリートの特性値および参考値を確認する．

【解　説】　フェロニッケルスラグ骨材コンクリートの特性値の確認は，コンクリート標準示方書［施工編：施工標準］4.3 に従って行うものとする．ここで，特に，フェロニッケルスラグ骨材コンクリートにおいては，配合設計において考慮する目標性能として，ワーカビリティー，設計基準強度，耐久性のほかに，単位容積質量等が要求される場合がある．よって，配合設計に先立ち，これらの性能に関して設計図書に記載されたコンクリートの特性値および参考値を確認する．

7.3.2　設計基準強度

設計図書に記載された設計基準強度を確認する．

【解　説】設計図書には，構造物の構造性能に基づいて設定された設計基準強度が記載されている．この設計基準強度に基づき，使用材料，製造設備，コンクリートの品質のばらつきの実績から配合強度や水セメント比等の配合条件を設定する．具体的な設定方法については，7.5に記述されている．

なお，構造物が完成するまでに想定される施工中および完成直後の構造物の性能を保証するためには，その時点ごとで適切なコンクリートの強度発現特性が要求される．

7.3.3　耐久性

（1）設計図書に記載された耐久性に関する特性値および参考値を確認する．

（2）既往の実績配合や信頼できるデータを参考とするか，あるいは事前試験により設計図書に記載された特性値を満足することを確認した上で，適切な配合条件を設定する．

（3）（2）によらず設計図書に記載された参考値を基とする場合は，所要の耐久性を満足できるよう，適切な配合条件や使用材料を設定する．

（4）アルカリシリカ反応に対しては，適切な抑制対策を講じなければならない．

（5）化学的侵食に対して所要の耐久性を満足できるように，適切な配合条件を設定する．

【解　説】　（1）および（2）について　設計図書に記載された特性値を確認した後，これを満足できる既往の実績配合や信頼できるデータがある場合は，これに従って配合を決定する．または，事前試験により設計図書に記載された特性値を満足することを確認した上で，適切な配合条件を選定しても良い．

（3）について　設計図書に記載された参考値は，中性化速度係数，塩化物イオンに対する拡散係数，凍結融解試験における相対動弾性係数等の耐久性に関する特性値に基づいて定められた値である．したがって，所要の耐久性が得られるように，設計図書に記載された水セメント比，単位セメント量やセメントの種類，空気量等の参考値に基づいて，適切な配合条件や使用材料を定める．ここで，設計図書に記載された参考値は，適当量のエントレインドエアを連行させるとともに，適切な充塡性を有したコンクリートを入念に打ち込み，締固めをし，適切な温度で十分に湿度を与えて養生した場合を前提としたものである．

（4）について　現状ではアルカリシリカ反応を短時間で適切に照査できる方法は確立されておらず，設計図書に記載された特性値や参考値にはアルカリシリカ反応については考慮されていない．アルカリシリカ反応抑制対策は，使用する骨材の組合わせにより異なる．**解説 表 7.3.1** のとおり，フェロニッケルスラグ細・粗骨材が，アルカリシリカ反応性試験で「無害でない」と判定された場合，抑制対策は，JIS A 5011-2 附属書 D（規定）の方法に従う．なお，混合に使用する普通細・粗骨材は，フェロニッケルスラグ細・粗骨材のアルカリシリカ反応性の区分によらず，「無害」のものを用いなければならない．

解説 表 7.3.1　コンクリート製造に使用できるフェロニッケル細・粗骨材および普通細・粗骨材のアルカリシリカ反応性の区分と組合せについて

	骨材のアルカリシリカ反応性の区分			アルカリシリカ反応抑制対策の要･不要および種類
	フェロニッケルスラグ骨材	併用する普通骨材		
		細骨材	粗骨材	
フェロニッケルスラグ細骨材	無害	無害	無害	対策不要
	無害でない	無害	無害	JIS A 5011-2 附属書 D
フェロニッケルスラグ粗骨材	無害	無害	無害	対策不要
	無害でない	無害	無害	JIS A 5011-2 附属書 D
	無害	無害	使用せず	対策不要
	無害でない	無害	使用せず	JIS A 5011-2 附属書 D

一般に，密実なコンクリートでは外部からアルカリが侵入することは希であるが，ひび割れや継目等では，特に海洋環境や凍結防止剤の使用地域等において外部からのアルカリの侵入が予想される．このような場合には，予めひび割れを低減させるための対策を施すとともに，表面被覆工等も含め，外部環境からのアルカリ金属イオンの侵入をできるだけ低減する対策を講じるのが望ましい．

（5）について　コンクリートの化学的侵食を構造物の所要の性能に影響を及ぼさない程度に抑えること

が必要な場合には，劣化環境に応じて**解説 表 7.3.2** に示す水セメント比以下に設定するのがよい．

解説 表 7.3.2　化学的侵食に対する抵抗性を確保するための最大水セメント比

劣化環境	最大水セメント比（%）
SO_4^{2-}として 0.2%以上の硫酸塩を含む土や水に接する場合	50
凍結防止剤を用いる場合	45

注）実績，研究成果等により確かめられたものについては，表の値に 5〜10 を加えた値としてよい．

7.3.4　単位容積質量

設計図書に記載された単位容積質量を確認する．

【解　説】　フェロニッケルスラグ骨材コンクリートを重量コンクリートとして利用する場合，設計図書には，構造物の要求性能に基づいて設定された単位容積質量が記載されている．この単位容積質量に基づき，使用材料，単位量等の配合条件を設定する．

7.3.5　乾燥収縮

（1）設計図書に記載された乾燥収縮の特性値を確認する．

（2）設計図書に記載されたコンクリートの収縮ひずみの特性値あるいは収縮特性を満足するよう照査された参考値に基づいて，適切な配合条件や使用材料を設定する．

（3）収縮ひずみの特性値が設計図書に記載されていない場合は，既往の施工実績や信頼できるデータを参考とするか，あるいは試験により収縮ひずみの値が構造物の所要の性能に対して影響のない値であることを確認した上で，適切な配合条件を設定する．

【解　説】　（1）について　フェロニッケルスラグ骨材がコンクリートの乾燥収縮の抑制効果が高いことを利用して構造物の設計がなされた場合等，フェロニッケルスラグ骨材コンクリートの目標性能として乾燥収縮特性が要求される場合には，設計図書に記載された乾燥収縮の特性値を確認し，設計図書に記載された参考値に基づいて配合条件を設定する．

なお，コンクリートの収縮の特性値は，コンクリート標準示方書［設計編：本編］5.2.8 に示されるように，使用骨材，セメントの種類，コンクリートの配合等の影響を考慮して定めることを原則とする．

（2）および（3）について　設計では，構造物の応答値算定にコンクリートの収縮ひずみの特性値を用いて照査が行われ，応答値が限界値を満足するような収縮ひずみの特性値が設計図書に示される．したがって，その収縮ひずみを満足できるように，適切な配合条件や使用材料を設定しなければならない．収縮ひずみの特性値が示されていない場合には，収縮ひずみが過大とならないことを確認しなければならない．

収縮ひずみは小さい方が望ましいことは言うまでもないが，使用するコンクリートの材料や配合が収縮に伴うひび割れに対して問題ないことを，既往の工事実績や信頼できる資料をもとに，事前に確認しておくことが重要である．

7.3.6　その他の特性値

（1）設計図書に記載された水密性および断熱温度上昇特性等の特性値を確認する．

（2）所要の水密性が得られるよう，適切な配合条件を設定する．

（3）コンクリートの断熱温度上昇特性が，断熱温度上昇特性の設計値と同等あるいはそれ以下となるように，設計図書に記載された参考値に基づいて，適切な配合条件や使用材料を設定する．

【解　説】　（1）について　フェロニッケルスラグ骨材コンクリートの目標性能として水密性および断熱温度上昇特性等が要求される場合には，設計図書に記載されたそれらの特性値を確認し，設計図書に記載された参考値に基づいて配合条件を設定する．

（2）について　水密性には，透水係数によって評価されるコンクリートそのものの水密性と，構造物や部材においてひび割れ等も考慮した透水量によって評価される水密性があるが，配合設計では，特にコンクリートそのものの水密性が対象となる．透水係数は，微細な空隙を有するセメント硬化体自体の緻密さや空隙の連続性等の空隙構造および骨材周辺に形成される比較的粗い組織である遷移帯の性質等に支配される．セメント硬化体の空隙構造は，一般に水セメント比（水結合材比）と結合材の種類に依存することから，所定の透水係数を確保するためには，作業に適する充填性が確保できる範囲内で，均質で緻密なコンクリートになるように水セメント比を小さくし，単位水量を低減させることが有効である．また，既往の研究成果から，水セメント比を55%以下とすれば，一般のコンクリート構造物に要求されるコンクリート自体の水密性は確保されることが確認されている．

なお，水密性が要求されるコンクリート構造物の場合には，設計段階で透水係数や透水量の照査がなされている．したがって，水密性における水セメント比の設定についても，設計図書に記載された水セメント比，単位セメント量やセメントの種類等の参考値に基づいて設定すればよい．

（3）について　セメントの水和に起因する温度ひび割れは，コンクリート標準示方書［設計編：本編］12章において照査される．設計図書には，照査結果に基づいて水セメント比，セメントの種類および単位セメント量等の参考値が示されることとなるため，それらの参考値に基づいて配合条件を設定すれば，断熱温度上昇特性の設計値と同等あるいはそれ以下の断熱温度上昇特性をもつコンクリートが得られ，所定のひび割れ発生確率を満たすと考えてよい．ただし，環境条件や施工条件等が変化して設計で想定していない要因が影響すると予想される場合には，その影響を考慮してコンクリートの材料，配合，施工方法を選定しなければならない．

7.4　フェロニッケルスラグ骨材コンクリートのワーカビリティー

（1）設計図書に記載された参考値に基づき，コンクリートのワーカビリティーの目標性能を設定する．

（2）充塡性は，2.3.1により設定する．

（3）コンクリートポンプによる圧送性は，2.3.2により設定する．

（4）凝結特性は，2.3.3により設定する．

【解　説】　フェロニッケルスラグ骨材コンクリートのワーカビリティーに関する目標性能は，一般に設計図書の特性値として示されておらず，参考値としてスランプ等が示されている．したがって，設計図書に記載された参考値を確認した上で，実工事での環境条件や施工条件，使用材料に適応したワーカビリティーを設定し，目標性能の一つとしなければならない．所要の性能を有するコンクリート構造物を構築するためには，その運搬，打込み，締固め，仕上げ等の作業に適する充填性，圧送性，凝結特性を有するように，コンクリート標準示方書[施工編：施工標準]2.3.1～2.3.3 に基づき適切に設定する必要がある．

7.5 配合条件の設定

7.5.1 フェロニッケルスラグ骨材混合率

（1）フェロニッケルスラグ細骨材混合率は，所要の性能を有するコンクリートが得られるよう，試験等によってこれを適切に定めなければならない．

（2）フェロニッケルスラグ細骨材混合率は，一般には 50%以下を標準とする．

（3）フェロニッケルスラグ細骨材混合率が 50%を超える場合は，コンクリートの品質を試験等によって確認して，これを定めることを原則とする．

（4）フェロニッケルスラグ粗骨材混合率は，一般には 50%以下を標準とする．

（5）フェロニッケルスラグ粗骨材混合率が 50%を超える場合は，コンクリートの品質を試験等によって確認して，これを定めることを原則とする．

【解　説】 （1）について フェロニッケルスラグ細骨材は，標準，中目，粗目および細目の 4 種類の粒度の製品があり，普通細骨材の粒度に応じてこれらを適宜選択し，適切な割合で混合することにより，コンクリート用細骨材として所要の粒度に調整することが可能である．さらに，フェロニッケルスラグ細骨材混合率を大きくして用いれば，コンクリートの単位容積質量が大きくなるので，消波ブロックや重力式構造物では有利となることもある．フェロニッケルスラグ細骨材混合率は，使用目的を明確にして，所要の性能をもつコンクリートが得られるよう，適切に定めなければならない．

（2）について フェロニッケルスラグ細骨材の種類によらず，フェロニッケルスラグ細骨材混合率が 50%程度以下の範囲で使用する場合には，普通細骨材を用いる場合と同様に取り扱うことができ，そのコンクリートの品質も普通骨材コンクリートとほぼ同等であることが，これまでの実験によって確かめられている．また，フェロニッケルスラグ細骨材混合率が 50%以下では環境安全品質基準も満足できる．したがって，この指針では，フェロニッケルスラグ細骨材混合率を 50%以下とすることを標準とした．

（3）について フェロニッケルスラグ細骨材混合率が 50%よりも大きい範囲で使用する場合には，ブリーディング量が増大しやすい傾向にあり，また，配合を適切に選定しないと十分な耐凍害性が得られないことがある．したがって，これらの点を考慮し，フェロニッケルスラグ細骨材混合率が 50%を超える場合は，試験，過去の実績その他によって，所要の品質のコンクリートが得られることを確認してフェロニッケルスラグ細骨材混合率を定めることを原則とした．なお，フェロニッケルスラグ細骨材混合率に関わらず，製造するフェロニッケルスラグ細骨材コンクリートが，環境安全品質基準を満足することを試験成績表により確認する必要がある．

（4）および（5）について フェロニッケルスラグ粗骨材の種類によらず，フェロニッケルスラグ粗骨材混合率が 50%程度以下の範囲で使用する場合には，普通粗骨材を用いる場合と同様に取り扱うことができ，そのコンクリートの品質も普通骨材コンクリートとほぼ同等であることが確かめられている．したがって，この指針では，フェロニッケルスラグ粗骨材混合率を50%以下とすることを標準とした．なお，フェロニッケルスラグ粗骨材混合率が50%以下では環境安全品質基準も一般に満足できるが，試験成績表による確認は必要である．

なお，フェロニッケルスラグ細骨材混合率またはフェロニッケルスラグ粗骨材混合率が50%を超える場合については，「13章 特別な考慮を要するコンクリート」を参照されたい．

7.5.2　粗骨材の最大寸法

（1）粗骨材の最大寸法は，部材寸法，鉄筋のあきおよびかぶりを考慮して設定する．

（2）粗骨材の最大寸法は，鉄筋コンクリートの場合，部材最小寸法の1/5を，無筋コンクリートの場合は部材最小寸法の1/4を超えないことを標準とする．

（3）粗骨材の最大寸法は，はりおよびスラブの場合，鉄筋の最小水平あきの3/4を超えてはならない．また，柱および壁の場合，軸方向鉄筋の最小あきの3/4を超えてはならない．

（4）粗骨材の最大寸法は，かぶりの3/4を超えないことを標準とする．

（5）粗骨材の最大寸法は，**表7.5.1**を標準とする．

表7.5.1　粗骨材の最大寸法

構造条件	粗骨材の最大寸法
最小断面寸法が大きい※ かつ，鋼材の最小あきおよびかぶりの3/4 ＞ 40 mmの場合	40 mm
上記以外	20 mm または 25 mm

※目安として，500 mm程度

【解　説】　粗骨材の最大寸法の設定は，コンクリート標準示方書［施工編：施工標準］4.5.1に従うものとする．

7.5.3 スランプ

（1）スランプの設定にあたっては，運搬，打込み，締固め等の作業に適する範囲内でできるだけスランプが小さくなるように，事前に，打込み箇所，締固め作業高さや棒状バイブレータの挿入間隔，1 回当りの打込み高さや打上がり速度等の施工方法について十分に検討しなければならない．

（2）スランプは，運搬，打込み，締固め等の作業に適する範囲内で，材料分離を生じないように設定する．

（3）打込みの最小スランプは，構造物の種類，部材の種類と大きさ，鋼材量や鋼材の最小あき等の配筋条件，締固め作業高さ等の施工条件に基づき，これらの条件を考慮して選定する．

（4）荷卸しの目標スランプおよび練上がりの目標スランプは，打込みの最小スランプを基準として，これに荷卸しから打込みまでの現場内での運搬および時間経過に伴うスランプの低下，現場までの運搬に伴うスランプの低下，および製造段階での品質の許容差を考慮して設定する．

（5）打ち込む部材が複数ある場合で，部材ごとに個別にコンクリートを打ち込むことができる場合には，部材ごとに打込みの最小スランプを設定する．複数の部材を連続して打ち込む場合等で，途中でスランプの変更ができない場合には，各部材の打込みの最小スランプのうちの大きい値を用いるのを標準とする．

（6）場内運搬としてコンクリートポンプによる圧送を行う場合には，圧送に伴うスランプの低下を考慮して，圧送条件，最小スランプ，環境条件等の諸条件に応じたスランプの低下量を見込む．

【解　説】 フェロニッケルスラグ骨材コンクリートの場合も，スランプの設定は，コンクリート標準示方書［施工編：施工標準］4.5.2 に従うものとする．なお，打込みの最小スランプの目安，施工条件に応じたスランプの低下の目安についても，コンクリート標準示方書［施工編：施工標準］に示された表を参考にできる．

スランプの大きいコンクリートを用いれば，一般にコンクリートの打込み，締固め等の作業は容易となるが，材料分離が起こりやすくなるので，スランプは，作業に適する範囲内で，できるだけ小さくすることが大切である．特に，フェロニッケルスラグ細骨材を単独で用いる場合あるいはフェロニッケルスラグ細骨材混合率が大きいコンクリートの場合は，ブリーディングが大きくなるので，スランプを 8cm 程度以下の打込みの最小スランプが小さな部材に適用することが望ましい．

高性能 AE 減水剤を用いたコンクリートの場合には，荷卸しの目標スランプが 18cm となる部材にまで適用することができる．ただし，ブリーディング等，材料分離抵抗性が十分に確保できることを確認する必要がある．

7.5.4 配合強度

（1）コンクリートの配合強度は，設計基準強度および現場におけるコンクリートの品質のばらつきを考慮して定める．

（2）コンクリートの配合強度 f'_{cr} は，一般の場合，現場におけるコンクリートの圧縮強度の試験値が，設計基準強度 f'_{ck} を下回る確率が 5%以下となるように定める．

【解　説】 配合強度の設定は，コンクリート標準示方書［施工編：施工標準］4.5.3 に従うものとする．

7.5.5　水セメント比

（1）水セメント比は，65%以下で，かつ設計図書に記載された参考値に基づき，コンクリートに要求される強度，耐久性および水密性を考慮して，これらから定まる水セメント比のうちで最小の値を設定する．

（2）コンクリートの圧縮強度に基づいて水セメント比を定める場合は，以下の方法により定める．

(a) 圧縮強度と水セメント比との関係は，試験によってこれを定めることを原則とする．試験の材齢は 28 日を標準とする．ただし，試験の材齢は，使用するセメントの特性を勘案してこれ以外の材齢を定めてもよい．

(b) 配合に用いる水セメント比は，基準とした材齢におけるセメント水比（C/W）と圧縮強度 f'_c との関係式において，配合強度 f'_{cr} に対応するセメント水比の値の逆数とする．

（3）コンクリートの中性化，塩害，凍害等に対する耐久性を考慮して水セメント比を定める場合には，設計図書に記載された参考値に基づき，その参考値以下の水セメント比となるように定める．

（4）コンクリートの化学的侵食に対する耐久性を考慮して水セメント比を定める場合には，**解説 表 7.3.2** に基づいて定める．また，水密性を考慮する場合の水セメント比は 55%以下とするのを標準とする．

（5）フェロニッケルスラグ細骨材混合率が 50%を超えるコンクリートで，耐凍害性をもとにして水セメント比を定める場合には，試験によってこれを定めなければならない．

【解　説】　（1）について　水セメント比の設定は，コンクリート標準示方書［施工編：施工標準］4.5.4 に従うものとする．ここでいうセメントには，結合材を含む．

（2）について　コンクリートの圧縮強度をもとにして水セメント比を定める方法は，コンクリート標準示方書［施工編：施工標準］4.5.4 に示されている通常の方法によって行えばよい．この場合，フェロニッケルスラグ骨材コンクリートの圧縮強度とセメント水比（C/W）との関係式が，使用するフェロニッケルスラグ骨材の種類やフェロニッケルスラグ骨材混合率等によっても相違することを念頭におく必要がある．

（3）について　フェロニッケルスラグ細骨材混合率が 50%程度以下の場合には，空気量を適切に選定すれば，同一水セメント比の普通骨材コンクリートとほぼ同等の耐凍害性が得られることが，これまでの実験によって確かめられている．したがって，フェロニッケルスラグ細骨材混合率が 50%程度以下のコンクリートで，耐凍害性をもとにして水セメント比を定める場合における AE コンクリートの水セメント比の最大値は，コンクリート標準示方書［施工編：施工標準］4.5.4 に従い定めるものとした．

（4）について　フェロニッケルスラグ細骨材コンクリートの硫酸塩や融氷剤等の化学作用に対する耐久性，水密性，海洋環境における耐久性等は，普通骨材コンクリートとほぼ同等であるので，コンクリート標準示方書[施工編：施工標準]の規定によることにした．

（5）について　これまでの実験結果によれば，フェロニッケルスラグ細骨材コンクリートの耐凍害性は，水セメント比や空気量だけでなく，ブリーディング量の影響も大きく受けることが指摘されている．特にフェロニッケルスラグ細骨材混合率が 50%を超えるコンクリートで，ブリーディングが著しい場合には，空気量を増加させても普通コンクリートと同等の耐凍害性が得られないことが多い．したがって，フェロニッケルスラグ細骨材混合率が 50%を超えるコンクリートで，耐凍害性をもとにして水セメント比を定める場合には，試験によって所要の水セメント比の値を定めるように規定した．

7.5.6　空気量

（1）コンクリートの空気量は，粗骨材の最大寸法，その他に応じてコンクリート容積の4～7%を標準とする．

（2）フェロニッケルスラグ細骨材混合率が50%を超えるコンクリートの空気量は，所要の耐凍害性が得られるよう，試験によって定めるのを原則とする．

（3）コンクリートの空気量試験は，JIS A 1116，JIS A 1118，JIS A 1128のいずれかによるものとする．

【解　説】　空気量の設定は，コンクリート標準示方書［施工編：施工標準］4.5.5に従うものとする．

フェロニッケルスラグ細骨材コンクリートは，ワーカビリティー，気象作用に対する耐久性，その他の品質を向上させるため，AEコンクリートとしなければならない．

エントレインドエアによるコンクリートのワーカビリティー改善効果は非常に大きいので，AEコンクリートとすることにより，所要のワーカビリティーを得るのに必要な単位水量を大幅に低減することができ，ブリーディングの抑制やコンクリートのその他の品質の向上にも効果がある．

フェロニッケルスラグ細骨材混合率を50%以下の範囲で選定した場合には，水セメント比および空気量を同一とした普通骨材コンクリートと同等の耐凍害性が得られることが確かめられている．したがって，フェロニッケルスラグ細骨材コンクリートの空気量は，普通骨材コンクリートと同様に，練混ぜ後において，コンクリート容積の4～7%を標準とした．

フェロニッケルスラグ細骨材混合率が50%を超える範囲では，プレーンコンクリートにおけるエントラップトエアが最大で約1%程度増加することがあり，AEコンクリートにおいても気泡間隔係数が大きくなることがある．また，フェロニッケルスラグ細骨材混合率の増加により，ブリーディング率も増加する傾向にあることから，耐凍害性が損なわれる恐れがある．したがって，耐凍害性が特に重要な構造物に，フェロニッケルスラグ細骨材混合率が50%を超えるコンクリートを用いる場合は，所要の耐凍害性が得られることを試験によって確認し，適切な空気量を定めることが重要である．

7.6　暫定の配合の設定

7.6.1　単位水量

（1）単位水量は，作業ができる範囲内でできるだけ小さくなるように，試験によって定める．

（2）コンクリートの単位水量の上限は175 kg/m^{3}を標準とする．単位水量がこの上限値を超える場合には，所要の耐久性を満足していることを確認しなければならない．

【解　説】　（1）について　フェロニッケルスラグ骨材コンクリートを製造する場合には，AE減水剤や高性能AE減水剤を用いて，できるだけ単位水量を減ずることが望ましい．所要のスランプを得るのに必要な単位水量は，粗骨材の最大寸法，混和材料の種類，コンクリートの空気量等とともに，フェロニッケルスラグ骨材の種類やフェロニッケル細骨材混合率によっても変化するので，実際の施工に用いる材料を使用して試験を行い，これを定めるように規定した．

（2）について　これまでの実験結果によれば，風砕スラグ細骨材は，球状に近い粒子を多く含むので，これを用いたコンクリートの単位水量は，川砂を用いた場合よりも減少することが多い．

フェロニッケルスラグ細骨材は，普通細骨材に比べて，骨材粒子の表面組織が滑らかで，保水性が小さい．このため，フェロニッケルスラグ細骨材コンクリートは，高炉スラグ細骨材を用いたコンクリート等と同様に，普通骨材コンクリートよりもブリーディングが生じやすい傾向にある．単位水量が多くなると，この傾向がさらに顕著となり，コンクリートの品質が低下する恐れもあるので，単位水量の上限を 175 kg/m³ に定めた．なお，この上限値は，コンクリート標準示方書［施工編：施工標準］**解説 表 4.6.1** に規定されている通常のコンクリートにおけるスランプの上限値 12 cm に対応するものであり，スランプがこれよりも小さい場合は，単位水量をさらに少なくすることが望ましい（コンクリート標準示方書［施工編：施工標準］4.6.1 **【解　説】**参照）．　AE 減水剤を用いたコンクリートにおいて，単位水量が 175 kg/m³ を超える場合には，AE 減水剤に代えて高性能 AE 減水剤を使用して単位水量が 175 kg/m³ 以下となる配合とすることが望ましい．

単位水量の下限値は特に定めないが，砕石や砕砂を用いる場合の単位水量は少なくとも 145 kg/m³ 以上を目安とするのがよい．ただし，良質の川砂利等の材料を用いると，単位水量が 135 kg/m³ 程度で所定のスランプが得られる場合があるので，所要のワーカビリティーが得られる場合には単位水量が小さくてもよい．ここで，単位水量が推奨範囲内であっても，使用材料や配合条件によってはブリーディングが過大となる場合があるので，適度なブリーディング性状となるように細骨材率や単位粉体量等を修正することが望ましい．また，高炉スラグ微粉末，石灰石微粉末，フライアッシュ，シリカフューム等の微粉末を多く含む混和材料を使用することは，ブリーディング量を低減するのに効果的である．

解説 表 7.6.1　コンクリートの単位水量の推奨範囲

粗骨材の最大寸法（mm）	単位水量の推奨範囲（kg/m³）
20～25	155～175
40	145～165

7.6.2　単位セメント量

単位セメント量は，設計図書に記載された参考値に基づき設定する．単位セメント量に下限あるいは上限が定められている場合には，これらの規定を満足させなければならない．

【解　説】　単位セメント量は，設計図書に記載された参考値に基づいて定める．単位セメント量の上限値あるいは下限値が記載されている場合には，単位水量と水セメント比から求めた単位セメント量が，その単位セメント量の上限値以下あるいは下限値以上であることを確認し，これを満足しない場合には，使用材料や配合を変更する．その単位セメント量が少なすぎるとワーカビリティーが低下するため，単位セメント量は，粗骨材の最大寸法が 20～25 mm の場合に少なくとも 270 kg/m³ 以上（粗骨材の最大寸法が 40 mm の場合は 250 kg/m³ 以上），より望ましくは 300 kg/m³ 以上確保するのがよい．

単位セメント量が増加し，セメントの水和に起因するひび割れが問題となる場合には，セメントの種類の変更や石灰石微粉末等の不活性な粉体の利用を検討するのがよい．設計図書に記載された単位セメント量の上限値あるいは下限値を外れる場合や，セメントの種類を変更する場合には，改めてセメントの水和に起因するひび割れの照査を行う必要がある．

また，海洋コンクリートや水中コンクリートの場合の単位セメント量は，［施工編：特殊コンクリート］7

章および8章の規定による.

7.6.3　単位粉体量

（1）単位粉体量は，スランプの大きさに応じて適切な材料分離抵抗性が得られるように設定する.

（2）単位粉体量は，圧送および打込みに対して適切な範囲で設定する.

（3）単位粉体量の下限あるいは上限が定められている場合には，これらの規定を満足させなければならない.

【解　説】　（1）について　粉体とは，セメントはもとより，高炉スラグ微粉末，フライアッシュ，シリカフュームあるいは石灰石微粉末等，セメントと同等ないしはそれ以上の粉末度を持つ材料の総称である.これらの各種粉体の単位量を総和したものが単位粉体量であり，単位粉体量はコンクリートの材料分離抵抗性を左右する主要な配合要因である．なお，混合セメントも含めてセメントのみを用いる場合には，単位粉体量と単位セメント量とは同じとなる.

スランプに応じた適切な単位粉体量が確保されてないと材料分離を生じやすく，豆板や未充塡といった不具合発生の要因となる．そのため，良好な充塡性および圧送性を確保する観点から，粗骨材の最大寸法が20〜25 mmの場合に少なくとも270 kg/m^{3}以上（粗骨材の最大寸法が40 mmの場合は250 kg/m^{3}以上）の単位粉体量を確保し，より望ましくは300〜340 kg/m^{3}程度とするのが推奨される．本指針では，骨材の微粒分は粉体として考慮していない．骨材の微粒分が多い場合には，コンクリートの粘性が高くなりワーカビリティーが低下することがあるため，必要に応じて単位粉体量を減らすようにする．また，フェロニッケルスラグ細骨材またはフェロニッケルスラグ粗骨材混合率が高い場合，単位粉体量の増加によるブリーディング抑制効果は顕著である．これらのことも考慮し，フェロニッケルスラグ細・粗骨材混合率に応じて，適切な単位粉体量を設定することが望ましい.

なお，設定したスランプに対応した単位粉体量の目安を定めるのに際して，土木学会「施工性能にもとづくコンクリートの配合設計・施工指針（案）」の2章を参考にするとよい.

（2）について　圧送において管内閉塞を生じることなく円滑な圧送を行うためには，一定以上の単位粉体量を確保する必要がある.

（3）について　設計図書で単位結合材量の上限あるいは下限が記載されている場合には，それらと上記（1）および（2）から決まる単位粉体量とを比較し，両者の条件が同時に満足されるように単位粉体量を設定する必要がある．両者の条件を満足できない場合には，使用材料や配合を変更する必要がある.

7.6.4　細骨材率

細骨材率は，所要のワーカビリティーが得られる範囲内で単位水量ができるだけ小さくなるように，試験によって定める.

【解　説】　コンクリートの配合設計においては，細骨材率を適切に定める．一般に，細骨材率が小さいほど，同じスランプのコンクリートを得るのに必要な単位水量は減少する傾向にあり，それに伴い単位セメント量の低減も図れることから，経済的なコンクリートとなる．しかし，細骨材率を過度に小さくするとコンクリートが粗々しくなり，材料分離の傾向も強まるため，ワーカビリティーの低下につながりやすい．使用する細骨材および粗骨材に応じて，所要のワーカビリティーが得られ，かつ，単位水量が最小になるような適切な細骨材率が存在する．適切な細骨材率は細骨材の粒度，コンクリートの空気量，単位セメント量，混和材料の種類等とともに，フェロニッケルスラグ骨材の種類やフェロニッケルスラグ細骨材混合率によっても相違するので，単位水量が最小となるように試験によって定める必要がある．

工事期間を通して，骨材の粒度が安定しているのが望ましい．工事期間中に，配合選定の際に用いた細骨材に対して粗粒率が 0.2 程度以上変化するとワーカビリティーに及ぼす影響も大きくなる．このような場合，配合を修正する必要があるが，配合の修正に際しては，細骨材率の適否についても改めて試験によって確認しておくことが望ましい．

場内運搬が圧送による場合には，細骨材率が圧送性に影響を及ぼすため，ポンプの性能，配管，圧送距離等に応じて，既往の資料や実績から適切な細骨材率を設定する必要がある（コンクリート標準示方書［施工編：施工標準］7.3.2.1 もしくは「コンクリートのポンプ施工指針」参照）．

流動化コンクリートの場合は，流動化後のコンクリートのワーカビリティーを考慮して細骨材率の値を決定する必要がある（コンクリート標準示方書［施工編：特殊コンクリート］2 章参照）．高性能 AE 減水剤を用いたコンクリートの場合は，水セメント比およびスランプが同じ通常の AE 減水剤を用いたコンクリートと比較して，細骨材率を 1〜2%大きくすると良好な結果が得られることが多い．この傾向は，フェロニッケルスラグ骨材を用いたコンクリートの場合も同じである．

コンクリートの細・粗骨材の割合を定める方法としては，上記の細骨材率のほか，粗骨材の単位容積質量に基づく方法もある．特に，大きなスランプであるほど細骨材率ワーカビリティーの良否との関係が不明確になりやすいため,先に粗骨材の単位容積質量を定めた方がより適切に配合を選定できる場合もある.また，この方法によれば，プラスティックなコンクリートの場合，スランプや水セメント比に関係なく，粗骨材の最大寸法と細骨材の粒度に応じてコンクリート 1m^3 中の粗骨材のかさ容積（単位粗骨材かさ容積）がほぼ一定となり，砕石のような角ばった骨材を用いるときでも容易に粗骨材量を決めることができる．

スランプに対応した細骨材率や単位粗骨材量を定める際には，コンクリート標準示方書［施工編：施工標準］の 4.6.4 を参考とするとともに，土木学会「施工性能にもとづくコンクリートの配合設計・施工指針」の 5 章を参考にするとよい．

7.6.5　混和材料の単位量

混和材料の単位量は，所要の効果が得られるように定める．

【解　説】　混和材料の効果は，混和材料そのものの特性だけでなく，セメントおよび骨材の性質，併用する混和材料の種類，コンクリートの配合，施工条件，環境条件等によって相違する．そのため，用途に応じて所要の効果が得られるように，試験あるいは既往の実績や資料を参考として適切な使用量を定める必要がある．なお，複数の種類の混和材料を組み合わせて使用する場合，フレッシュ性状や硬化コンクリートの性能に予期せぬ影響を及ぼすことがあるので，新たな組合せを採用する場合は事前に十分な検討を行うのがよい．

7.6.6 フェロニッケルスラグ骨材混合率

フェロニッケルスラグ細骨材混合率，または，フェロニッケルスラグ粗骨材混合率は，所要の効果が得られるように，試験等によってこれを適切に定めなければならない．

【解　説】 これまでの実験結果によれば，フェロニッケルスラグ細骨材混合率またはフェロニッケルスラグ粗骨材混合率が50%以下の範囲で使用した場合には，普通骨材と同様に取り扱うことができ，コンクリートの品質も普通骨材コンクリートの場合とほぼ同等であることが確かめられている．また，単独で使用した場合にコンクリートの乾燥収縮が過大となる普通細・粗骨材に対して，フェロニッケルスラグ細・粗骨材を混合使用すると，コンクリートの乾燥収縮ひずみが顕著に抑制されることも確かめられている．

7.7 試し練り

7.7.1 一　般

（1）配合条件を満足するコンクリートが得られるよう，試し練りによって，コンクリートの配合を定めなければならない．

（2）コンクリートの試し練りは，室内試験によることを標準とする．

（3）計画配合が配合条件を満足することを実績等から確認できる場合は，試し練りを省略してもよい．

【解　説】 （1）について　配合設計において設定した配合が所要の配合条件を満足することを確認するために，試し練りを行う．コンクリートの性能は種々の要因の影響を受け，特にフレッシュコンクリートは，練混ぜ後の時間の経過や環境温度，場内運搬方法等の違いによって，その特性が大きく変化する．コンクリートの配合設計においては，打込み時に必要とされるコンクリートのワーカビリティーが確保されるように，練上がり，荷卸しのそれぞれの段階で目標とする品質を設定することが重要である．そのため，コンクリートの施工に際しては，所要の性能を満足するコンクリートが得られるように，予め試し練りを行い，配合を決定することとした．なお，試し練りは，必要に応じて，コンクリート主任技士，コンクリート技士，あるいはこれらの資格相当の能力を有する技術者の指示のもとで実施する．

（2）および（3）について　コンクリートの配合を決定するには，品質が確かめられた各種材料を用いて，これらを正確に計量し，十分に練り混ぜる必要があるため，試し練りは室内試験によることを標準とした．ただし，室内試験におけるコンクリートの製造条件が実際の製造条件と相違する場合，製造後の時間経過に伴うコンクリートの品質変化を確認する場合には，室内試験とは別に実機ミキサによる試し練りを行うことが望ましい．

7.7.2　試し練りの方法

（1）室内試験で試し練りを行う場合，実際の製造条件とのスランプの差，施工時のコンクリート温度および練混ぜ性能や運搬時間等を考慮して，練上がり時のワーカビリティーを判断する．

（2）コンクリートの試し練りは，室温 20±3℃の条件で実施することを標準とする．この試験条件で実施できない場合には，温度差を補正して配合を決定する．

（3）試験ミキサによる配合試験では，コンクリートのワーカビリティーを確認するために，適切な項目を選択して試験を行わなければならない．

【解　説】　（1）について　配合設計の段階において，打込みの最少スランプを基準として，運搬時間，現場での待機時間および現場内での運搬によるスランプの低下を考慮して，荷卸しの目標スランプ，および練上がりの目標スランプを設定する．したがって，室内試験による試し練りでは，練上がり直後だけでなく時間経過に伴うスランプの低下も考慮して，荷卸し箇所の目標スランプや練上がりの目標スランプが確保できるように配合補正を繰り返し，所定の打込みの最小スランプが得られるようにする必要がある．なお，配合の補正に際しては，**解説 表** 7.6.2 および**解説 表** 7.6.3 を参照するのがよい．

試し練りにおいて，想定される練上がりから打込みまでの時間のスランプの経時変化を確認しておくのがよい．試し練りの結果，時間経過に伴うスランプの低下が配合設計時に想定した低下量よりも大きい場合には，打込み時の最小スランプを確保できるように，適切な混和剤を用いる等によりスランプ保持性を持った配合を選定しておくことが重要である．なお，一般的には，静置状態にある少量の試料を用いた室内試験と比べて,実機ミキサで製造し実車で常時アジテートした状態の方がスランプの低下が小さくなる傾向にあり，実機試験の方がスランプの保持時間が概ね 30 分程度長くなると考えてよい．

また，ミキサの形式によっても練混ぜ性能が大きく異なり，練上がりの品質やその後の品質変化に影響を及ぼすため，室内試験に用いるミキサは実機ミキサと同形式のものを用いることが望ましい．

（2）について　室内試験における試し練りは一定の温度の条件で行うのが望ましく，JIS A 1138「試験室におけるコンクリートの作り方」に従って行う．ただし，室内試験時と実際の施工時期とが相当に異なり，打込み温度も大きく異なることが予想される場合には，その温度条件の違いを考慮して配合を決定する必要がある．また，必要に応じて，実機における試し練りを行い，室内試験で得られた配合を修正するのがよい．

（3）について　配合試験では，配合設計で定めた配合が，充填性，圧送性，凝結特性について，目標とする性能を有しているかどうか確認する．

7.8　配合の表し方

配合の表し方は，一般に**表 7.8.1** によるものとし，スランプは標準として荷卸しの目標スランプを表示する．

表 7.8.1　配合の表し方

a）フェロニッケルスラグ細骨材コンクリート

粗骨材の最大寸法	スランプ 1)	空気量	水セメント比 2) W/C	細骨材率 s/a	単位量(kg/m³)							
					水	セメント	混和材 3)	細骨材 4) S		粗骨材 G		混和剤 5)
								普通	フェロニッケルスラグ			A
(mm)	(cm)	(%)	(%)	(%)	W	C	F		FNS(　)	mm- mm	mm- mm	
								(　　%)				

b）フェロニッケルスラグ粗骨材コンクリート

粗骨材の最大寸法	スランプ 1)	空気量	水セメント比 2) W/C	細骨材率 s/a	単位量(kg/m³)							
					水	セメント	混和材 3)	細骨材 S	粗骨材 6) G			混和剤 5)
								普通	普通		フェロニッケルスラグ	
(mm)	(cm)	(%)	(%)	(%)	W	C	F		mm〜mm	mm〜mm	FNG(　)	A
									(　　%)			

注1) 必要に応じて,打込みの最小スランプや練上がりの目標スランプを併記する．
2) ポゾラン反応性や潜在水硬性を有する混和材を使用する場合は,水セメント比は水結合材比（W/(C+F)）となる．
3) 複数の混和材を用いる場合は，必要に応じて，それぞれの種類ごとに分けて別欄に記述する．
4) 使用する粒度のフェロニッケルスラグ細骨材の粒度による区分の記号（FNS2.5 等）を記載し，上段に普通細骨材とフェロニッケルスラグ細骨材に分けて記入する．また，下段にフェロニッケルスラグ混合細骨材の単位量と（　）内にそのフェロニッケルスラグ細骨材混合率（FNS 混合率）を容積分率で記入する．
5) 混和剤の単位量は mL/m³，g/m³ またはセメントに対する質量分率で表し、薄めたり溶かしたりしない原液の量を記述する．
6) 使用する粒度のフェロニッケルスラグ粗骨材の粒度による区分の記号（FNG20-5 等）を記載し，上段に普通粗骨材とフェロニッケルスラグ粗骨材に分けて記入する．また，下段にフェロニッケルスラグ混合粗骨材の単位量と（　）内にそのフェロニッケルスラグ粗骨材混合率（FNG 混合率）を容積分率で記入する．

【解　説】　配合は質量で表すのを原則とし，コンクリートの練上がり 1m³ 当たりに用いる各材料の単位量を**表 7.8.1** のような配合表で示すものとする．フェロニッケルスラグ細骨材コンクリートの計画配合の表わし方は，細骨材の単位量の表わし方を除いて，普通骨材コンクリートの場合と基本的には同じとし，**表 7.8.1 a)** のように定めた．また，フェロニッケルスラグ粗骨材コンクリートにおいては，フェロニッケルスラグ細骨材を併用しないことを原則とするため，**表 7.8.1 b)** のように定めた．いずれも混合骨材の単位量およびフェロニッケルスラグ骨材の混合率を明記することとした．

コンクリートの練混ぜ時にフェロニッケルスラグ細骨材と普通細骨材とを混合する場合は，それぞれの単位量，両者の単位量の合計およびフェロニッケルスラグ細骨材混合率を示すことを標準とする．予め混合されたフェロニッケルスラグ混合細骨材を使用する場合は，その単位量とフェロニッケルスラグ細骨材混合率を必ず明記することとする．

配合表に記載するスランプは荷卸し箇所の目標スランプを標準とし，必要に応じて，練上がりの目標スランプや打込みの最小スランプを併記しておくのがよい．さらに，充填性や圧送性について，スランプに応じた適切な材料分離抵抗性を有しているかどうかの目安として，セメントおよび混和材等の各種の粉体を総計した単位粉体量を併記しておくのがよい．AE 減水剤や高性能 AE 減水剤の使用量は，単位セメント量あるいは単位結合材量に対する比率を併記することが望ましい．

8章　製　造

8.1　総　則

フェロニッケルスラグ骨材コンクリートの製造は，所要の品質を有するコンクリートが得られるように行わなければならない．

【解　説】　所要の品質を有するフェロニッケルスラグ骨材コンクリートを製造するためには，設備が所要の性能を有していること，製造方法が適切であること，ならびにコンクリートの品質を安定させる管理能力を有する技術者が品質管理を行うことが重要である．

8.2　製造設備

8.2.1　貯蔵設備

フェロニッケルスラグ骨材，普通骨材の貯蔵は，種類および粒度ごとにそれぞれ区切りをつけて，別々に行わなければならない．

【解　説】　フェロニッケルスラグ骨材は，普通骨材の場合と同様に，大小粒が分離しないよう，骨材を適当な含水状態に保ち，適切な構造の貯蔵設備に貯蔵しなければならない．

また，ごみや雑物等の他，塩化物等の有害物が混入することのないよう，適切に貯蔵しなければならない．

8.2.2　ミキサ

フェロニッケルスラグ骨材コンクリートは，バッチミキサを使用することを原則とする．

【解　説】　フェロニッケルスラグ骨材は，骨材の全量として用いることは少なく，骨材の一部として混合して用いる場合が多い．したがって，密度差があるため，練混ぜ性能の高いバッチミキサを使用することとした．連続ミキサを使用する場合は，練混ぜ性能を確認したうえで使用するのがよい．

8.3　計　量

フェロニッケルスラグ骨材コンクリートに用いるそれぞれの材料の計量は，所定の品質のコンクリートが得られるよう，正しくこれらを行わなければならない．

【解　説】　フェロニッケルスラグ骨材コンクリートの各材料の計量誤差は，コンクリートの品質変動の原因となるので，1バッチ分ずつ質量で計量し，その計量誤差は1回計量分に対して，コンクリート標準示方書［施工編：施工標準］に定められている計量誤差の最大値以下とし，所定の精度で，各材料を正しく計量する必要がある．

8.4　練混ぜ

材料をミキサに投入する順序および練混ぜ時間は，予め適切に定めておかなければならない．

【解　説】　均質なフェロニッケルスラグ骨材コンクリートを製造するため，材料の投入順序および練混ぜ時間を，予め試験練りにより適切に定めておかなければならないことは，普通骨材コンクリートの場合と同様である．なお，練混ぜ時にフェロニッケルスラグ骨材と普通骨材とを混合する場合，これらの材料の投入順序が均一性に及ぼす影響はほとんどないと考えてよい．また，一般にフェロニッケルスラグ骨材コンクリートの練混ぜ時間がコンクリートの品質に及ぼす影響は，普通骨材コンクリートの場合と同様である．

9章　レディーミクストコンクリート

9.1　総　則

フェロニッケルスラグ骨材を用いたレディーミクストコンクリートは，JIS A 5308 に適合し，JIS マーク表示認証のある製品（以下，JIS 認証品と略す）を用いることを原則とする．

【解　説】　JIS A 5011-2「フェロニッケルスラグ骨材」に適合するフェロニッケルスラグ骨材を用いたレディーミクストコンクリートは，JIS A 5308「レディーミクストコンクリート」において普通骨材コンクリートと同等の扱いがなされている．なお，アルカリシリカ反応性の区分が B となる骨材の取扱いは，本指針の 6 章に記載されている．

フェロニッケルスラグ骨材のうち．細骨材は JIS A 5308 に規定されている普通コンクリート(呼び強度 18 から 45)および舗装コンクリート（呼び強度曲げ 4.5）に用いることができる．

レディーミクストコンクリートの購入にあたっては，この指針の規定を遵守し，所要の品質が得られるようフェロニッケルスラグ細骨材混合率等を確認することが大切である．

なお，粗骨材は，JIS A 5308 : 2014 には採用されていないため，レディーミクストコンクリート工場での使用実績を確認して用いるとよい．フェロニッケルスラグ粗骨材は粗骨材の全量に使用することも可能である．特に，構造物の設計において単位容積質量が大きいコンクリートが検討されている場合には，「その他必要な事項」としてその値を指定することが大切である．ただし，JIS 認証品とならないため，全国生コンクリート品質管理監査会議から㊜マークを承認された工場を選定するのがよい．レディーミクストコンクリート工場の選定は，コンクリート標準示方書［施工編：施工標準］6.2 の規定にしたがって行えばよい．

近年，JIS A 5308 では，環境への配慮を目的とした改正が行われ，環境ラベル（2011 年改正）と回収骨材の取扱い（2014 年改正）が追加されている．スラグ骨材は，**解説 表 9.1.1** に示すリサイクル材として位置付けられており，レディーミクストコンクリートの生産者が環境への貢献を主張するため，**解説 図 9.1.1** に示す環境ラベル（使用材料名の記号と含有量）を納入書に付記することができる．回収骨材は，レディーミクストコンクリートの生産において残留したフレッシュコンクリートを，清水又は回収水で洗浄し，粗骨材と細骨材に分別して取り出したものである．ただし，フェロニッケルスラグ骨材のように密度が異なる骨材を用いたコンクリートから回収した骨材は，使用できないので注意を要する．

解説　表 9.1.1　JIS A 5308:2014 におけるリサイクル材

使用材料名	記号[1]	表示することが可能な製品
エコセメント	E（又は EC）	JIS R 5214（エコセメント）に適合する製品
高炉スラグ骨材	BFG 又は BFS	JIS A 5011-1（コンクリート用スラグ骨材－第 1 部：高炉スラグ骨材）に適合する製品
フェロニッケルスラグ骨材	FNS	JIS A 5011-2（コンクリート用スラグ骨材－第 2 部：フェロニッケルスラグ骨材）に適合する製品
銅スラグ骨材	CUS	JIS A 5011-3（コンクリート用スラグ骨材－第 3 部：銅スラグ骨材）に適合する製品
電気炉酸化スラグ骨材	EFG 又は EFS	JIS A 5011-4（コンクリート用スラグ骨材－第 4 部：電気炉酸化スラグ骨材）に適合する製品
再生骨材 H	RHG 又は RHS	JIS A 5021（コンクリート用再生骨材 H）に適合する製品
フライアッシュ	FA I 又は FA II	JIS A 6201（コンクリート用フライアッシュ）の I 種又は II 種に適合する製品
高炉スラグ微粉末	BF	JIS A 6206（コンクリート用高炉スラグ微粉末）
シリカフューム	SF	JIS A 6207（コンクリート用シリカフューム）
上澄水	RW1	JIS A 5308 の附属書 C に適合する上澄水
スラッジ水	RW2	JIS A 5308 の附属書 C に適合するスラッジ水

注[1]　それぞれの骨材の記号の末尾において，G は粗骨材を，S は細骨材を示す．

FNS 30 %[1]

注 1) この表示例は，細骨材のうち，フェロニッケルスラグ細骨材を質量比で 30%使用していることを意味する．ただし，本指針では，混合率を容積比で表記するため，FNS 質量比と FNS（容積）混合率は異なることに注意する必要がある．

解説 図 9.1.1　環境ラベルの表記の例

10章　運搬・打込みおよび養生

10.1　総　　則

フェロニッケルスラグ骨材コンクリートの運搬，打込み，締固め，仕上げおよび養生は，所要の品質を有するコンクリート構造物が得られる方法で実施しなければならない．

【解　説】　フェロニッケルスラグ細骨材混合率あるいはフェロニッケルスラグ粗骨材混合率が50%以下のフェロニッケルスラグ骨材コンクリートの運搬，打込み，締固め，仕上げおよび養生は，普通骨材コンクリートと同様な方法で行ってよい．なお，フェロニッケルスラグ細骨材混合率あるいはフェロニッケルスラグ粗骨材混合率が50%を超える場合は，13章の13.2「単位容積質量が大きいコンクリート」を参照するのがよい．

10.2　練混ぜから打終わりまでの時間

練り混ぜてから打ち終わるまでの時間は，外気温が 25℃以下で 2 時間以内，25℃を超えるときで 1.5 時間以内を標準とする．

【解　説】　フェロニッケルスラグ骨材コンクリートの凝結性状に及ぼすフェロニッケルスラグ細骨材混合率あるいはフェロニッケルスラグ粗骨材混合率の影響は少ないという実験結果が得られており，フェロニッケルスラグ骨材コンクリートの凝結性状は普通骨材コンクリートとほぼ同程度である．したがって，フェロニッケルスラグ骨材コンクリートにおいて，練り混ぜてから打ち終わるまでの時間は，外気温が25℃以下で2時間以内，25℃を超えるときで1.5時間以内が目安となるので，これを標準とした．

10.3　運　　搬

（1）フェロニッケルスラグ骨材コンクリートの現場までの運搬は，荷卸しが容易で，運搬中に材料分離を生じにくく，スランプや空気量の変化が小さい方法によらなければならない．

（2）フェロニッケルスラグ骨材コンクリートのコンクリートポンプによる現場内での運搬は，圧送後のコンクリートの品質とコンクリートの圧送性を考慮し，コンクリートポンプの機種および台数，輸送管の径，配管の経路，吐出量等を決めなければならならない．

【解　説】　（1）について　フェロニッケルスラグ骨材コンクリートのプラントから現場までの運搬は，普通骨材コンクリートと同様な方法で行ってよい．また，運搬時間の経過にともなうフレッシュコンクリートの性状の変化も，普通骨材コンクリートとほぼ同じと考えてよい．

（2）について　コンクリートポンプで圧送されるコンクリートは，圧送作業に適し，圧送後の品質の低下が所定の範囲内であることが重要である．実際に圧送したコンクリートの品質変化が想定の範囲を超える場合にはコンクリートの配合，スランプ，圧送方法等を見直す必要がある．

コンクリートポンプによる運搬を行う場合の水平換算長さは，水平圧送の場合は普通骨材コンクリートと同じと考えてよい．また，鉛直圧送の場合の水平換算長さについても，フェロニッケルスラグ骨材混合率が50%以下の場合は，普通骨材コンクリートと同じと考えてよい．

7.6.1「単位水量」【解　説】でも述べたように，電炉風砕スラグ細骨材を用いたコンクリートの場合は，所要の単位水量が一般のコンクリートの場合より少なくなる傾向にあるので，その配合を硬化コンクリートの性能のみを考慮して定めると，単位セメント量あるいは単位結合材量がかなり小さくなることもある．このようなコンクリートをポンプで運搬する場合は，コンクリートの配合設計時にポンプ圧送性についても検討し，必要に応じて，細骨材率を増大させたり，単位粉体量を増やす等の適切な措置を講じて，圧送中に閉塞等のトラブルが生じないように注意することが大切である．

コンクリートポンプによる圧送作業は，圧送条件に応じて十分に対応できる知識と経験を有する者が行う必要がある.このため，圧送作業は，労働安全衛生法の特別教育を受けた者で，かつ，厚生労働省の職業能力開発促進法に定められたコンクリート圧送施工技能士の1級または2級の資格を保有し，また，全国コンクリート圧送事業団体連合会が行う当該年度の全国統一安全・技術講習会を受講している者が行うのがよい．

10.4　打込み，締固めおよび仕上げ

フェロニッケルスラグ骨材コンクリートの打込み，締固めおよび仕上げは，コンクリートの材料分離ができるだけ少なくなるような方法で行わなければならない．

【解　説】　フェロニッケルスラグ細骨材混合率およびフェロニッケルスラグ粗骨材混合率の増加にともないブリーディング量は増加するとともにブリーディング終了時間が長くなる傾向が認められる．このため，普通骨材コンクリートの場合よりも．打込み中にコンクリート表面にブリーディング水は集まりやすくなるため，打重ね時には，適当な方法で取り除いてからコンクリートを打ち込まなければならない．また，1 回に打込む層の厚さがあまり大きくならないよう配慮する．

フェロニッケルスラグ細骨材混合率が50%以下のコンクリートの施工性能は普通骨材コンクリートのそれよりも優れているとの実験結果も得られている．この結果は，普通骨材コンクリートと比較して，加振時に間隙通過速度が早く，締固め時間が長くなると過度の材料分離が生じる恐れがあることも示唆している．したがって，フェロニッケルスラグ骨材コンクリートを締め固める場合は，振動時間と締固め状態を把握しつつ，適切な振動時間を設定することが大切である．

上述のようにフェロニッケルスラグ骨材コンクリートは，ブリーディング量が増加するとともにブリーディング終了時間が長くなる傾向が認められるため，コンクリートの表面仕上げの時期が遅れることが多い．特に，寒冷地における施工等では，この点にも注意する必要がある．

10.5 養　生

フェロニッケルスラグ骨材コンクリートは，打込み後の一定期間を硬化に必要な温度および湿度に保ち，有害な作用の影響を受けないように，十分に養生しなければならない

【解　説】 フェロニッケルスラグ骨材コンクリートの養生は，一般には，普通骨材コンクリートと同様に行えばよい．ただし，寒冷期には，普通骨材コンクリートに比べ，フェロニッケルスラグ骨材コンクリートのブリーディングの終了時間が遅れることもあるので，このような場合は，初期凍害を受けないように，適切な養生を行う必要がある．

フェロニッケルスラグ骨材コンクリートをプレキャストコンクリート製品に用いる場合は，常圧蒸気養生を適用してもよい．しかしながら，オートクレーブ養生（高温高圧蒸気養生）はポップアウトする場合があるので適用してはならない．

11 章　品質管理

11.1　総　　則

フェロニッケルスラグ骨材を用いて所要の品質を有するコンクリート構造物を造るため，骨材の品質管理，コンクリートの品質管理ならびに施工の各段階における品質管理を適切に行わなければならない.

【解　説】　フェロニッケルスラグ骨材コンクリートの品質管理は，フェロニッケルスラグ骨材ならびにフェロニッケルスラグ混合骨材を製造する際の品質管理，これらを骨材として用いたコンクリート製造時の品質管理，および施工の管理がある.

所要の品質を有するコンクリート構造物を造るために，これらの品質管理が重要であることは，通常のコンクリート構造物の場合と同様であり，品質管理の基本的な考え方も同様である. これについては，コンクリート標準示方書［施工編：施工標準］15 章 品質管理 を参照するとよい.

ここでは，フェロニッケルスラグ骨材コンクリートの場合に，特に特徴的な項目について記述する.

11.2　フェロニッケルスラグ骨材の品質管理

安定した品質のフェロニッケルスラグ骨材が得られるよう 6 章に示される品質管理項目について管理する.

【解　説】　6 章では，フェロニッケルスラグ骨材コンクリートに用いる骨材の品質を，フェロニッケルスラグ骨材，普通骨材およびフェロニッケルスラグ混合骨材の 3 種類に規定している.

フェロニッケルスラグ骨材の製造においては，フェロニッケルスラグ骨材の品質が安定して 6.2「フェロニッケルスラグ細骨材」および 6.5「フェロニッケルスラグ粗骨材」の規定，すなわち JIS A 5011-2「フェロニッケルスラグ骨材」の規格に適合するよう，品質管理を行わなければならない.

11.3　フェロニッケルスラグ混合骨材の品質管理

安定した品質のフェロニッケルスラグ混合骨材が得られるよう適切に品質管理する.

【解　説】　フェロニッケルスラグ混合骨材の製造にあたっては，品質の項目に応じて，適切に品質管理する必要がある. 品質の項目によって，混合前の骨材について適合しなければならない項目と混合後の骨材として適合すればよいものとに分けられるので，それに応じて品質管理を行えばよい.

粒度と塩化物含有量については，フェロニッケルスラグ混合細骨材としての検査結果が，6.4.2「フェロニッケルスラグ混合細骨材の粒度」および 6.4.3「フェロニッケルスラグ混合細骨材の塩化物含有量」に適合するように品質管理を実施する. また，フェロニッケルスラグ混合粗骨材としての検査結果が，6.7.3「フェロニッケルスラグ混合粗骨材の粒度」および 6.7.4「フェロニッケルスラグ混合粗骨材の塩化物含有量」に適合するように品質管理を実施する．

予め混合されたフェロニッケルスラグ混合細骨材の粒度分布を，ふるい分け試験によって正確に求めることは困難である．そのため，混合前のフェロニッケルスラグ細骨材と普通細骨材の粒度分布および密度から計算によって質量に基づく粒度分布を求め，ふるい分け試験によって得られるフェロニッケルスラグ混合細骨材の質量に基づく粒度分布と比較することによって，品質管理を行うことがよい．

フェロニッケルスラグ骨材に環境安全品質が導入されたことにともない，製造されるコンクリートの環境安全品質を担保するため，フェロニッケルスラグ混合骨材に含まれるフェロニッケルスラグ骨材混合率を適切に管理する必要がある．予め混合されたフェロニッケルスラグ混合細骨材の製造にあたっては，実績に基づいて，普通細骨材とフェロニッケルスラグ細骨材を十分に撹拌し均一な分布となるように，切り返し回数等製造の手順を予め定めておくとよい．また，予め混合されたフェロニッケルスラグ混合細骨材の混合率については，適切な測定頻度を設定し，試験によってこれを推定しておくとよい．ここで，フェロニッケルスラグ細骨材混合率の推定方法としては，付録Ⅲ「フェロニッケルスラグ細骨材および銅スラグ細骨材混合率確認方法」に示した通り，蛍光X線分析による方法と，混合骨材の絶乾密度測定による方法とがある．それぞれ，フェロニッケルスラグ細骨材と，混合のもととなる普通細骨材の品質が変化しなければ，予め混合率を変化させて検量線を作成しておけば，比較的精度よく混合率の評価が可能であるので，それに従って混合率の推定を行うとよい．

なお，混合細骨材の単位容積質量試験によるスラグ細骨材混合率の推定方法では，スラグ細骨材の混合率と単位容積質量の間に，必ずしも線形関係が成立しないため，正確な推定は困難である．これは，スラグ細骨材と混合相手の普通細骨材の粒度が異なるため，スラグ細骨材混合率を変化させると，混合骨材の実積率が変化するためである．

また，運搬・保管中の混合率の変動は少ないことが確かめられているが，混合率の変動に留意する必要がある．

11.4　フェロニッケルスラグ骨材コンクリートの品質管理

安定した品質のコンクリートが得られるよう，コンクリート標準示方書［施工編：施工標準］に準じて，品質管理する．

【解　説】　フェロニッケルスラグ骨材コンクリートの品質管理は，通常のコンクリートと同様の品質管理を行えばよい．

さらに，フェロニッケルスラグ骨材の化学成分による環境安全品質上の品質管理が必要になるが，JIS A 5011-2「フェロニッケルスラグ骨材」に適合するフェロニッケルスラグ骨材は十分に安全である．コンクリートの環境安全品質の管理は，骨材の受け渡し時の試験成績表で確認することによって代えることができる．

コンクリートの品質管理では細骨材の表面水率の管理が重要である．しかし，フェロニッケルスラグ細骨材中の微粒分が多い場合，密度あるいは吸水率を測定する際の表面乾燥飽水状態の判定が，JIS A 1109「細骨材の密度及び吸水率試験方法」に規定されているフローコーンによる方法では困難となることがある．そのような場合には，JIS A 1103「骨材の微粒分量試験方法」によって洗ったフェロニッケルスラグ細骨材を試料として良い．また，球状粒子を多く含む電炉風砕スラグ細骨材の場合にも JIS A 1109 のフローコーンによる判定が困難であるので，その場合には，JIS A 1110「粗骨材の密度及び吸水率試験方法」に示されている骨材粒子の表面の水膜を布でぬぐう方法を採用すると良い．なお，JSCE-C506「電気抵抗法によるコンクリート用スラグ細骨材の密度および吸水率試験方法」も適用できる．

予め混合されたフェロニッケルスラグ混合細骨材においても，上述と同様な理由から，表面乾燥飽水状態の判定が困難となることがあるが，実用上，フェロニッケルスラグ細骨材における方法と同様に行えばよい．

12章　検　　査

12.1　総　　則

フェロニッケルスラグ骨材，フェロニッケルスラグ混合骨材，ならびにフェロニッケルスラグ骨材を用いたコンクリートの受入れ検査は，コンクリート標準示方書［施工編：検査標準］に準じて行うとともに、環境安全品質に関する検査も実施する.

【解　説】　フェロニッケルスラグ骨材およびフェロニッケルスラグ混合骨材の検査は，コンクリート標準示方書［施工編：検査標準］の3.4のフェロニッケルスラグ細骨材に準じて行えばよい．フェロニッケルスラグ骨材製造業者は，全てJIS認証工場であるため，購入者が試験成績表による確認検査を行えば，受け入れ時の材料試験を行う必要はない.

なお，2012年版のコンクリート標準示方書制定後に、フェロニッケルスラグ骨材のJIS改正において環境安全品質が導入された．これに伴い，フェロニッケルスラグ骨材の検査には環境安全品質に関する検査も加わることとなる．すなわち，フェロニッケルスラグ骨材を用いる場合には，環境安全品質が満たされていることを検査しなければならないが，フェロニッケルスラグ骨材を使用するコンクリートの用途によって，品質規格値が異なることに注意しなければならない.

JIS A 5011-2では，フェロニッケルスラグ骨材を用いたコンクリートの環境安全性を担保するものとして，環境安全形式検査と環境安全受渡検査が規定されている.

骨材製造者が行う環境安全形式検査では，骨材単体もしくは利用模擬試料を用いて化学物質8項目の検査が行われる．実際には，フェロニッケルスラグ骨材では，骨材単体による環境安全形式検査が行われることが多い.

一方，環境安全受渡検査は，納入された骨材が環境安全品質基準を満足することを購入者が試験成績表により確認する行為である．なお，現状ではフェロニッケルスラグ骨材に関しては，ふっ素に関する基準値を確認するのみである．**解説 表12.1.1**に環境安全受渡試験成績表の一例を示す.

解説 表12.1.1　環境安全受渡表の一例

A 生コンクリート(株)　御中
環境安全受渡試験結果

区分	試験の項目	ロット番号	項目
			ふっ素
溶出量 (mg/L)	環境安全受渡試験	XXX-1	< 0.1
	環境安全受渡検査判定値 [a]		0.8

注 [a] 環境安全受渡検査判定値は，環境安全形式検査を利用模擬試料で行った場合は，**附属書**Cに準拠して定める。フェロニッケルスラグ細骨材試料を用いる場合は，**表**11の値とする。

このように，環境安全品質の検査を確実に実施するためには，フェロニッケルスラグ骨材の製造段階から，これを用いて実際にコンクリートを製造する段階に至るまで，使用条件，特にコンクリートの用途とフェロニッケルスラグ骨材混合率等の情報が適切に伝達されなければならない．とりわけ，フェロニッケルスラグ骨材製造者と，コンクリート製造者の間に，フェロニッケルスラグ混合骨材製造者がかかわる場合には，材料の受け渡し回数が増加し，フェロニッケルスラグ製造段階からコンクリート製造段階に至るまでのトレーサビリティーの確保に向けた配慮がより一層必要となる．このため，フェロニッケルスラグ骨材を用いたコンクリートの製造にかかわる各者が，材料の受け渡しを行うにあたって，適切に検査を実施し，その結果がコンクリートの品質検査にも引き継がれるようにしなければならない．予め混合されたフェロニッケルスラグ混合細骨材は，付録Ⅱ「非鉄スラグ製品の製造販売ガイドライン」に示した通り，フェロニッケルスラグ細骨材を購入し，普通細骨材と予め混合し販売する業者による品質管理が行われることになっている．この管理試験結果がコンクリートの製造者に引き渡されることがトレーサビリティーの確保に重要な意味をもつ．

フェロニッケルスラグ細骨材混合率が容積比で50%以下で粗骨材に普通粗骨材のみが用いられている場合，あるいは，細骨材には普通細骨材のみが用いられフェロニッケルスラグ粗骨材混合率が容積比で50%以下のフェロニッケルスラグ骨材コンクリートの検査は，普通骨材コンクリートと特に異なることはないので，コンクリート標準示方書［施工編：検査標準］5章に準じて行えばよい．なお，コンクリートの単位容積質量が要求される工事では，JIS A 1116「フレッシュコンクリートの単位容積質量試験方法及び空気量の質量による試験方法（質量方法）」等の方法によって，コンクリートの単位容積質量の検査を行えばよい．

フェロニッケルスラグ細骨材混合率が容積比で50%を超える場合あるいはフェロニッケルスラグ粗骨材混合率が容積比で50%を超える場合のフェロニッケル骨材コンクリートの検査は，「第13章　特別な考慮を要するコンクリート」の検査に従わなければならない．

13章　特別な考慮を要するコンクリート

13.1　総　　則

（1）フェロニッケルスラグ細骨材混合率あるいは粗骨材混合率が容積比で50%を超えるコンクリート，またはフェロニッケルスラグ細骨材とフェロニッケルスラグ粗骨材を併用したコンクリートは，コンクリートに要求される品質が確保されるように，フェロニッケルスラグ骨材（細骨材および粗骨材）の種類およびフェロニッケルスラグ骨材混合率を適切に定めるとともに，コンクリートの配合，製造および施工を適切に行わなければならない．なお，使用するフェロニッケルスラグ細骨材は，アルカリシリカ反応で無害と判定されたものを使用する．

（2）舗装コンクリートにフェロニッケルスラグ骨材を用いる場合には，コンクリートに要求される品質が確保されるように，フェロニッケルスラグ骨材（細骨材および粗骨材）の種類およびフェロニッケルスラグ骨材混合率を適切に定めるとともに，コンクリートの配合，製造および施工を適切に行わなければならない．

【解　説】（1）について　前章までに記述した通り，フェロニッケルスラグ細骨材混合率が容積比で50%以下で粗骨材に普通粗骨材のみが用いられている場合，あるいは，細骨材には普通細骨材のみが用いられフェロニッケルスラグ粗骨材混合率が容積比で50%以下であれば，コンクリートの単位容積質量の増加は，実質的には無視できる程度のものであり，コンクリートの性状や取り扱いも普通骨材コンクリートに比べて特に大きく変わらない．一方，フェロニッケルスラグ骨材混合率が容積比で50%を超えることによって，単位容積質量を普通コンクリートより大きくしたコンクリートを用いる場合，使用するフェロニッケルスラグ細骨材あるいはフェロニッケルスラグ粗骨材の粒度区分によっては，ブリーディングが大きくなる傾向があるため，そのための対策が必要である．

具体的な対策としては，減水効果の大きい高性能（AE）減水剤やモルタルの粘性を増加させる増粘剤の使用や，石灰石微粉末，フライアッシュ等の各種鉱物質微粉末を使用しコンクリートの材料分離抵抗性を向上させる方法がある．

フェロニッケルスラグ細骨材の中には，アルカリシリカ反応で無害でないと判定されるものがある．JIS A 5011-2 附属書 D アルカリシリカ反応抑制対策の方法で対象となっているフェロニッケルスラグ細骨材混合率は30%以下であり，それを超える場合のアルカリシリカ反応を確実に抑制する対策は明確にされていない．そのため，使用するフェロニッケルスラグ細骨材は，アルカリシリカ反応で無害と判定されたものを使用することとした．

（2）について　フェロニッケルスラグ細骨材あるいはフェロニッケルスラグ粗骨材は，コンクリート舗装のみならず，表層や基層のアスファルト混合物の骨材として使用されている実績がある．また，下層路盤や路床の粒状材料として使用されている．これは，フェロニッケルスラグ細骨材あるいはフェロニッケルスラグ粗骨材を用いたコンクリートの耐摩耗性が高いことに起因する．最近の耐摩耗性に関する実験では，スランプ5cm程度以下の硬練りコンクリートでは，フェロニッケルスラグ骨材の種類に関係なく、普通骨材コンクリートと比較して摩耗量が約半分程度であるという報告がある．

13.2　単位容積質量が大きいコンクリート

13.2.1　適用の範囲

この節は，通常のコンクリートに使用する砂，砕砂あるいは砂利・砕石の容積の 50％を超えてフェロニッケルスラグ細骨材あるいはフェロニッケルスラグ粗骨材で置換した，単位容積質量が大きいコンクリートの施工において，特に必要な事項についての標準を示すものである．

【解　説】　フェロニッケルスラグ骨材の絶乾密度は，3.0g/cm^{3}程度であり一般的な普通骨材よりもやや大きい．フェロニッケルスラグ細骨材あるいはフェロニッケルスラグ粗骨材の混合率が50％程度では．一般的な普通骨材コンクリートよりも単位容積質量が100kg/m^{3}以上大きくなることはほとんどないが，これを超える場合は，設計への考慮も必要となる．したがって，本設計施工指針では設計での特別な考慮が不要となるフェロニッケルスラグ細骨材あるいはフェロニッケルスラグ粗骨材の混合率50％以下を標準としているが，これを超える高い混合率を採用したコンクリートを単位容積質量が大きいコンクリートとした．参考として，フェロニッケルスラグ細骨材あるいはフェロニッケルスラグ粗骨材の混合率100％の単独に使用した場合に単位容積質量は250kg/m^{3}程度大きくなる．

消波ブロック等のように，その安定計算において浮力の影響を考慮する必要がある構造物では，フェロニッケルスラグ細骨材あるいはフェロニッケルスラグ粗骨材の混合率を大きくしたり，フェロニッケルスラグ細骨材あるいはフェロニッケルスラグ粗骨材を単独使用することにより，コンクリートの単位容積質量を大きくすれば，所要の体積を低減することができ，有利となる．

13.2.2　単位容積質量が大きいコンクリートの品質

（1）単位容積質量が大きいコンクリートは，所要の単位容積質量，強度，耐久性，ひび割れ抵抗性等の要求性能を満足し，作業に適するワーカビリティーを持ち，コンクリートの品質のばらつきの少ないものでなければならない．

（2）環境安全品質は，フェロニッケルスラグ細骨材あるいはフェロニッケルスラグ粗骨材を用いたコンクリートの構造物の用途に従い JIS A 5011-2 に適合しなければならない．

【解　説】　（1）について　フェロニッケルスラグ細骨材あるいはフェロニッケルスラグ粗骨材を用いたコンクリートの圧縮強度は，混合率50％以下では，普通骨材コンクリートと同等である．フェロニッケルスラグ細骨材を使用した場合の強度に関しては，フェロニッケルスラグ細骨材混合率を大きくすると普通骨材コンクリートに比べ同等あるいは若干大きくなる傾向にある．凍結融解抵抗性は，過度なブリーディングが抑制されていれば，普通骨材コンクリートとほぼ同程度である．また，ひび割れ抵抗性に関しては，乾燥収縮抑制効果は，フェロニッケルスラグ粗骨材あるいは細骨材の混合率の増加とともに大きくなり，フェロニッケルスラグ粗骨材と細骨材を併用するとより顕著になる．

（2）について　フェロニッケルスラグ細骨材あるいはフェロニッケルスラグ粗骨材の混合率を100％にしても，環境安全品質の観点から問題となることはない．よって，一般用途，港湾用途ともに使用することができる．

港湾用途とは，海水と接する港湾の施設又はそれに関係する施設で半永久的使用され，解体・再利用されることのない用途であり，消波ブロック，岸壁，防波堤，護岸，堤防等が該当する．ただし，港湾に使用する場合であっても再利用を予定する場合は，一般用途として取り扱わなければならない．

13.2.3　材　料

単位容積質量が大きいコンクリートの材料は，コンクリート標準示方書［施工編：施工標準］3 章に従うものとする．

【解　説】　使用するフェロニッケルスラグ細骨材あるいはフェロニッケルスラグ粗骨材の粒度区分によっては，フェロニッケルスラグ細骨材あるいはフェロニッケルスラグ粗骨材混合率を大きくした場合，ブリーディングが多くなる傾向にあるが，この対策として，減水効果の大きい混和剤やブリーディングを減少させる効果のある混和材の選定し使用することが重要である．これらの組み合わせには十分に注意し，品質を確認して使用することが重要である．

13.2.4　配合設計

単位容積質量が大きいコンクリートの配合設計は，コンクリート標準示方書［施工編：施工標準］4 章に従うものとする．

【解　説】　フェロニッケルスラグ細骨材あるいはフェロニッケルスラグ粗骨材の混合率が大きいコンクリートは，ブリーディングが生じやすい傾向にあるので，コンクリートのスランプをできるだけ小さな値に設定すること，また，減水効果の大きい混和剤やブリーディンクを減少させる効果のある混和材の選定・使用を検討することは重要である．

フェロニッケルスラグ細骨材の粒度分布では，特に微粒分が多いとブリーディングが抑制される．

フェロニッケルスラグ骨材コンクリートのブリーディング量は，AE減水剤および高性能AE減水剤を用いて単位水量を減少させることにより低減することができる．また，フェロニッケルスラグ骨材の粒度を細かくすること，または石灰石等の微粉末を用いることによってもブリーディング量を低減することができる．

13.2.5　製　造

単位容積質量が大きいコンクリートの製造は，コンクリート標準示方書［施工編：施工標準］5 章に従うものとする．

【解　説】　フェロニッケルスラグ細骨材あるいはフェロニッケルスラグ粗骨材混合率が大きい場合には，コンクリートの単位容積質量が，普通骨材コンクリートよりも最大で250kg/m^{3}程度大きくなるので，普通骨材コンクリートの場合に比較して，ミキサに対する負荷がやや増加する．

13.2.6　施　工

単位容積質量が大きいコンクリートの施工は，コンクリート標準示方書［施工編：施工標準］7 章および 8 章に従うものとする．

【解　説】　フェロニッケルスラグ細骨材および粗骨材は絶乾密度が3.0g/cm³程度で一般的な普通細骨材よりも大きく，コンクリートの単位容積質量が大きいため，コンクリート打設時に型枠が受ける側圧は普通骨材コンクリートより大きくなる．従って，型枠設計については，側圧について考慮する必要がある．

コンクリートの流動性は，FNS5をフェロニッケルスラグ細骨材混合率50%及び100%とした場合，普通骨材と同程度かやや向上し，骨材の分離も発生しない実験結果が報告されている．ただし，バイブレータを長時間使用する等過剰な振動を与えると骨材の分離やブリーディングの発生が懸念されるため，注意が必要である．ポンプを用いた圧送では，圧送前後のフレッシュ性状は普通骨材コンクリートにおける変化と同等であり，さらに打込み高さ方向における顕著な材料分離は認められていない．圧送負荷の算定においては，単位容積質量の増加を考慮する以外は，普通骨材コンクリートの場合と同様に取り扱ってよい．

従って，フェロニッケルスラグ細骨材を使用した単位容積質量が大きいコンクリートの圧送性および打込みは，普通骨材コンクリートと同様の取り扱いが可能である．

運搬においては，単位容積質量が大きいことから，アジテータ車の最大積載量に留意する必要がある．

13.3　舗装コンクリート

13.3.1　適用の範囲

舗装コンクリートにフェロニッケルスラグ細骨材あるいはフェロニッケルスラグ粗骨材を用いる場合には，所要の品質が得られるように，舗装コンクリートに関する十分な知識と経験を有する技術者の指導ものと，材料の選定，配合設計，製造，施工および品質管理の方法を適切に定めなければならない．

【解　説】　コンクリート舗装にフェロニッケルスラグ細骨材あるいはフェロニッケルスラグ粗骨材を用いた実績としては，自動車専用道路，トンネル内舗装，製錬所内の構内舗装，および重交通対応の道路舗装等がある．フェロニッケルスラグ骨材の粒子は，普通細骨材の粒子と同等以上の硬度を有しており，すり減り等の摩耗作用に対して有利であると考えられること，舗装コンクリートのスランプは小さく設定されることが多いのでブリーディングが生じ難いこと，舗装の場合はコンクリートの単位容積質量が幾分大きくなってもほとんど問題にならないこと等を考慮すると，フェロニッケルスラグ骨材コンクリートは，舗装用コンクリートとして有効に用いることができると考えられる．ただし，ブリーディングが多くなると舗装面の耐久性や耐摩耗性が小さくなるので，ブリーディングができるだけ少なくなるよう，材料および配合を選定することが重要である．

13.3.2　材　料

舗装用コンクリートの材料は，舗装標準示方書［コンクリート舗装編］Ⅲ-3 章に従うものとする．

【解　説】　舗装用コンクリートに利用される骨材は，骨材粒子の強度および絶乾密度が大きく，吸水率の小さいほうがよいとされる．JIS A 5308 附属書Aに舗装コンクリートに使用する場合の微粒分量の上限値を5.0%とする規定がある．水冷で製造されるFNS1.2は微粒分量が少なく，粒径が小さいため材料分離が抑制され，舗装コンクリートの細骨材に適している．また，FNS1.2の絶乾密度は3.0g/cm³程度で，吸水率は0.3～0.5%程度であるため，物性面でも有利となる．

13.3.3　配合設計

舗装用コンクリートの配合設計は，舗装標準示方書［コンクリート舗装編］Ⅲ-4 章に従うものとする．

【解　説】　舗装用コンクリートの配合では，一般には，凍結融解抵抗性とアルカリシリカ反応抵抗性について照査される．フェロニッケルスラグ粗骨材を混合したコンクリートでは普通骨材コンクリートと同程度の凍結融解抵抗性がある．

フェロニッケルスラグ細骨材の混合率の実績としては，上限30%程度であるが，アルカリシリカ反応で無害と判定された細骨材を使用する場合，最大50%まで用いても普通骨材の舗装コンクリートと同等に扱うことができる．フェロニッケルスラグ粗骨材の混合率は，フレッシュ性状や硬化後の性状は100%混合（粗骨材全てをフェロニッケルスラグ粗骨材に置換）でも普通骨材コンクリートと同等の結果になるとの実験報告がある．しかしながら，配合によっては，単位容積質量が大きくなるため，舗装コンクリートの単位容積質量に指定がある場合は，設定された単位容積質量を満足する混合率にしなければならない．

13.3.4　製　造

舗装用コンクリートの製造は，舗装標準示方書［コンクリート舗装編］Ⅲ-6 章に従うものとする．

【解　説】　フェロニッケルスラグ細骨材あるいはフェロニッケルスラグ粗骨材を単独で使用する場合およびフェロニッケルスラグ細骨材あるいはフェロニッケルスラグ粗骨材混合率が大きい場合には，コンクリートの単位容積質量が，普通骨材コンクリートよりも最大で250kg/m^{3}程度大きくなるので，硬練りの舗装用コンクリートでフェロニッケルスラグ細骨材あるいはフェロニッケルスラグ粗骨材混合率が大きい場合には，普通骨材コンクリートの場合に比較して，ミキサに対する負荷がやや増加する．

13.3.5　施　工

舗装用コンクリートの施工は，舗装標準示方書［コンクリート舗装編］Ⅲ-7 章に従うものとする．

【解　説】　コンクリート舗装路は，常に交通荷重による曲げ作用と磨耗作用及び日夜の温度変化，凍結融解等の気象作用の影響を受けており，これらに対して大きな抵抗性が必要となる．このため，スランプ値は小さくし，水セメント比の小さい高強度のコンクリートとする．

13.4　ダムコンクリート

13.4.1　適用の範囲

ダムコンクリートにフェロニッケルスラグ細骨材あるいはフェロニッケルスラグ粗骨材を用いる場合には，所要の品質が得られるように，ダムコンクリートに関する十分な知識と経験を有する技術者の指導もと，材料の選定，配合設計，製造，施工および品質管理の方法を適切に定めなければならない．

【解　説】　ダム建設地点の一般的な地理的条件，ダムコンクリートの特殊性，フェロニッケルスラグ細骨材あるいはフェロニッケルスラグ粗骨材の製造工場の立地条件および総生産量等を考えると，フェロニッケルスラグ骨材がダムコンクリートに広く使用される可能性は高くないが．フェロニッケルスラグ骨材を配合したコンクリートを砂防用ダムのコンクリートに使用した実績がある．少なくとも重力式砂防ダム等においては，単位容積質量が大きいこと，耐摩耗性に対して有効と考えられること等フェロニッケルスラグ骨材を配合したコンクリートの特徴が効果的に利用できると考えられる．ただし，ダムコンクリートの場合は，コンクリートの温度上昇等も問題になるので，この点も考慮して材料および配合を適切に定める必要がある．

なお，砂防ダムのコンクリートの適用にあたっては，国および地方自治団体が発刊・制定している各種の基準類やマニュアル等に従うことが肝要である．

13.4.2　材　料

ダムコンクリートの材料は，所要の品質を満足するものを選定するものとする．

【解　説】　ダムコンクリートの材料は，コンクリート標準示方書[ダムコンクリート編：標準]の5章等を参考にするとよい．細骨材は，所要のダムコンクリートの品質を確保するために必要な密度および吸水率を有するものでなければならない．近年，密度が大きく，吸水率の小さい細骨材の確保が困難になりつつあるが，FNS1.2の絶乾密度は3.0g/cm^{3}程度で，吸水率は0.3～0.5％程度であるため，有利となる．一方，コンクリートダムの施工では，大量の骨材を使用することから骨材の安定した確保が重要となるため，必要量の配送方法等の供給体制を考慮に入れる必要がある．

13.4.3　配　合

ダムコンクリートの配合は，施工性ならびに所要の品質を考慮して定めなけれならない．

【解　説】　ダムコンクリートの配合は，コンクリート標準示方書［ダムコンクリート編：標準］の6章等を参考にするとよい．ダムコンクリートの配合では，単位結合材量を低く抑え，かつ材料の分離に対する抵抗性が確保されるように定めなければならない．コンクリートの流動性は，FNS1.2を30％混合した場合，普通骨材よりも向上し，材料分離も生じにくい傾向にある．ただし，過剰な振動を与えると材料分離が懸念されるため，注意を要する．

13.4.4　製　造

ダムコンクリートの製造は，所要の品質を得られるように適切に選定しなければならない．

【解　説】　ダムコンクリートの製造は，コンクリート標準示方書［ダムコンクリート編：標準］の7章等を参考にするとよい．骨材の水切りが不十分で，その表面水率が大きく変化すると，ダムコンクリートの単位水量を一定に保つことが困難となり，コンクリートの品質が変動する原因となる．従って，骨材の貯蔵設備には，安定した表面水率を確保するための適切な排水設備を設ける．

フェロニッケルスラグ細骨材あるいはフェロニッケルスラグ粗骨材混合率が大きい場合には，コンクリートの単位容積質量が，普通骨材コンクリートよりも最大で250kg/m^{3}程度大きくなるので，普通骨材コンクリートの場合に比較して，ミキサに対する負荷がやや増加する．

13.4.5　施　工

ダムコンクリートの施工は，所要の品質を得られるように適切に選定しなければならない．

【解　説】　ダムコンクリートの施工は，コンクリート標準示方書［ダムコンクリート編：標準］の8章等を参考にするとよい．ダムコンクリートの運搬設備は，必要な運搬能力を有し，コンクリートの投入，運搬および排出の際，材料分離が生じにくいものでなければならない．過剰な振動を与えると材料分離が懸念されるため，注意を要する．

ポンプを用いた圧送では，圧送前後のフレッシュ性状は普通骨材コンクリートにおける変化と同等であり，さらに打込み高さ方向における顕著な材料分離は認められていない．圧送負荷の算定においては，単位容積質量の増加を考慮する以外は，普通骨材コンクリートの場合と同様に取り扱ってよい．

従って，フェロニッケルスラグ細骨材あるいはフェロニッケルスラグ粗骨材を使用したダムコンクリートの圧送および打込みは，普通骨材コンクリートと同様の取り扱いが可能である．

単位容積質量が大きいことから，アジテータ車の最大積載量に留意する必要がある．

付　録

付　　録

目　　次

付 録 I

フェロニッケルスラグ骨材に関する技術資料

1. フェロニッケルスラグ骨材の品質

1.1　フェロニッケルスラグ骨材の製法と特徴

フェロニッケルスラグ骨材(以下はフェロニッケルスラグ細骨材を FNS，フェロニッケルスラグ粗骨材を FNG と略称する)は，フェロニッケル製錬の際に電気炉またはロータリーキルンで発生する溶融スラグを冷却し，**図** 1.1 の工程概略図に示すように粉砕・粒度調整を行ったものである．現在，**表** 1.1 に示す 3 製造所で 7 種類の銘柄のフェロニッケルスラグ細骨材と 1 種類のフェロニッケルスラグ粗骨材が製造されている．

ロータリーキルンからは，水による急冷〔水冷砂：A〕が製造されている．電気炉からは，加圧空気による急冷〔風砕砂:B〕，空気による徐冷〔徐冷砕砂:C〕，および水による急冷〔水砕砂:D〕の 3 種類の冷却工程によるフェロニッケルスラグ細骨材の製造がおこなわれ，また，空気による徐冷〔徐冷砕石:E〕の冷却工程によるフェロニッケルスラグ粗骨材の製造が行われている．

各種のフェロニッケルスラグ骨材の外観を写真 1.1～1.6 に示す．

キルン水冷砂〔A〕は，半溶融状態のスラグを水で急冷した後に破砕し，それらの破砕物からフェロニッケルを選別・回収した後のスラグを，水力分級機により粒度調整して製品化される．キルン水冷砂〔A〕は，粒度区分 1.2 のみが製造されており，水力分級によって微粒分が除かれるので，微粒分量は少なく，角ばった形状となっている．

電炉風砕砂〔B〕は，溶融状態のスラグを空中に放出して製造するため表面張力により球状化しするため，丸みを帯びた形状となっている．

電炉水砕砂〔D〕は，水砕されグラニュラー状となっている．それを破砕およびふるい分けにより粒度調整して製品化される．

電炉徐冷砕砂〔C〕および電炉徐冷砕石〔E〕は，徐冷したスラグを破砕および，加工後ふるい分けにより粒度調整して製品化される．

表 1.1　FNS および FNG の製造方法の概要

製錬所別銘柄	記　号	製　法	製造所	住　所
キルン水冷砕 A	FNS1.2	半溶融状態のスラグを水冷後，破砕，粒度調整したもの	日本冶金工業㈱ 大江山製造所	京都府宮津市須津
電炉風砕砂 B	FNS5	溶融状態のスラグを加圧空気で急冷し，粒度調整したもの	大平洋金属㈱ 八戸製造所	青森県八戸市 大字河原木
電炉風砕砂 B	FNS5-0.3			
電炉徐冷砕砂 C	FNS5	溶融状態のスラグを大気中で徐冷し，粒度調整したもの		
電炉水砕砂 D	FNS1.2	溶融状態のスラグを水砕後，加工，粒度調整したもの	㈱日向製錬所	宮崎県日向市船場町
電炉水砕砂 D	FNS5			
電炉水砕砂 D	FNS5-0.3	溶融状態のスラグを水砕後，粒度調整したもの		
電炉徐冷砕砂 E	FNG20-5	溶融状態のスラグを大気中で徐冷し，粒度調整したもの	大平洋金属㈱ 八戸製造所	青森県八戸市 大字河原木

注）A，B，C，D および E は、製造所別銘柄の記号(以下、製造所銘柄という)

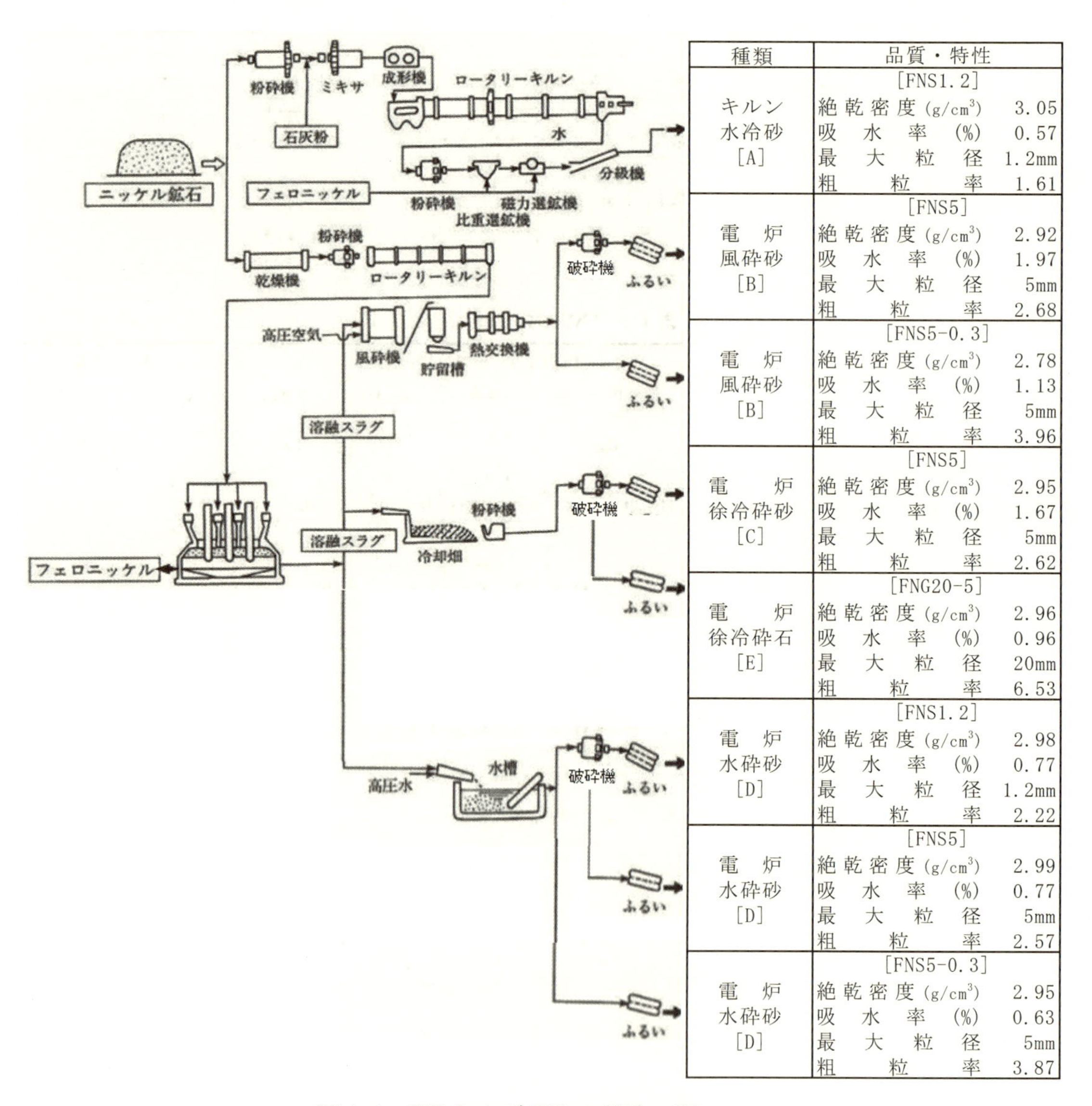

種類	品質・特性	
キルン水冷砂[A]	[FNS1.2]	
	絶乾密度(g/cm³)	3.05
	吸水率(%)	0.57
	最大粒径	1.2mm
	粗粒率	1.61
電炉風砕砂[B]	[FNS5]	
	絶乾密度(g/cm³)	2.92
	吸水率(%)	1.97
	最大粒径	5mm
	粗粒率	2.68
電炉風砕砂[B]	[FNS5-0.3]	
	絶乾密度(g/cm³)	2.78
	吸水率(%)	1.13
	最大粒径	5mm
	粗粒率	3.96
電炉徐冷砕砂[C]	[FNS5]	
	絶乾密度(g/cm³)	2.95
	吸水率(%)	1.67
	最大粒径	5mm
	粗粒率	2.62
電炉徐冷砕石[E]	[FNG20-5]	
	絶乾密度(g/cm³)	2.96
	吸水率(%)	0.96
	最大粒径	20mm
	粗粒率	6.53
電炉水砕砂[D]	[FNS1.2]	
	絶乾密度(g/cm³)	2.98
	吸水率(%)	0.77
	最大粒径	1.2mm
	粗粒率	2.22
電炉水砕砂[D]	[FNS5]	
	絶乾密度(g/cm³)	2.99
	吸水率(%)	0.77
	最大粒径	5mm
	粗粒率	2.57
電炉水砕砂[D]	[FNS5-0.3]	
	絶乾密度(g/cm³)	2.95
	吸水率(%)	0.63
	最大粒径	5mm
	粗粒率	3.87

図 1.1　FNS および FNG の製造工程

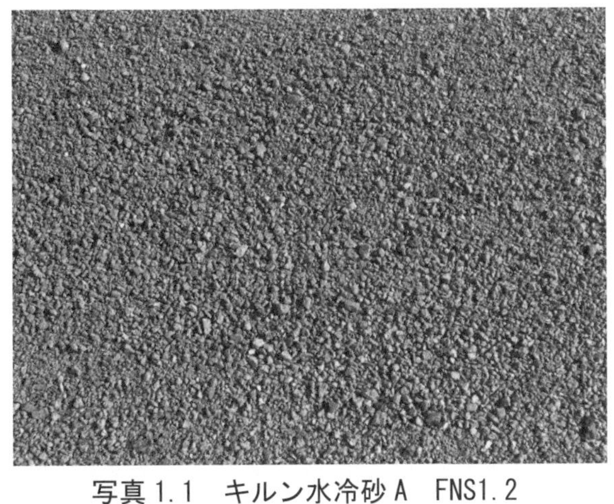
写真 1.1　キルン水冷砂 A　FNS1.2

写真 1.2　電炉風砕砂 B　FNS5

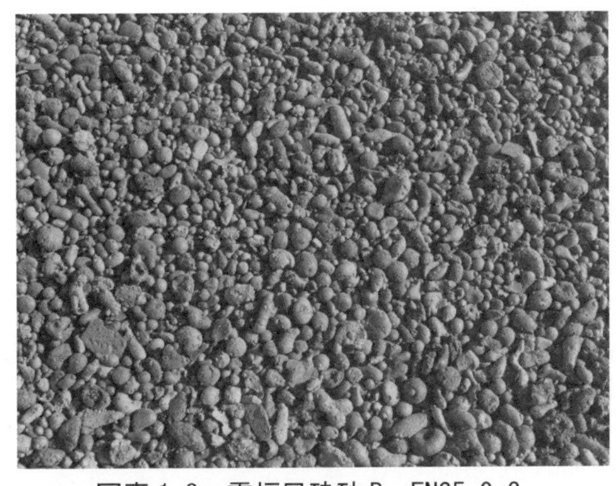
写真 1.3　電炉風砕砂 B　FNS5-0.3

写真 1.4　電炉徐冷砕砂 C　FNS5

写真 1.5　電炉水砕砂 D　FNS5

写真 1.6　電炉徐冷砕石 E　FNG20-5

1.2　フェロニッケルスラグ骨材の化学成分と鉱物組成と環境安全品質

1.2.1　鉱石の化学成分

フェロニッケルスラグ細骨材およびフェロニッケルスラグ粗骨材の製造に用いられる原鉱石は，主として含ニッケルかんらん岩などの風化物から構成され，原鉱石に含まれる MgO の量は，**表 1.2** に示すように，17.8% ～32.6%と高い値を示す．また，ラテライト質のため原鉱石中には重金属，塩分および硫黄などの有害物質はほとんど含まれておらず，製錬過程中でも有害物が混入しないように管理されている．

表 1.2　ニッケル鉱石の化学成分

測定値	化学成分（%）				
	Ni	FeO	SiO_2	MgO	CaO
平均値 最大～最少	1.78 2.03～1.49	15.7 24.7～6.8	38.2 48.8～30.2	25.7 32.6～17.8	0.18 0.45～0.01

1.2.2　フェロニッケルスラグ骨材の化学成分

フェロニッケルスラグ細骨材およびフェロニッケルスラグ粗骨材の化学成分の測定結果を**表 1.3** に示す．測定結果は，JIS A 5011-2 に定められた化学成分の規格値をすべて満足し，かつその変動幅は非常に小さい．

フェロニッケルスラグ細骨材およびフェロニッケルスラグ粗骨材に含まれるその他の化学成分は，大部分が二酸化けい素(SiO_2)で構成される．また，水砕に海水を用いていないので，塩分はほとんど含まれない．

表 1.3　FNS および FNG の化学成分

製造所 別銘柄	測定値	JIS 規定化学成分（%）					化学成分(参考)（%）	
		酸化 カルシウム (CaO)	酸化 マグネシウム (MgO)	全硫黄 (S)	全鉄 (FeO)	金属鉄 (Fe)	二酸化 けい素 (SiO_2)	ニッケル (Ni)
A （大江山製造所）	平均値	4.70	30.1	0.05	6.65	0.89	56.6	0.28
	最大値	4.98	30.90	0.06	7.60	0.90	57.30	0.30
	最小値	4.28	28.90	0.05	5.99	0.80	56.00	0.25
	標準偏差	0.17	0.52	0.00	0.44	0.06	0.40	0.01
B・C・E （八戸製造所）	平均値	2.26	33.5	0.06	7.46	0.15	51.70	0.04
	最大値	3.84	36.00	0.08	9.07	0.35	53.50	0.07
	最小値	1.51	31.10	0.03	5.81	0.08	50.20	0.02
	標準偏差	0.48	0.83	0.01	0.71	0.05	0.65	0.01
D （日向製錬所）	平均値	0.47	32.0	0.03	10.65	0.15	52.70	0.06
	最大値	0.54	32.90	0.04	11.90	0.19	54.40	0.10
	最小値	0.38	30.80	0.02	9.54	0.11	51.20	0.05
	標準偏差	0.06	0.51	0.01	0.78	0.02	0.70	0.01
JIS A 5011-2 規格値		15.0 以下	40.0 以下	0.5 以下	13.0 以下	1.0 以下	－	－

1.2.3　フェロニッケルスラグ骨材の鉱物組成

フェロニッケルスラグ細骨材およびフェロニッケルスラグ粗骨材の結晶相には，**表 1.4** に示すように主として輝石およびかんらん石が見られ，これらの結晶相はアルカリシリカ反応性を示すことはない．

しかし，カルシウムに乏しいフェロニッケルスラグでは，一般に溶融スラグの冷却速度によってはガラス質が増加して，アルカリシリカ反応性を示す場合がある．

表 1.4　フェロニッケルスラグの鉱物組成　　（質量：%）

鉱物の種類	製造種別銘柄			
	A	B	C	D
かんらん石(フォルステライト)	8.8	23.2	18.8	18.7
斜方輝石(エンスタタイト)	68.4	66.5	72.3	74.7
単斜輝石(ディオプサイド)	14.1	1.5	0.7	0.0
長石(アノーサイト)	6.3	6.1	5.9	1.08
クロムスピネル	1.8	1.9	1.6	3.3
合　計	99.4	99.2	99.3	98.5

1.2.4　フェロニッケルスラグ骨材の環境安全品質

フェロニッケルスラグ骨材の環境安全品質は，2016 年に改正された JIS A 5011-2 において，新たに規格化された，フェロニッケルスラグ骨材が確保すべき品質である．

フェロニッケルスラグ細骨材およびフェロニッケルスラグ粗骨材における，環境安全品質の溶出量および含有量の試験結果を**表 1.5** および**表 1.6** に示す．試験結果より，溶出量試験のふっ素を除き，全て定量下限未満であり，また，溶出量試験のふっ素に関しても基準に対し低い値でありフェロニッケルスラグ細骨材およびフェロニッケルスラグ粗骨材は，環境安全品質基準を満足している．

表 1.5　FNS および FNG の環境安全品質の溶出量試験結果　(2014 年 1 月～12 月)

製造所名	骨材呼び名	試験値	化学成分（mg/L）							
			カドミウム	鉛	六価クロム	ひ素	水銀	セレン	ほう素	ふっ素
A（大江山製造所）	FNS1.2	平均値	<0.001	<0.005	<0.02	<0.005	<0.0005	<0.005	<0.1	0.17
		最大値	<0.001	<0.005	<0.02	<0.005	<0.0005	<0.005	<0.1	0.18
		最小値	<0.001	<0.005	<0.02	<0.005	<0.0005	<0.005	<0.1	0.16
		標準偏差	—	—	—	—	—	—	—	0.01
B・C（八戸製造所）	FNS5 FNS5-0.3	平均値	<0.001	<0.005	<0.02	<0.005	<0.0005	<0.005	<0.1	0.1
		最大値	<0.001	<0.005	<0.02	<0.005	<0.0005	<0.005	<0.1	0.1
		最小値	<0.001	<0.005	<0.02	<0.005	<0.0005	<0.005	<0.1	<0.1
		標準偏差	—	—	—	—	—	—	—	0.02
D（日向製錬所）	FNS5	平均値	<0.001	<0.005	<0.02	<0.005	<0.0005	<0.005	<0.1	<0.1
		最大値	<0.001	<0.005	<0.02	<0.005	<0.0005	<0.005	<0.1	<0.1
		最小値	<0.001	<0.005	<0.02	<0.005	<0.0005	<0.005	<0.1	<0.1
		標準偏差	—	—	—	—	—	—	—	—
E（八戸製造所）	FNG20-5	平均値	<0.001	<0.005	<0.02	<0.005	<0.0005	<0.005	<0.1	0.2
		最大値	<0.001	<0.005	<0.02	<0.005	<0.0005	<0.005	<0.1	0.3
		最小値	<0.001	<0.005	<0.02	<0.005	<0.0005	<0.005	<0.1	0.1
		標準偏差	—	—	—	—	—	—	—	0.07
基準	一般用途		≦0.01	≦0.01	≦0.05	≦0.01	≦0.0005	≦0.01	≦1	≦0.8
	港湾用途		≦0.03	≦0.03	≦0.15	≦0.03	≦0.015	≦0.03	≦20	≦15

表 1.6　FNS および FNG の環境安全品質の含有量試験結果　(2014 年 1 月～12 月)

製造所名	骨材呼び名	試験値	化学成分（mg/L）							
			カドミウム	鉛	六価クロム	ひ素	水銀	セレン	ほう素	ふっ素
A（大江山製造所）	FNS1.2	平均値	<15	<15	<25	<15	<1.5	<15	<400	<400
		最大値	<15	<15	<25	<15	<1.5	<15	<400	<400
		最小値	<15	<15	<25	<15	<1.5	<15	<400	<400
		標準偏差	—	—	—	—	—	—	—	—
B・C（八戸製造所）	FNS5 FNS5-0.3	平均値	<15	<15	<25	<15	<1.5	<15	<400	<400
		最大値	<15	<15	<25	<15	<1.5	<15	<400	<400
		最小値	<15	<15	<25	<15	<1.5	<15	<400	<400
		標準偏差	—	—	—	—	—	—	—	—
D（日向製錬所）	FNS5	平均値	<15	<15	<25	<15	<1.5	<15	<400	<400
		最大値	<15	<15	<25	<15	<1.5	<15	<400	<400
		最小値	<15	<15	<25	<15	<1.5	<15	<400	<400
		標準偏差	—	—	—	—	—	—	—	—
E（八戸製造所）	FNG20-5	平均値	<15	<15	<25	<15	<1.5	<15	<400	<400
		最大値	<15	<15	<25	<15	<1.5	<15	<400	<400
		最小値	<15	<15	<25	<15	<1.5	<15	<400	<400
		標準偏差	—	—	—	—	—	—	—	—
基準	一般用途		≦150	≦150	≦250	≦150	≦15	≦150	≦4000	≦4000
	港湾用途		規程なし							

1.2.5　利用模擬試料による形式検査と受渡判定値の設定

環境安全形式検査に利用模擬試料を用いた場合の環境安全受渡検査判定値は，同一の製造ロットから採取したフェロニッケルスラグ骨材試料を用いて環境安全形式試験及び環境安全受渡試験を行い，**付録にⅠコンクリート用スラグ骨材－第2部：フェロニッケルスラグ骨材の抜粋**（JIS A 5011-2　**附属書C**）に従って，フェロニッケルスラグ骨材製造業者が設定する．ただ，フェロニッケルスラグ骨材試料で環境安全溶出量，環境安全含有量とも基準を満足しており，利用模擬試料を用いた試験を行うことは少ない。

環境安全形式検査にフェロニッケルスラグ骨材試料を用いる場合，環境安全受渡検査判定値は**付録Ⅰコンクリート用スラグ骨材－第2部：フェロニッケルスラグ骨材の抜粋**（JIS A 5011-2　5.5.1）の環境安全品質基準を用いる事となる．

1.3　フェロニッケルスラグ骨材およびフェロニッケルスラグ混合細骨材

1.3.1　フェロニッケルスラグ骨材の物理的性質

7種類のフェロニッケルスラグ細骨材および1種類のフェロニッケルスラグ粗骨材の物理試験結果を**表1.7**に示す．絶乾密度は，2.70～3.06g/cm^3 であり，普通骨材と比較し，絶乾密度が大きくなっている．また，吸水率は，0.43～2.65%であり，骨材製法あるいは製造所により物理的性質は異なるが，いずれの結果もJIS A 5011-2の規格値を満足している．

表1.7　FNSおよびFNGの品質例（物理的性質）　（2014年1月～12月）

骨材製法	製造所別 銘柄粒度区分	測定値	絶乾密度 (g/cm^3)	吸水率 (%)	単位容積質量 (kg/L)	実績率 (%)	粗粒率	0.15mm ふるい通過率（%）	0.075mm ふるい通過率（%）
キルン水冷	A FNS1.2	平均値	3.05	0.57	1.78	58.3	1.61	20.5	6.6
		最大値	3.06	0.68	1.80	59.0	1.67	22.5	8.50
		最小値	3.04	0.43	1.75	57.6	1.54	19.0	5.5
		標準偏差	0.01	0.07	0.02	0.5	0.04	1.3	0.8
電炉風砕	B FNS5	平均値	2.92	1.97	1.81	62.0	2.68	6.0	2.8
		最大値	3.01	2.65	1.93	65.6	2.75	9.0	6.5
		最小値	2.87	1.26	1.69	58.8	2.56	3.0	0.5
		標準偏差	0.03	0.30	0.05	1.9	0.04	1.6	1.9
	B FNS5-0.3	平均値	2.78	1.13	1.72	61.9	3.96	0.2	0.3
		最大値	2.89	2.11	1.80	63.3	4.25	1.0	0.8
		最小値	2.70	0.73	1.61	59.7	3.90	0.0	0.0
		標準偏差	0.03	0.20	0.05	1.0	0.08	0.4	0.2
電炉徐冷	C FNS5	平均値	2.95	1.67	1.95	66.8	2.62	12.0	4.9
		最大値	3.01	1.87	1.98	68.9	2.73	14.0	6.2
		最小値	2.91	1.02	1.87	59.6	2.58	8.0	5.2
		標準偏差	0.06	0.32	0.06	1.2	0.09	1.6	0.7
電炉水砕	D FNS1.2	平均値	2.98	0.77	1.96	65.9	2.22	15.1	-
		最大値	3.02	0.81	2.00	66.4	2.35	19.0	-
		最小値	2.91	0.71	1.93	65.3	2.08	13.0	-
		標準偏差	0.03	0.03	0.02	0.4	0.09	2.1	-
	D FNS5	平均値	2.99	0.77	1.94	64.7	2.57	10.3	4.6
		最大値	3.04	0.97	2.03	66.8	2.71	13.0	5.8
		最小値	2.97	0.61	1.88	62.8	2.47	8.0	2.7
		標準偏差	0.02	0.14	0.05	1.5	0.06	1.7	1.7
	D FNS5-0.3	平均値	2.95	0.63	1.79	60.5	3.87	0.6	0.1
		最大値	2.99	0.80	1.86	62.2	4.02	1.0	0.1
		最小値	2.91	0.47	1.73	59.4	3.75	0.0	0.0
		標準偏差	0.02	0.11	0.04	0.9	0.10	0.2	0.1
JIS A 5011-2 規格値			≧2.7	≦3.0	≧1.50	-	-	FNS5：2～15 FNS2.5：5～20 FNS1.2：10～30 FNS5-0.3：0～10	FNS5：≦7.0 FNS2.5：≦9.0 FNS1.2：≦10.0 FNS5-0.3：≦7.0
電炉徐冷	E FNG20-5	平均値	2.96	0.96	1.82	61.3	6.53	-	0.9
		最大値	2.99	1.19	1.83	62.1	6.56	-	1.2
		最小値	2.94	0.84	1.80	60.4	6.48	-	0.6
		標準偏差	0.01	0.11	0.01	0.5	0.03	-	0.2
JIS A 5011-2 規格値			≧2.7	≦3.0	≧1.50	-	-	-	≦5.0

1.3.2　フェロニッケルスラグ骨材の粒度および混合後の粒度

1.3.1 で述べた 7 種類のフェロニッケルスラグ細骨材および 1 種類のフェロニッケルスラグ粗骨材の粒度分布の例を**表 1.8** に示す．いずれも JIS A 5011-2 の規格値を満足している．

フェロニッケルスラグ細骨材は普通細骨材と混合して用いられるのが一般的であり，その混合率は，各骨材の絶対容積の比率によって算定されなければならない．

たとえば，表乾密度 γn＝2.55g/cm^3，粗粒率 FMn＝3.77 の普通細骨材と表乾密度 γs＝3.09g/cm^3，粗粒率 FMs＝1.75 のフェロニッケルスラグ細骨材を混合した混合細骨材の目標粗粒率(FMm)を 2.75 とするとき，容積によるフェロニッケルスラグ細骨材混合率(m)は式(1.1)によって 50%と計算される．

$$m=\frac{FMm-FMn}{FMs-FMn}\times 100=\frac{2.75-3.77}{1.75-3.77}\times 100=50\% \quad \cdots\cdots\cdots\cdots\cdots\cdots \quad (1.1)$$

表 1.8　FNS および FNG の粒度分布

粒度区分	製造所別銘柄	粗粒率の範囲	各ふるいの呼び寸法（mm）各ふるいを通ものの質量百分率（%）								
			25	20	10	5	2.5	1.2	0.6	0.3	0.15
FNS1.2	A	1.67～1.56	－	－	－	100	100	97～98	74～79	43～47	19～23
	D	2.08～2.35	－	－	－	100	100	86～94	42～53	21～32	12～20
	試験値範囲		－	－	－	100	100	86～98	42～79	21～47	12～23
	JIS 規格値		－	－	－	100	95～100	80～100	35～80	15～50	10～30
FNS5	B	2.56～2.75	－	－	－	100	97～99	68～75	36～43	14～20	3～9
	C	2.58～2.73	－	－	－	100	97～99	67～75	34～41	16～21	8～14
	D	2.57～2.71	－	－	－	100	97～100	65～88	33～40	15～22	8～13
	試験値範囲		－	－	－	100	97～100	65～88	33～43	14～22	3～14
	JIS 規格値		－	－	－	90～100	80～100	50～90	25～65	10～35	2～15
FNS5-0.3	B	3.96～4.28	－	－	－	95～100	51～68	14～30	2～9	0～3	0～1
	D	3.75～4.02	－	－	－	97～100	68～81	21～36	6～11	1～3	0～1
	試験値範囲		－	－	－	95～100	51～81	14～36	2～11	0～3	0～1
	JIS 規格値		－	－	－	95～100	45～100	10～70	0～40	0～15	0～10
FNG20-5	E	6.48～6.56	100	98～100	40～47	2～6	1～2	－	－	－	－
	JIS 規格値		100	90～100	20～55	0～10	0～5	－	－	－	－

また，これを質量による混合率(n)に換算すると，**式**(1.2)によって 54.8%と計算され，両細骨材の密度差の影響により，容積百分率と質量百分率とでは約 5%の差を生じる．なお，この計算では，式(1.2)中の表面水率(pn,ps)を 0%としている．

$$n=\frac{100m(1+ps/100)\gamma s}{(100-m)(1+pn/100)\gamma n+m(1+ps/100)\gamma s}=54.8\% \quad \cdot\cdot\cdot\cdot\cdot\cdot\cdot\cdot\cdot\cdot\cdot\cdot\cdot\cdot\cdot\cdot\cdot\cdot\cdot \quad (1.2)$$

ここに，pn，ps：それぞれの普通細骨材およびフェロニッケルスラグ細骨材の表面水率(%)

γn，γs：それぞれの普通細骨材およびフェロニッケルスラグ細骨材の表乾密度(g/cm^3)

さらに，フェロニッケルスラグ混合細骨材の粒度分布を算定する場合にも，絶対容積による分布で表わす必要がある．なお，普通細骨材の表乾密度は$\gamma n = 2.55 g/cm^3$，粗粒率はFMn＝3.36であり，フェロニッケルスラグ細骨材の表乾密度は$\gamma s = 3.10 g/cm^3$，粗粒率はFMs＝1.68である．

表 1.9 にFNS混合細骨材の容積および質量による粒度分布の比較例を示す．この例では，フェロニッケルスラグ細骨材混合細骨材の絶対容積による粗粒率の値は 2.69 と求められるのに対し，質量による計算例は 2.61 になる．これは，フェロニッケルスラグ細骨材と普通細骨材の密度と粒度分布の範囲が異なることから生じるもので，この場合，質量による計算例では 0.08 だけ小さく計算され，粗粒率が過少に評価されることになる．

表 1.9　FNS 混合細骨材の容積および質量による粒度分布の比較例

ふるい目の大きさ（mm）	単独細骨材の各ふるい通過質量百分率（%）		FNS 混合率にしたがった合成通過容積百分率（%）	混合細骨材の通過質量百分率（%）
	FNS	普通砂		
10	100	100	(100×0.4) ＋(100×0.6)＝10 0.0	100
5	100	95	(100×0.4) ＋ (95×0.6)＝ 97.0	97.24
2.5	100	71	(100×0.4) ＋ (71×0.6)＝ 82.6	83.98
1.2	97	58	(97×0.4) ＋ (58×0.6)＝ 73.6	75.46
0.6	69	22	(69×0.4) ＋ (22×0.6)＝ 40.8	43.05
0.3	41	15	(41×0.4) ＋ (15×0.6)＝ 25.4	25.65
0.15	25	3	(25×0.4) ＋ (3×0.6)＝ 11.83	12.85
F. M.	1.68	3.36	2.69	2.61

1）FNS 混合率　m=40%
2）質量計算による混合率　n=100m×γs/{(100-m)γn+(m×γs)}=44.8%
　　ふるい通過質量百分率の算定例：
・ふるい 1.2mm の通過質量百分率　={(97×0.4×3.10)+(58×0.6×2.55)}
　　÷{(100×0.4×3.10)+(100×0.6×2.55)}
　　=209.02÷277=75.46%
・ふるい 0.5mm の通過質量百分率　={(25×0.4×3.10)+(3×0.6×2.55)}
　　÷{(100×0.4×3.10)+(100×0.6×2.55)}
　　=35.59÷277=12.85%
3）0.15mm 通過量に占める FNS の容積割合 V(%)
　　V=(25×0.4)÷{(25×0.4)+(3×0.6)}×100=85%
　　ただし，細骨材の品質は以下のように仮定して計算した．
　　FNS1.2:γs=3.10,FMs=1.68
　　普通砂 :γs=2.55,FMn=3.36

1.4　フェロニッケルスラグ骨材のアルカリシリカ反応性

1.4.1　モルタルバー法による試験

表 1.10 にモルタルバー法による試験結果を示す．フェロニッケルスラグ細骨材〔A〕,〔B〕,〔C〕骨材(以下，単に〔A〕骨材，〔B〕骨材，〔C〕骨材と記す)は，無害と判定されているが，フェロニッケルスラグ細骨材〔D〕およびフェロニッケルスラグ粗骨材〔E〕骨材（以下，単に〔D〕骨材，〔E〕骨材と記す)は，無害でないと判定されている．

表 1.10　FNS および FNG のモルタルバー法試験結果

製造所別銘柄	試料数	モルタルバー法 膨張率 (%)		
		平均値	最大値	最小値
A	8	0.021	0.028	0.014
B	28	0.037	0.049	0.023
C	28	0.041	0.054	0.031
D	10	0.441	0.528	0.356
E	12	0.175	0.197	0.148

1.4.2　フェロニッケルスラグ骨材の混合率とモルタルバーの膨張率との関係

モルタルバー法による膨張率の測定結果を図 1.2 および図 1.3 に示す．〔A〕，〔B〕，〔C〕骨材の膨張率はフェロニッケルスラグ細骨材混合率により変化はみられないが，〔D〕，〔E〕骨材は混合率の増加にともない膨張率が増加している．また，これらから判断して，フェロニッケルスラグ細骨材はアルカリ骨材反応性の有無にかかわらず，ペシマム特性は有していないと考えられる．

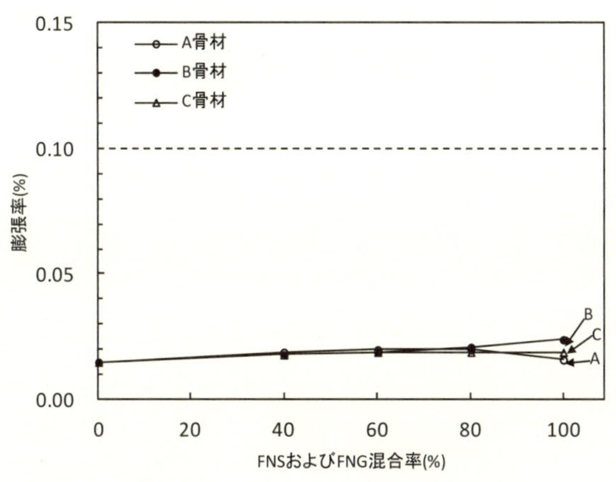

図 1.2　FNS〔A〕，〔B〕，〔C〕骨材混合率とモルタルバー膨張率との関係[57)]

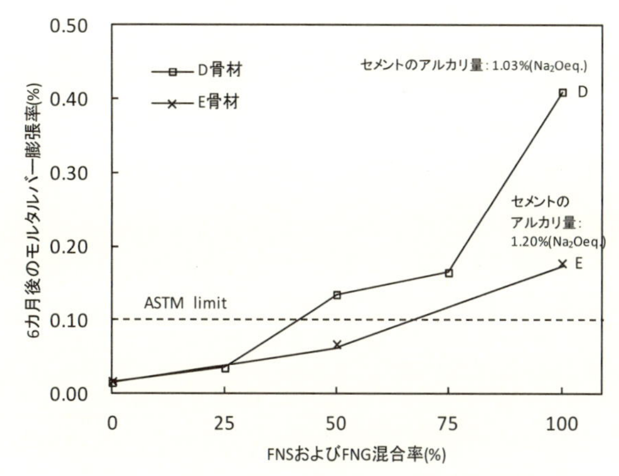

図 1.3　FNS〔D〕，FNG〔E〕骨材混合率とモルタルバー膨張率との関係[12)]

1.4.3　長期材齢でのモルタルバー膨張率

アルカリ量 0.7%，1.2%および 2.0%の条件で材齢 24 ヵ月までのモルタルバーの膨張率を測定した結果を図 1.4 に示す．モルタルバー法により無害と判定された〔A〕，〔B〕および〔C〕骨材の膨張率は，2.0%の高アルカリ量の材齢 24 ヵ月の場合でも 0.04%以下の小さな値を示している．また，モルタルバー法で無害でないと判定された〔D〕骨材は，抑制対策を行わないとアルカリ量が 0.7%および 1.2%の条件でも高い膨張率を示していることが確認され，アルカリ総量の低減は効果が小さいことを示している．

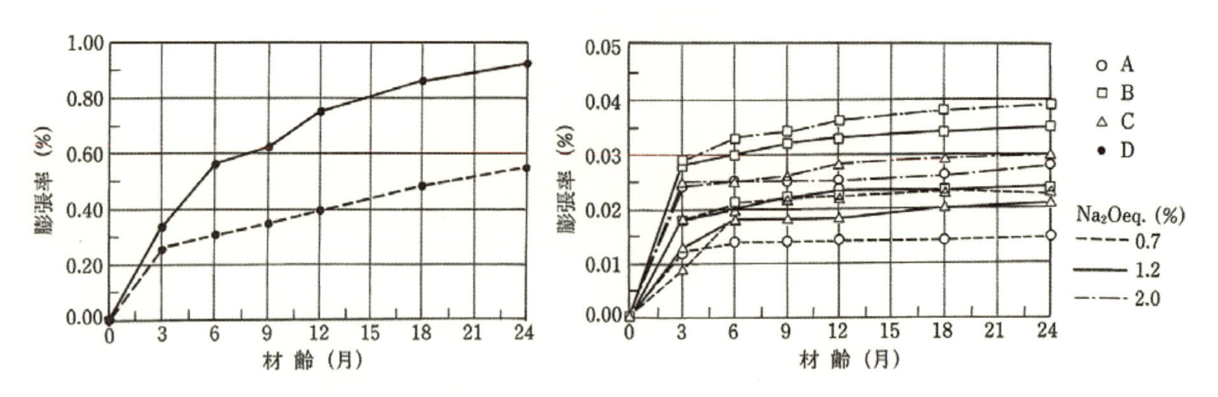

図 1.4　長期材齢におけるモルタルバー膨張率 [56)]

1.4.4　アルカリ骨材反応の抑制対策

モルタルバー法により無害でないと判定された〔D〕骨材および〔E〕骨材を，コンクリート用骨材として用いることを目的として，アルカリ骨材反応の抑制対策の方法を検討した結果を，**図 1.5** および**図 1.6** に示す．**図 1.5** において，アルカリ総量 1.2kg/m^3 の場合，フェロニッケルスラグ細骨材の混合率を 50%以下とすることで，モルタルバーの膨張率は 0.1%未満に抑制することができる．しかし，アルカリ総量が 1.8kg/m^3 となった場合，混合率 30%においても抑制することはできないことがわかる．

また，**図 1.6** において，高炉スラグ微粉末でセメント量の 45%を置換した場合は，フェロニッケルスラグ骨材の混合率に関わらずモルタルバーの膨張率は 0.1%未満に抑制されたことがわかる．セメント中の高炉スラグ置換率を 40%としたケースでは，〔D〕骨材の混合率を 100%とした場合には 0.2%程度まで膨張したのに対し，混合率を 40%以下とした場合にはモルタルバーの膨張率が 0.1%未満に抑制できる結果が示されている．

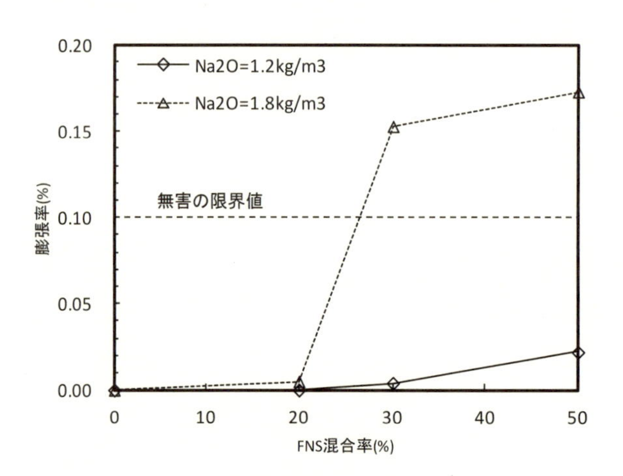

図 1.5　FNS 混合率及びアルカリ総量制限によるアルカリシリカ反応抑制効果 [142)]

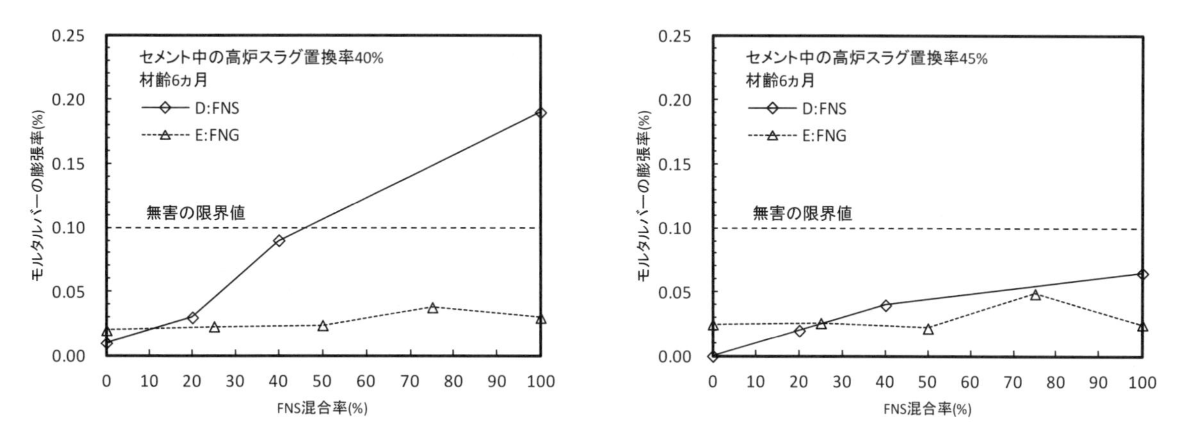

図 1.6　高炉スラグ微粉末の利用によって得られるアルカリシリカ反応抑制効果 [133),138)]

したがって，アルカリ骨材反応の抑制対策の方法として，以下の抑制対策が有効であることが確認された．

① 普通粗骨材，普通細骨材およびフェロニッケルスラグ粗骨材コンクリート，または普通粗骨材，普通細骨材およびフェロニッケルスラグ細骨材を混合率 30%以下で用いたコンクリートとする．

なお，普通骨材は，アルカリシリカ反応性が無害と判定されたもの以外を用いてはならない．

② 混合セメントを使用する場合は，JIS R 5211 に適合する高炉セメント B 種，または高炉セメント C 種を用いる．ただし，高炉セメント B 種の高炉スラグの分量(質量分率%)は 40%以上でなければならない．

③ 高炉スラグ微粉末を混和材として使用する場合は，併用するポルトランドセメントとの組合せにおいて，アルカリシリカ反応抑制効果があると確認された単位量で用いる．

また，JIS 改正で定めたアルカリシリカ反応抑制対策の検討フローを図 1.6 に示す．

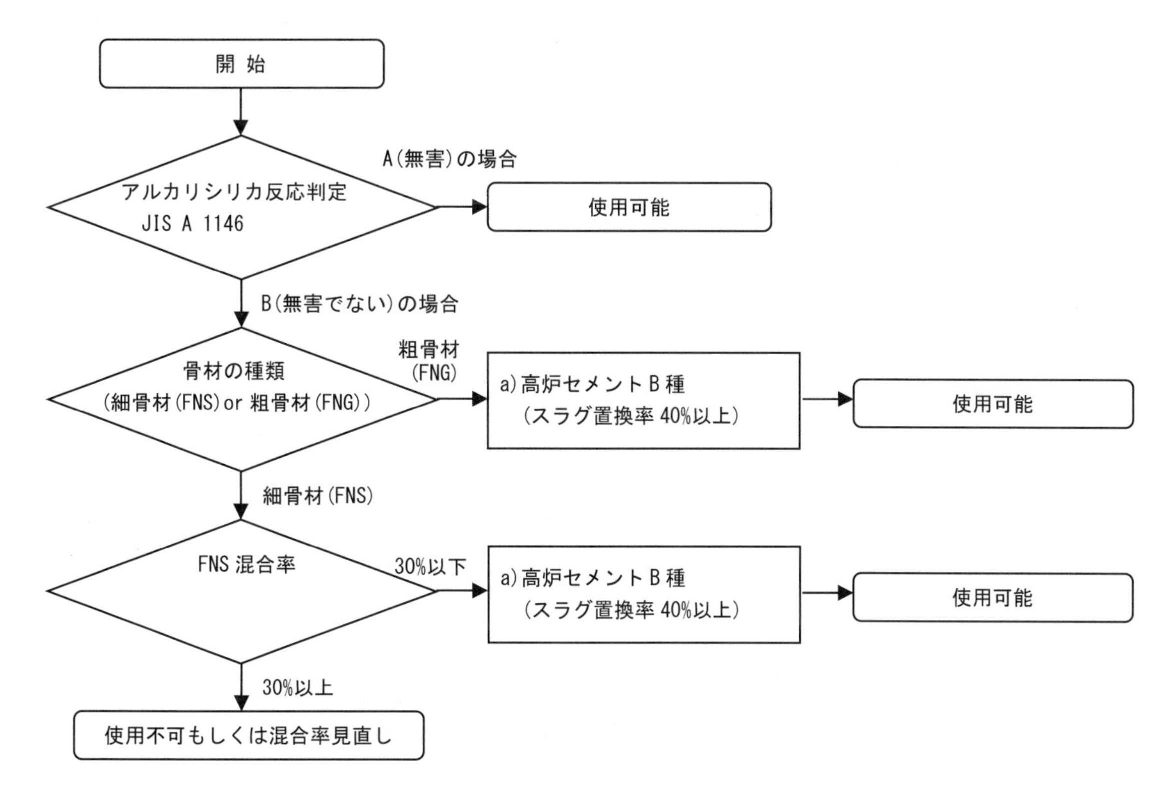

図 1.7　アルカリシリカ反応抑制対策の検討フロー [133)]

2. フェロニッケルスラグ骨材を用いたモルタルおよびコンクリートの性質

2.1 フェロニッケルスラグ細骨材を用いたモルタルの性質

2.1.1 フロー値と単位水量の関係

図 2.1 に示すように，フェロニッケルスラグ細骨材混合率 100%の場合〔B〕骨材では，モルタルで同一フロー値を得るための単位水量は，大井川砂の場合より少ないが，その他の種類のフェロニッケルスラグ細骨材の場合には，単位水量は大井川砂の場合より多くなる．ただし，粗目の川砂(FM3.10)よりは単位水量は少ない．

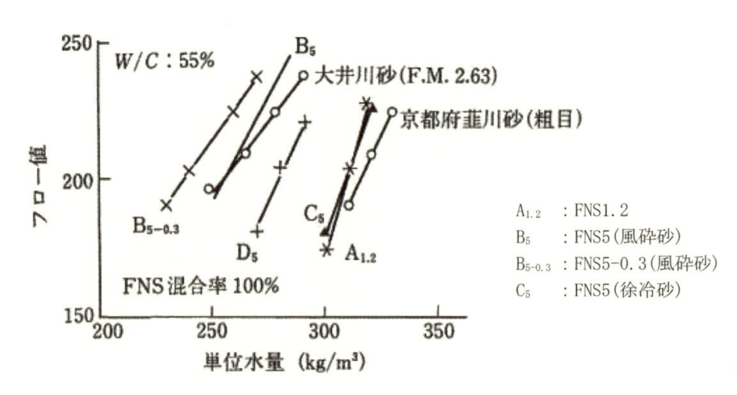

図 2.1 モルタルの単位水量とフロー値の関係 [67)]

2.1.2 強度特性

図 2.2 は，建設省総合技術開発プロジェクト「鉄筋コンクリート造建築物の超軽量・超高層化技術の開発(New RC)」で用いられた細骨材の品質判定試験方法を参考に強度特性を検討したものである．**図 2.2** で示すように，セメントペーストの圧縮強度に対するフェロニッケルスラグ細骨材を用いたモルタルの圧縮強度は，川砂を用いた場合と同等か若干低くなる傾向がある．

図 2.3 に示すように，フェロニッケルスラグ細骨材を用いたモルタルの圧縮強度は，川砂を用いた場合と同等か若干低くなる傾向がある．フェロニッケルスラグ細骨材の種類による圧縮強度の差は，フェロニッケルスラグ細骨材混合率を 60%とした場合，単独で用いた場合よりも小さくなる．

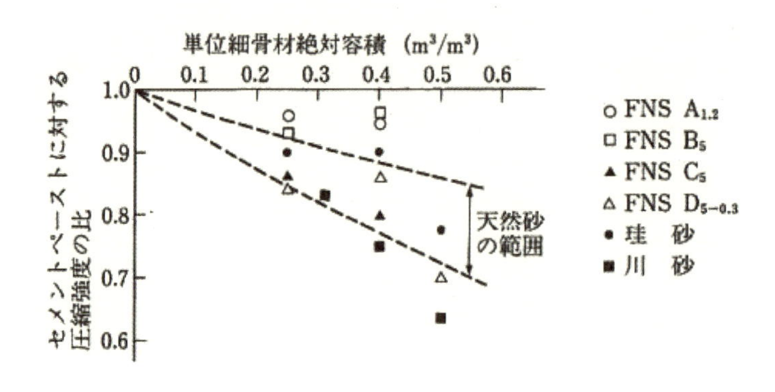

図 2.2 モルタルの圧縮強度に及ぼす単位細骨材絶対容量の影響 [59)]

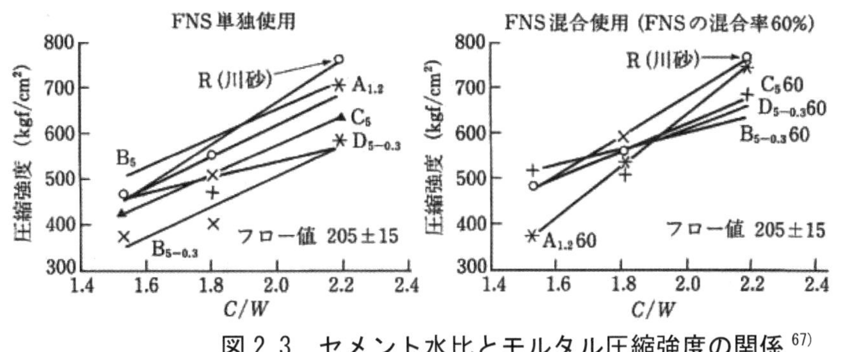

$A_{1.2}$　：FNS1.2
B_5　：FNS5（風砕砂）
$B_{5\text{-}0.3}$：FNS5-0.3（風砕砂）
C_5　：FNS5（徐冷砂）
$D_{5\text{-}0.3}$：FNS5-0.3（水砕砂）

図 2.3　セメント水比とモルタル圧縮強度の関係 [67]

2.1.3　動弾性係数

図 2.4 に示すように，フェロニッケルスラグ細骨材を用いたモルタルの動弾性係数は，川砂の場合とほぼ同様である．

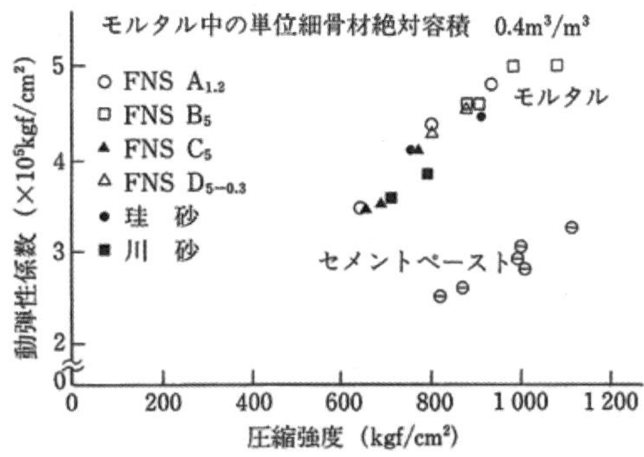

図 2.4　圧縮強度と動弾性係数の関係に及ぼす細骨材の種類の影響 [59]

2.2　フェロニッケルスラグ骨材コンクリートの性質

2.2.1　フレッシュコンクリートの性質

2.2.1.1　単位水量とスランプ

図 2.5，**図 2.6** および**表 2.1** にフェロニッケルスラグ細骨材を単独または混合して用いたコンクリートの単位水量とスランプの関係を示す．同一のスランプを得るために必要な単位水量は，フェロニッケルスラグ細骨材の種類および混合率によって異なる傾向を示している．普通骨材と混合して用いられる FNS〔$B_{5\text{-}0.3}$〕骨材は球状の粒子を含むので，一般には所要の単位水量は川砂〔R〕の場合と同等以下になる．一方，〔B_5〕を単独使用した場合，〔A〕，〔C〕および〔D〕骨材の混合使用では，川砂の場合より単位水量が多くなっている．また，AE 減水剤を用いた場合の単位水量に対し，高性能 AE 減水剤を用いた場合の単位水量の減水率は，川砂とフェロニッケルスラグ細骨材においてほぼ同等である．

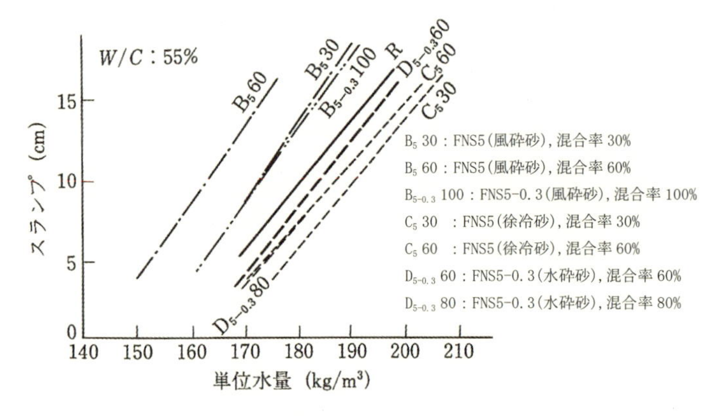

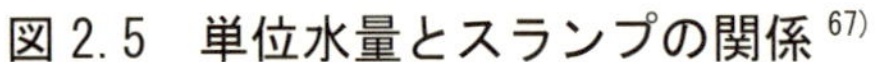
図 2.5　単位水量とスランプの関係 67)

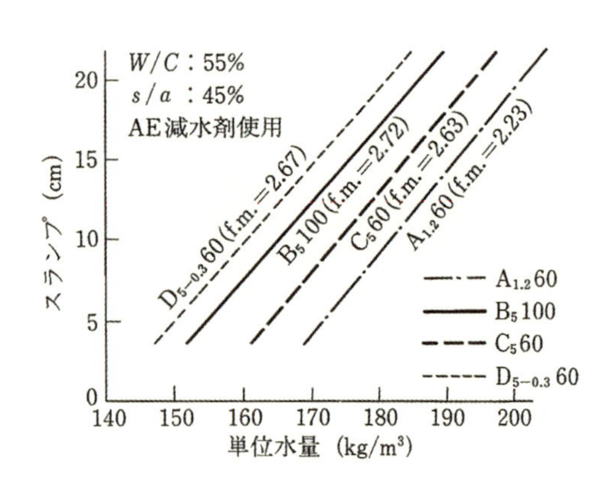

図 2.6　単位水量とスランプの関係 39)

表 2.1　AE 減水剤および高機能 AE 減水剤を用いた各種 FNS コンクリートの単位水量 87)

(kg/m³)

スランプ (cm)	細骨材種類	AE 減水剤		高機能 AE 減水剤		減水率** (%)
		単位水量	増減率 (%)*	単位水量	増減率 (%)*	
10	R	155	—	145	—	6.5
	$A_{1.2}$	168	8.4	155	6.9	7.7
	B_5	167	7.7	155	6.9	7.2
	$B_{5\text{-}0.3}$	158	1.9	143	-1.4	9.5
	C_5	167	7.7	155	6.9	7.2
	$D_{5\text{-}0.3}$	160	3.2	149	2.8	6.8
5	R	148	—	133	—	10.1
	$A_{1.2}$	160	8.1	144	8.3	10.0
	B_5	159	7.4	138	3.8	13.2
	$B_{5\text{-}0.3}$	151	2.0	134	0.8	11.3
	C_5	161	8.8	145	9.0	9.9
	$D_{5\text{-}0.3}$	152	2.7	138	3.8	9.2

*　川砂コンクリートに対する各種 FNS コンクリートの単位水量の増減率

**　AE 減水剤を使用した場合に対する高性能 AE 減水剤を使用した場合の単位水量の減水率

フレッシュコンクリートの流動性に及ぼすフェロニッケルスラグ粗骨材の影響は，**図 2.7** に示すように，フェロニッケルスラグ粗骨材混合率が高いほど同一スランプを得るための AE 減水剤の使用量は減少できる．フェロニッケルスラグ細骨材とフェロニッケルスラグ粗骨材を混合するとさらに AE 減水剤の使用量は減少する結果となっており，フェロニッケルスラグ細骨材とフェロニッケルスラグ粗骨材を混合することで，コンクリートの流動性が向上する結果が得られている．

図 2.8 に示すように，フェロニッケルスラグ粗骨材の混合による AE 減水剤の使用量の減少は，コンクリートの水セメント比が変化してもほぼ変わらずフェロニッケルスラグ粗骨材の混合率の増加につれてほぼ直線的に減少した．

コンクリートの単位容積質量は，フェロニッケルスラグ細骨材とフェロニッケルスラグ粗骨材の混合率の増加につれて大きくなる．**図 2.9** に示すように，AE 減水剤の使用量はコンクリートの単位容積質量の増加に伴い，減少しているのがわかる．

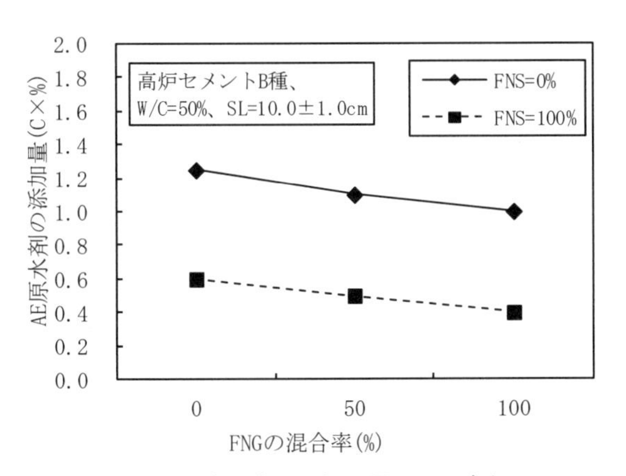

図 2.7　AE 減水剤の使用量に及ぼすFNS と FNG の影響 [132),141)]

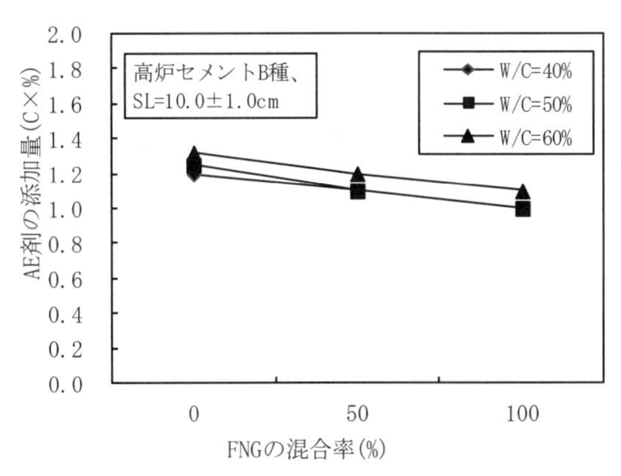

図 2.8　AE 減水剤の使用量に及ぼすFNG の影響 [132),141)]

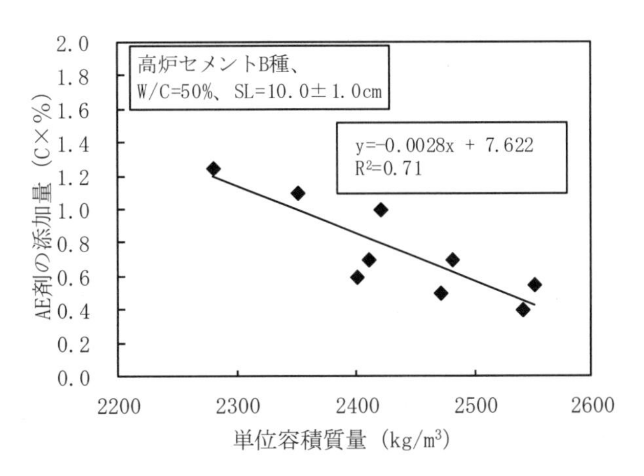

図 2.9　AE 減水剤の添加量と単位容積質量との関係 [132),141)]

2.2.1.2　空気量

図 2.10 に示すようにフェロニッケルスラグ細骨材を単独で用いたプレーンコンクリートのエントラップエアは，川砂を用いたものよりも約 1%増加する傾向がある．また，一般に川砂の場合と同様に細骨材中の 0.6mm～1.2mm の粒子の量によっても所要の AE 剤量が変化する．

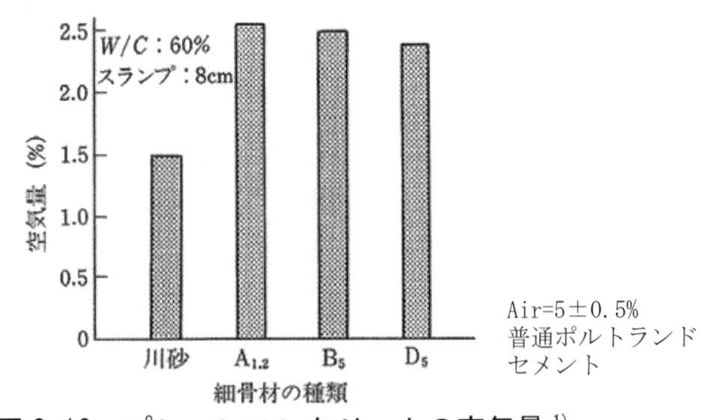

図 2.10　プレーンコンクリートの空気量 [1)]

図 2.11 に示すように，同一空気量を得るための所要の AE 剤量はフェロニッケルスラグ細骨材の種類および混合率によって異なり，これはフェロニッケルスラグ細骨材の種類の他，粒度分布なども影響しているこ

とが考えられる．しかし，所要の空気量を得るための AE 剤使用量は，川砂の場合より少なくなる傾向がある．また，空気量に及ぼすフェロニッケルスラグ粗骨材の影響は，**図 2.12** に示す様にフェロニッケルスラグ細骨材とフェロニッケルスラグ粗骨材の混合率と関係なくほぼ同程度であった．

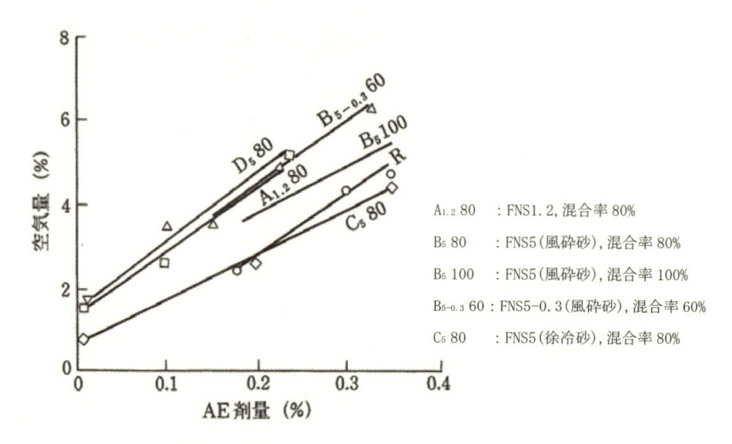

図 2.11　AE 剤量と空気量との関係 [67]

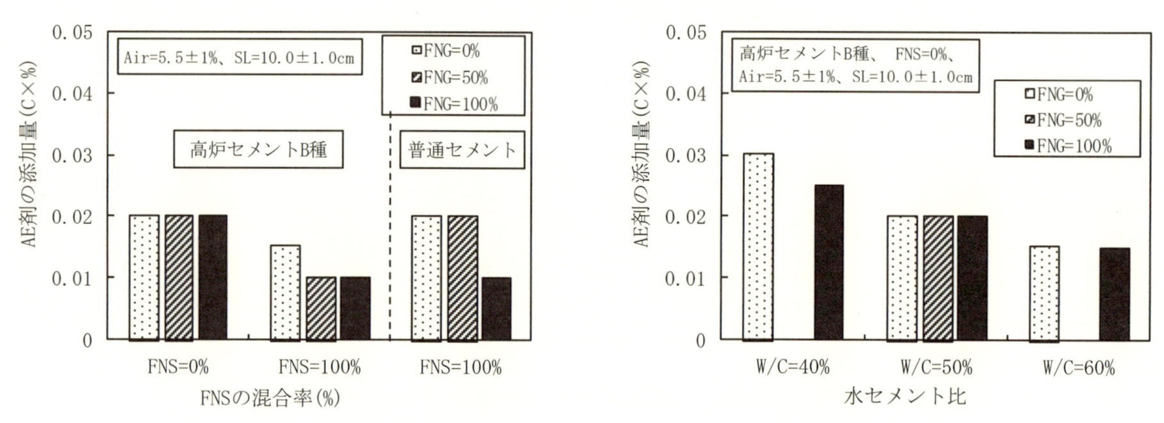

図 2.12　AE 剤の添加量に及ぼす FNS および FNG の影響 [132), 141]

2.2.1.3　ブリーディング

表 2.2 および**図 2.13** にフェロニッケルスラグ細骨材コンクリートのブリーディング試験結果を示す．なお，粗骨材の最大寸法は 40mm である．フェロニッケルスラグ細骨材を単独で用いたコンクリートのブリーディング率は，フェロニッケルスラグ細骨材の種類によって異なった性状を示しており，川砂の場合と比較して大きくなっている．

表 2.2　コンクリートの配合とブリーディング[38)]

項目 ＼ 種類 ＼ No.		①	②	③	④	⑤	⑥
		R	A1.2	C5	B5	D5	D5
セメントの種類		N	N	N	N	N	BB
水セメント比（%）		56	56	56	54	56	56
細骨材率（%）		40.6	39.5	38.0	40.0	40.0	40.0
単位量（kg/m^3）	水	148	160	160	134	148	148
	セメント	264	286	286	248	264	264
	細骨材	759	837	823	879	853	853
	粗骨材	1 257	1 240	1 277	1 304	1 272	1 272
	AE 減水剤	3.70	4.01	4.01	3.48	3.70	3.70
スランプ（cm）		6.5	7.0	7.0	6.5	6.5	7.5
空気量（%）		4.6	4.3	4.3	4.8	4.8	4.4
コンクリート温度（℃）		16.0	16.0	16.0	16.0	16.0	16.0
ブリーディング率（%）		3.9	8.6	6.5	4.2	4.9	5.0
ブリーディング量（cm^3/cm^2）		0.115	0.272	0.208	0.113	0.145	0.148

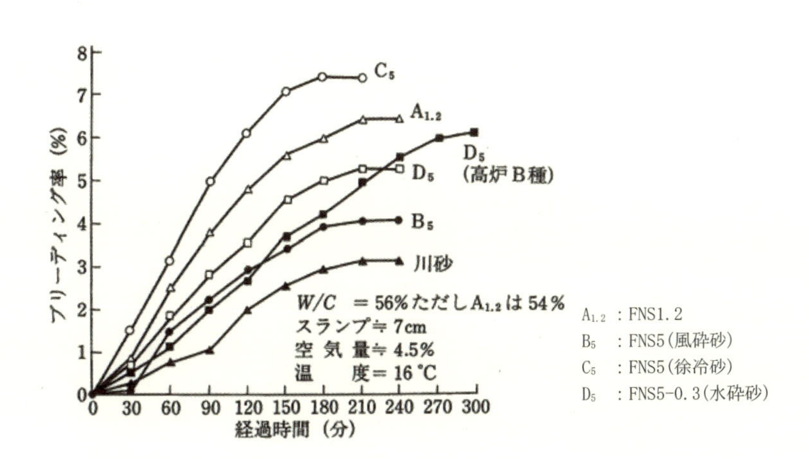

図 2.13　ブリーディング率と経過時間との関係[38)]

表 2.3 に示すフェロニッケルスラグ細骨材コンクリートについて行われたブリーディング試験の結果を図 2.14 に示す．試験結果から，ブリーディング量はフェロニッケルスラグ細骨材混合率が高くなると増加する傾向がみられる．しかし，〔A〕骨材を混合率 30%，〔B〕または〔D〕骨材を混合率 50%とした場合のブリーディング量は，海砂の場合とほぼ同等かやや小さくなっている．なお，〔A〕骨材を用いた場合は，他の骨材と比較してブリーディング量が若干多くなっているが，これは同一スランプとするための単位水量が他の骨材の場合より大きくなっていることが影響していると考えられる．

表 2.3　コンクリートの配合 [114)]

調合番号	FNS混合率 (%)	細骨材種類 FNS	細骨材種類 天然砂	試験時CT (℃)	目標スランプ (cm)	単位水量 (kg/m³)	絶対容積 (ℓ/m³) C	絶対容積 (ℓ/m³) FNS	絶対容積 (ℓ/m³) 天然砂	絶対容積 (ℓ/m³) G	絶対容積 (ℓ/m³) C	絶対容積 (ℓ/m³) FNS	絶対容積 (ℓ/m³) 天然砂	絶対容積 (ℓ/m³) G	混和剤 No.70	混和剤 No.303A
1				10		172	99	315	−	369	313	969	−	978		0.0010
2	100	B_5	−	20	18	175	101	312	−	367	318	958	−	973	250	0.0025
3				30		180	103	309	−	363	327	949	−	962		0.0030
4				10		172	99	161	160	363	313	494	413	962		0.0010
5	50	B_5	大井川	20	18	175	101	160	159	360	318	491	410	954	250	0.0025
6				30		180	103	158	158	356	327	485	408	943		0.0030
7				10		172	99	308	−	376	313	921	−	996		0.0010
8	100	D_5	−	20	18	175	101	306	−	373	318	915	−	988	250	0.0025
9				30		180	103	302	−	370	327	903	−	981		0.0030
10				10		172	99	158	157	369	313	471	405	978		0.0010
11	50	D_5	大井川	20	18	175	101	156	156	367	318	466	402	973	250	0.0025
12				30		180	103	155	154	363	327	463	397	962		0.0030
13	50	D_5	大井川	20	8	155	89	157	156	398	282	469	402	1055	250	0.0025
14	50	D_5	海砂	20	8	155	89	157	156	398	282	469	406	1055	250	0.0025
15	50	D_5	海砂	20	18	175	101	156	156	367	318	465	406	973	250	0.0025
16				10		192	110	147	147	359	349	459	379	951		0.0010
17	50	$A_{1.2}$	大井川	20	18	195	112	146	146	356	355	456	377	943	350	0.0025
18				30		200	115	144	144	352	364	449	372	933		0.0030
19				10		182	105	92	215	361	321	287	555	957		0.0010
20	30	$A_{1.2}$	大井川	20	18	185	106	92	213	359	336	287	550	951	350	0.0025
21				30		190	109	91	211	354	345	284	544	938		0.0030
22				10		172	99	−	321	363	313	−	828	962		0.0010
23	0	−	大井川	20	18	175	101	−	319	360	318	−	823	954	250	0.0025
24				30		180	103	−	316	356	327	−	815	943		0.0030
25				10		172	99	−	321	363	313	−	835	962		0.0010
26	0	−	海砂	20	18	175	101	−	319	360	318	−	829	954	250	0.0025
27				30		180	103	−	316	356	327	−	822	943		0.0030

1) No.70の使用量は、セメント量100kgに対する使用量(ml)．　No.303Aの使用量は、単位セメント量の百分率を示す．

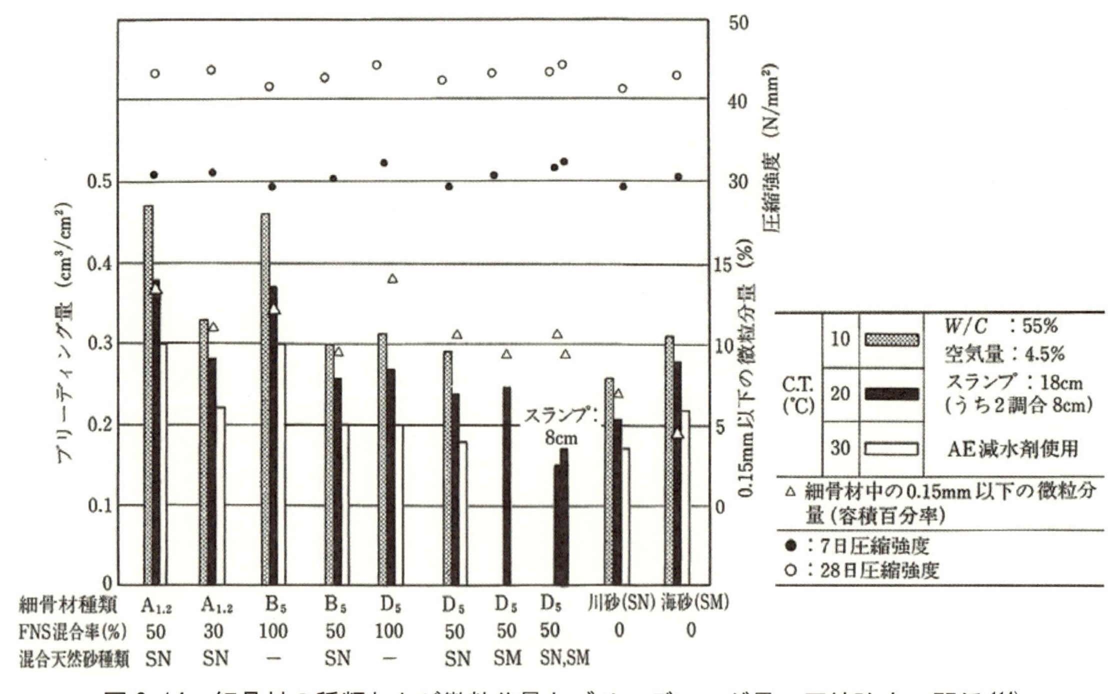

図 2.14　細骨材の種類および微粒分量とブリーディング量，圧縮強度の関係 [114)]

フェロニッケルスラグ粗骨材混入によるブリーディング量について，**図 2.15** に示す．陸砂を使用する場合フェロニッケルスラグ粗骨材混合率の増加につれてブリーディング量は若干増加した．しかし，細骨材にフェロニッケルスラグ細骨材を 100%混合した場合，フェロニッケルスラグ粗骨材混合率 100%でブリーディング量が大きくなった．これは，フェロニッケルスラグ細骨材とフェロニッケルスラグ粗骨材を混合する場合，コンクリートの単位容積質量が著しく大きくなり，**図 2.16** に示すようにブリーディング量がコンクリートの単位体積質量の増加に影響すると思われる．

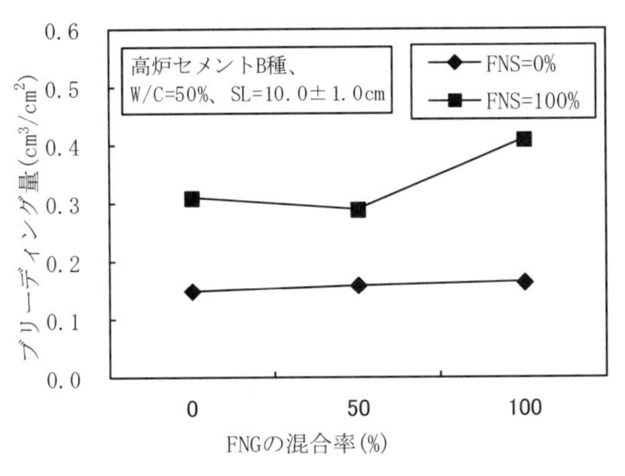

図 2.15　ブリィーディング量に及ぼす FNS と FNG の影響 [132),141)]

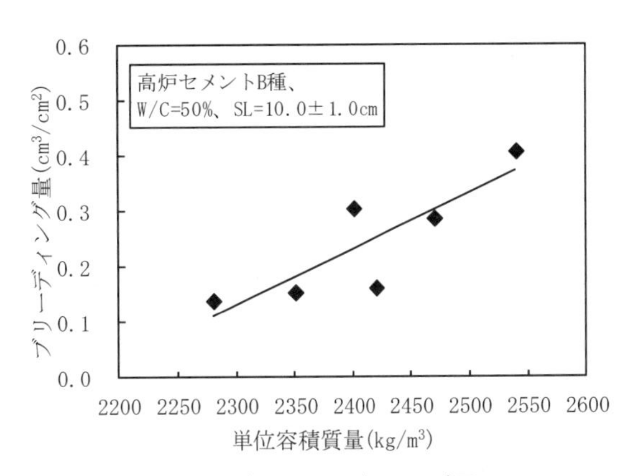

図 2.16　ブリィーディング量と単位容積質量の関係 [132),141)]

図 2.17 に示すようにフェロニッケルスラグ細骨材コンクリートのブリーディング率は，AE 減水剤および高性能 AE 減水剤を用いて単位水量を減少させることにより低減することができる．また，**図 2.18** および**図 2.19** に示すように，フェロニッケルスラグ細骨材の粒子を細かくすること，または高炉スラグ微粉末，石灰石などの微粉末を用いることによってもブリーディング率を低減することができる．

フェロニッケルスラグ粗骨材コンクリートのブリーディング量は，**図 2.20** のように川砂利よりは多いが，JASS 5 の規定値 0.5cm³/cm² 以下となる [130)]．また，**図 2.21** の様にフェロニッケルスラグ粗骨材混合率およびフェロニッケルスラグ細骨材混合率の増加に伴い，ブリーディング量は増加する傾向にある [131)]．

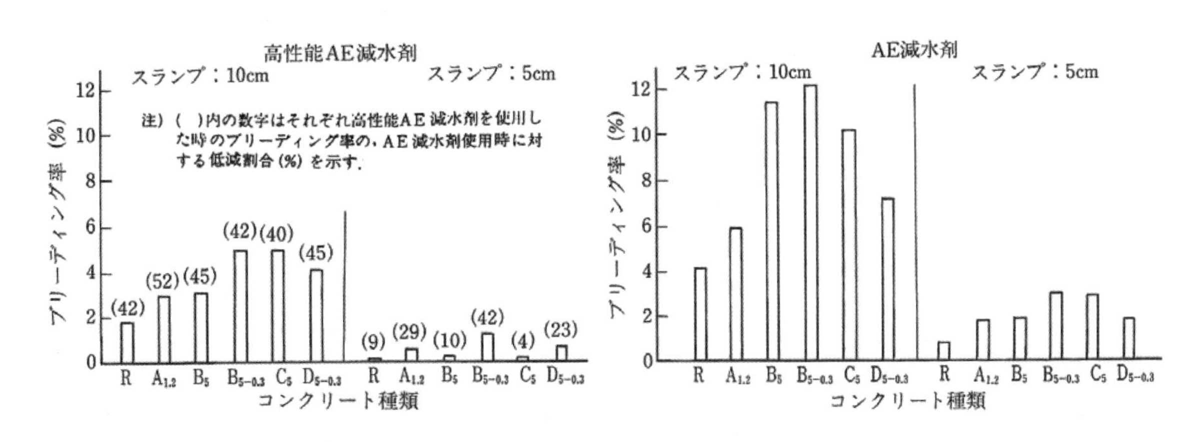

図 2.17　高性能 AE 減水剤を用いた場合のブリーディング率の低減効果 [87)]

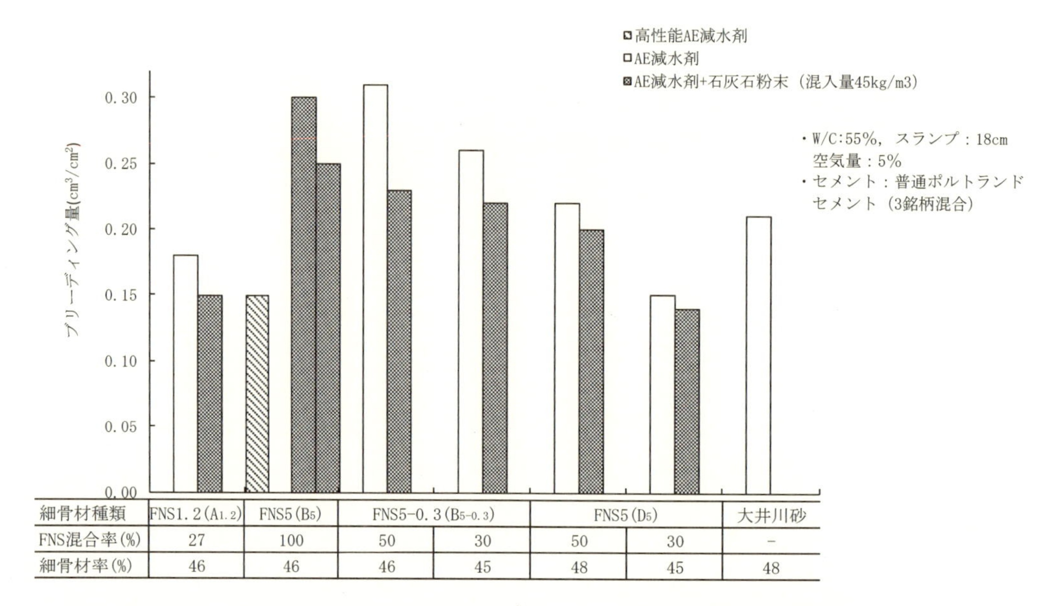

図 2.18　FNS コンクリートのブリーディング抑制対策の試験結果 [79)]

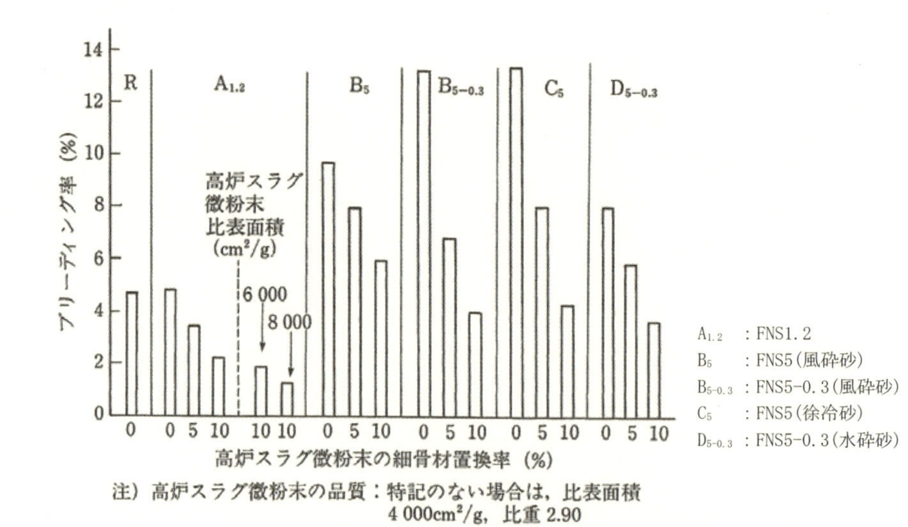

図 2.19　高炉スラグ微粉末によるブリーディング率の低減効果 [87)]

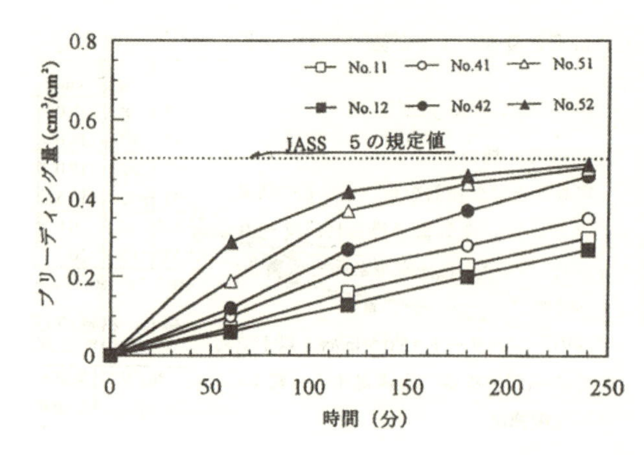

No	W/C(%)	細骨材	粗骨材
11	50	R	R
12	60	R	R
41	50	R	FNG
42	60	R	FNG
51	50	$B_{5-0.3}$60＋R40	FNG
52	60	$B_{5-0.3}$60＋R40	FNG

図 2.20　骨材の組合せとコンクリートの配合の違いによるブリーディング量 [130)]

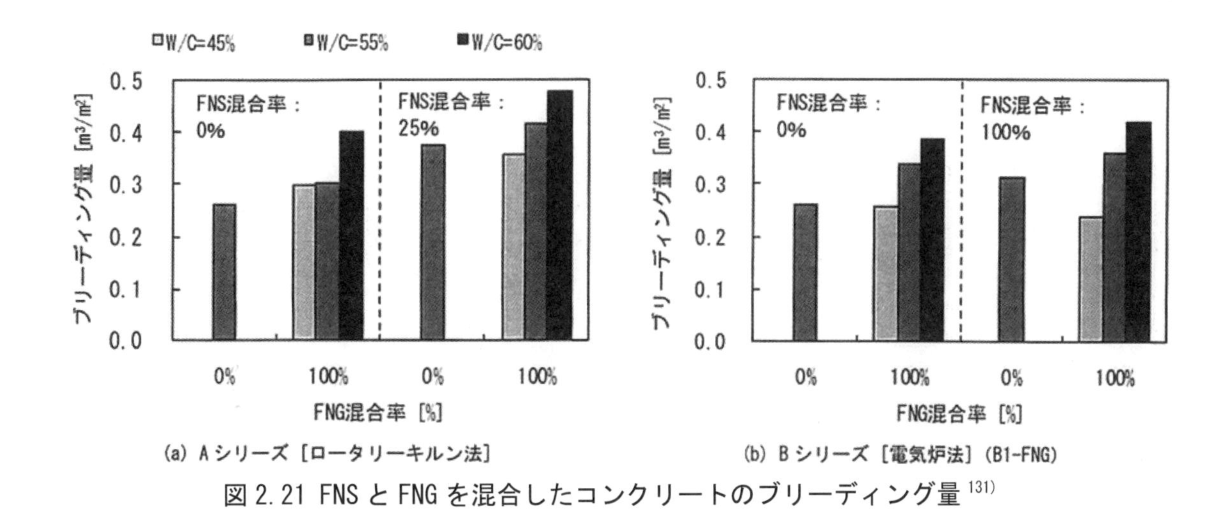

図 2.21 FNS と FNG を混合したコンクリートのブリーディング量 [131)]

2.2.1.4　凝結性状

図 2.22 に示すように，〔A〕，〔B〕，〔D〕骨材を用いたコンクリートの凝結時間は〔R〕の場合と同等である．

また，表 2.4 によると，フェロニッケルスラグ細骨材およびフェロニッケルスラグ粗骨材を混合した場合において，**表 2.4** によるとフェロニッケルスラグ骨材混合率 0%のコンクリートとほぼ同程度である．

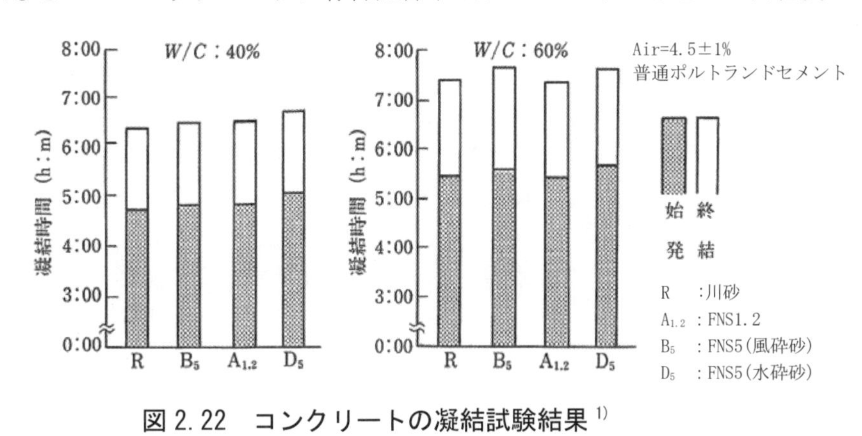

図 2.22　コンクリートの凝結試験結果 [1)]

表 2.4　FNS および FNG を混合したコンクリートの凝結試験結果 [131)]

(ロータリーキルン法)					(電 気 炉 法)				
FNS混合率(%)			0	25	FNS混合率(%)			0	25
W/C(%)			55	55	W/C(%)			55	55
FNG混合率(%)	0	始発	7:21	7:46	FNG混合率(%)	0	始発	7:21	8:09
		終結	10:40	11:03			終結	10:40	10:55
	$A_{1.2}$-50	始発	7:50	-		$B_{2.5}$-50	始発	7:09	-
		終結	11:04	-			終結	10:18	-
	$A_{1.2}$-100	始発	8:01	7:43		$B_{2.5}$-100	始発	7:13	7:57
		終結	11:24	11:05			終結	10:33	10:50

コンクリートの凝結時間に及ぼすフェロニッケルスラグ粗骨材の混入率の影響を**図 2.23 a, b** に示す．この図より，セメントの種類，細骨材の種類，および水セメント比の違いによらず，コンクリートの凝結時間に及ぼすフェロニッケルスラグ粗骨材の混入率の影響が少ないことが分る．

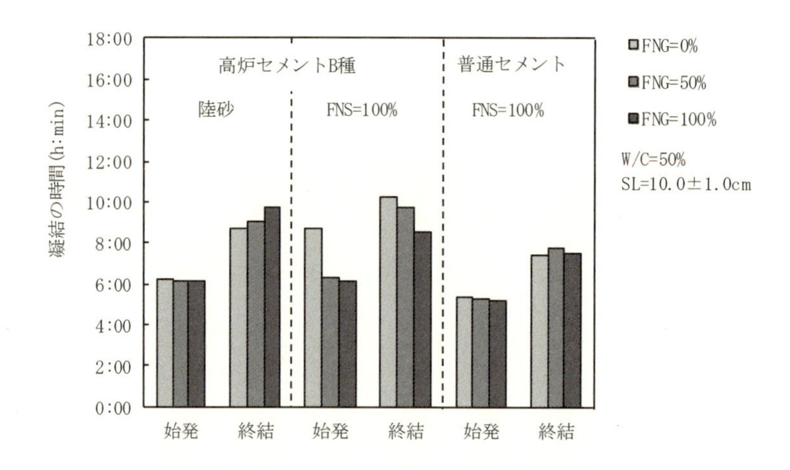

図 2.23 a　コンクリートの凝結に及ぼす FNG の影響 [141)]

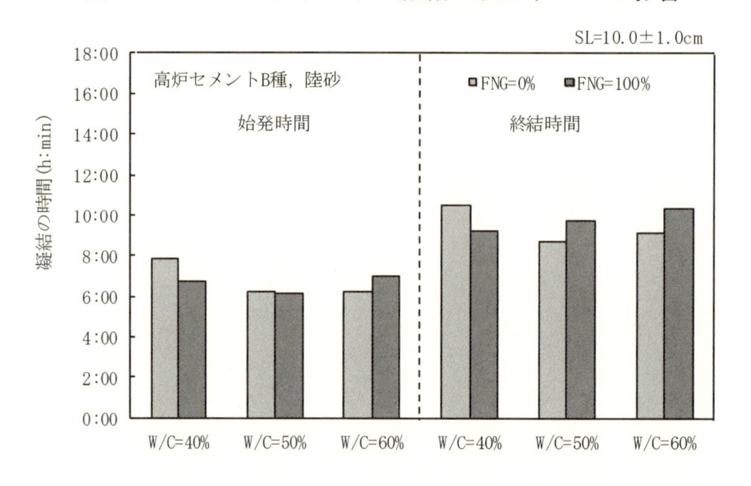

図 2.23 b　コンクリートの凝結に及ぼす FNG の影響 [132),141)]

2.2.1.5　単位容積質量

フェロニッケルスラグ細骨材の絶乾密度は 2.7～3.1g/cm³ 程度の値を示し，普通細骨材の 2.5～2.6 g/cm³ に比べて大きいので，フェロニッケルスラグ細骨材混合率が高くなるとコンクリートの単位容積質量は増大する．フェロニッケルスラグ細骨材を単独で用いたコンクリートの単位容積質量は，普通細骨材の場合と比べて約 140kg/m³程度大きくなる．

フェロニッケルスラグ細骨材混合率ごとのコンクリートの気乾単位容積質量の計算結果を**表 2.5** に示す．コンクリートの気乾単位容積質量は，フェロニッケルスラグ細骨材混合率の他，コンクリートの配合条件や使用材料の絶乾密度により変化するが，フェロニッケルスラグ細骨材混合率 50%程度以下ではコンクリートの気乾単位容積質量を 2.3t/m³と考えてよい．

表 2.5　FNS の混合率とコンクリートの気乾単位容積質量

FNS混合率(%)	気乾単位容積質量(t/m³)
0	2.23
20	2.26
40	2.29
60	2.32
100	2.37

フェロニッケルスラグ細骨材とフェロニッケルスラグ粗骨材の混合率に伴う単位容積質量は**表 2.6** に示す．フェロニッケルスラグ細骨材およびフェロニッケルスラグ粗骨材混合率がそれぞれ 100%の時では，コンクリートの気乾単位容積質量を 2.5t/m³と考えてよい．

表 2.6　FNS(100%)と FNG の混合率とコンクリートの気乾単位容積質量

FNG 混合率(%)	気乾単位容積質量(t/m³)
0	2.40
50	2.47
100	2.55

図 2.24 は，フレッシュコンクリートの空気量の変動が単位容積質量の変動に及ぼす影響について，計画配合による計算値と生コン運搬試験および実施工時の実測値との関係を示したものである．この図より，フェロニッケルスラグ細骨材コンクリートにおいても空気量の変動と単位容積質量の変動は非常に強い相関を示していることが確認された．

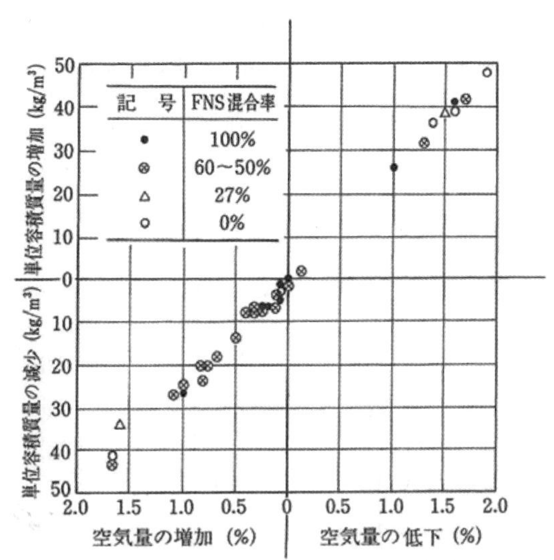

図 2.24　荷下ろし地点における空気量の変動とコンクリートの実測単位容積質量の変動量との関係(ポンプ，運搬，施工試験)[115]

フェロニッケルスラグ粗骨材とフェロニッケルスラグ細骨材を使用したコンクリートの単位容積質量は，**図 2.25** に示すように、フェロニッケルスラグ骨材混入率の増加に伴い，大きくなった．

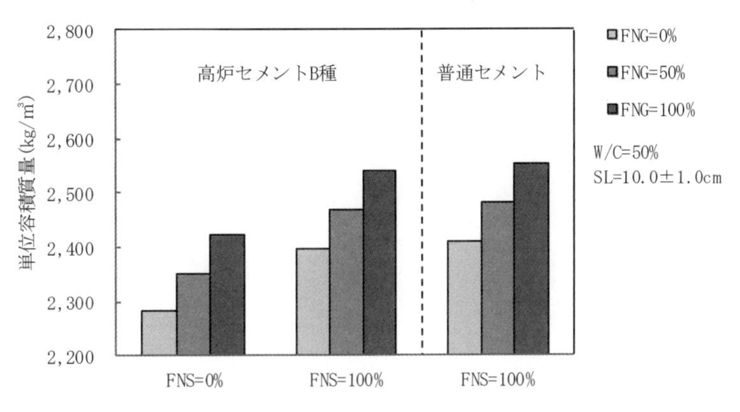

図 2.25　コンクリートの単位容積質量に及ぼす FNG の影響[141]

2.2.1.6　タンピング試験および加振ボックス充填試験での流動性

施工性能の検討として，鉄筋間の間隔通過性や振動条件下での変形性についてタンピング試験及び加振ボックス充填試験結果が報告されている[139]．この試験に使用したコンクリートの配合を**表 2.7** に示す．**図 2.26** および**図 2.27** にタンピング試験結果を示す．ここでは，木製棒(質量 1.2kg)の落下(高さ 50cm)回数 1 回当たりのスランプ増加量をスランプ変形係数，木製棒の落下回数 1 回当たりのスランプフロー増加量をスランプフロー変形係数と定義している．

表 2.7　コンクリートの配合

配合名	W/C (%)	s/a (%)	単位量(Kg/m^3)						混和剤			スランプ (cm)	空気量 (%)	コンクリートの密度 (g/cm^3)
			W	C	S		G		SP 剤	AE 減水剤	AE 剤			
					N	FNS	G1	G2	C×%					
N	47	45.5	165	350	810	-	390	584	-	0.514	0.002	10	5.0	2.38
FNS30(A1.2)		43			536	266	407	611	-	0.650		10	5.0	2.39
FNS50(B5)		46			409	470	386	579	-	0.450		9.0	5.5	2.44
FNS100(B5)		47			-	959	349	568	-	0.400		11	5.5	2.50

スランプ変形係数，スランプフロー変形係数ともに FNS30 で大きな値が得られている．この論文では、変形抵抗性が小さくなり，またスランプ変形係数およびスランプフロー変形係数が大きくなった原因として，FNS30 に用いたフェロニッケルスラグ細骨材が小さい骨材であることを挙げている．

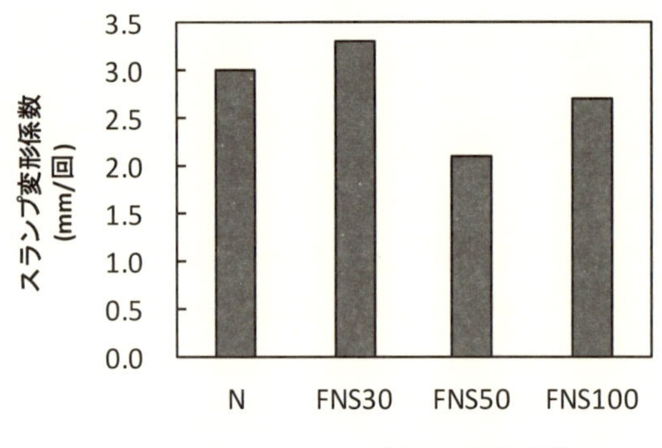

図 2.26　スランプ変形係数[139]

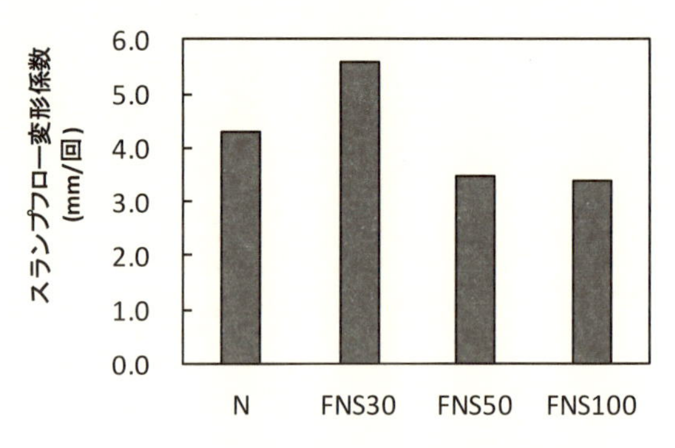

図 2.27　スランプフロー変形係数[139]

図 2.28 にスランプ変形係数およびスランプフロー変形係数の関係を示す．FNS30 以外は，混合率に関わらずスランプ変形係数とスランプフロー変形係数は，砕砂よりも小さい値が得られている．

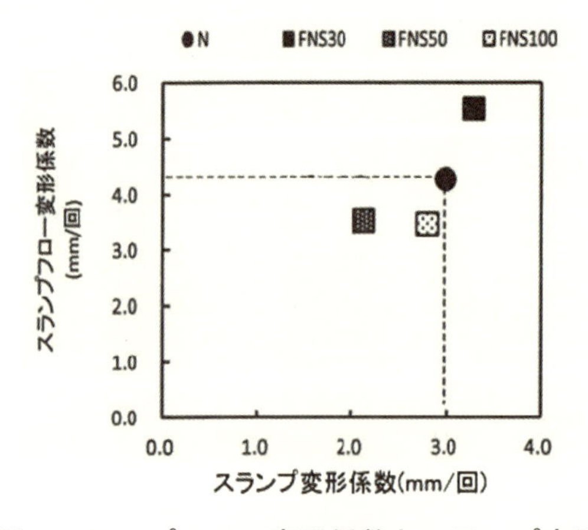

図 2.28　スランプフロー変形係数とスランプ変形係数[139]

図 2.29 に加振ボックス試験における間隙通過速度を，**図 2.30** に充塡高さ 190mm および 190mm〜300mm までの到達時間を示す．フェロニッケルスラグ細骨材コンクリートは FNS 混合率が大きくなるに従い，間隙通過速度は遅くなる傾向が得られている．また，砕砂のみを用いたコンクリートよりも間隙通過速度が速く，FNS 混合率が小さくなるに従い顕著になる．砕砂およびフェロニッケルスラグ細骨材を混合したコンクリートの 190mm までと 190mm〜300mm までの到達時間には大差がないことが示されている．

図 2.31 に間隙通過速度とスランプフロー変形係数の関係を，**図 2.32** に間隙通過速度とスランプ変形係数の関係を示す．間隙通過速度は，フェロニッケルスラグ細骨材コンクリートの混合率に関わらず大きくなる結果が得られている．

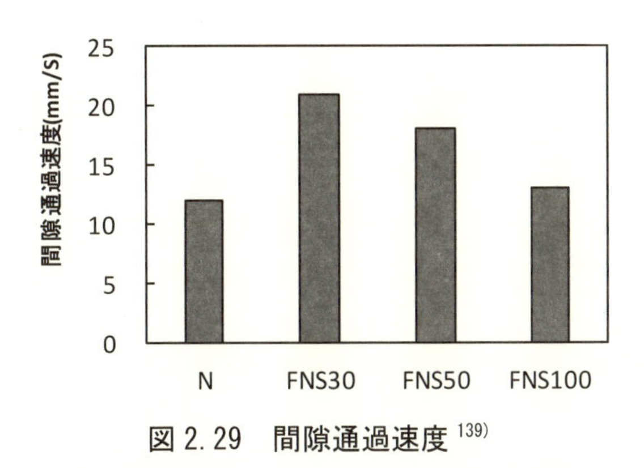

図 2.29　間隙通過速度 [139]

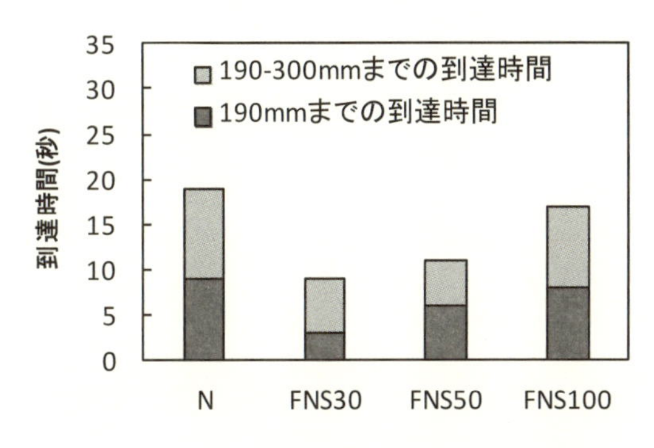

図 2.30　充塡高さ 190mm および 190-300mm までの到達時間 [139]

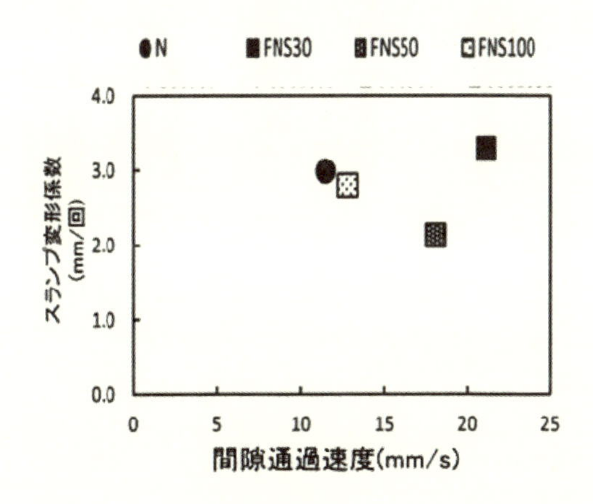

図 2.31　間隙過速度とスランプ変形係数の関係 [139]

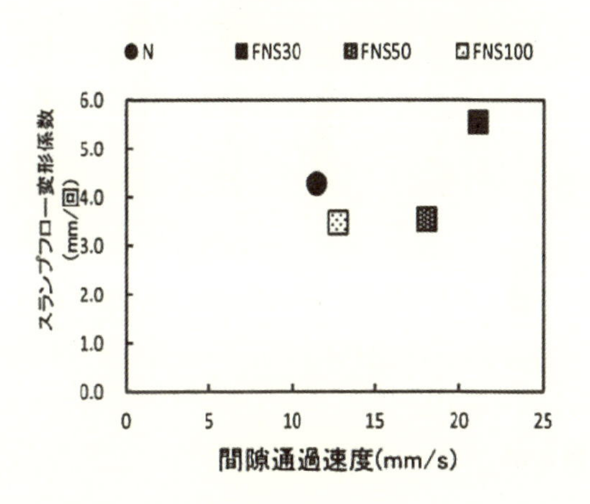

図 2.32　間隙通過速度とスランプフロー変形係数の関係 [139]

2.2.2　硬化コンクリートの性質

2.2.2.1　加熱養生コンクリートの強度

プレキャストコンクリートを対象として，加熱養生したコンクリートの物性について検討した結果をいかに示す [140]．この試験に使用したコンクリートの配合を**表 2.8** に示す．また，養生条件を**表 2.9** に示す．

表 2.8　コンクリートの配合

配合名	単位量　(kg/m³)										SL (cm)	Air (%)	Temp (℃)
	W/C (%)	s/a (%)	W	C	S	FNS	G5	G6	Ad (P×%)	AE (P×%)			
Base	45	40	160	356	721	-	434	654	1.10	0.006	10.5	4.7	22.0
F12 (A1.2)					505	249			1.70	0.010	10.5	5.8	22.5
F25 (D2.5)					505	247			0.90	0.007	11.5	5.1	21.5

表 2.9　養生条件

養生方法	養生温度	養生条件
水中養生	20℃	供試体作成後20℃の恒温室内に静置，材齢3日目で脱型し，20℃水中養生，強度試験材齢7日及び28日．
蒸気養生	50℃，60℃，70℃	温度変化パターンは，前置き3時間・昇温速度20℃/時間，最高温度保持時間4時間その後12時間で20℃まで昇温． 供試体作成後，蒸気養生槽内へ静置，蒸気養生後脱型，2時間程度水道水に浸漬． その後，ポリ袋にて封緘状態とし，材齢14日及び28日まで恒温恒湿内にて静置．
	90℃	温度変化パターンは，前置き3時間・昇温速度10℃/時間，最高温度保持時間8時間その後24時間で20℃まで降温． 供試体作成後，蒸気養生槽内へ静置，蒸気養生後脱型，2時間程度水道水に浸漬． その後，ポリ袋にて封緘状態とし，材齢14日及び28日まで恒温恒湿内にて静置．

図 2.33 と**図 2.34** に養生条件別の強度発現性を示す．F25(D2.5)を使用したコンクリートでは，最高温度60℃の蒸気養生で水中養生の場合と同程度の圧縮強度となる結果が得られている．また，F12(A1.2)を使用したコンクリートでは，最高温度50℃もしくは，90℃の蒸気養生で水中養生の圧縮強度に近い強度発現性が得られている．この論文[140]では，促進養生による強度発現性はフェロニッケルスラグ細骨材の種類により適切な温度上昇速度及び最高温度があることが示されている．

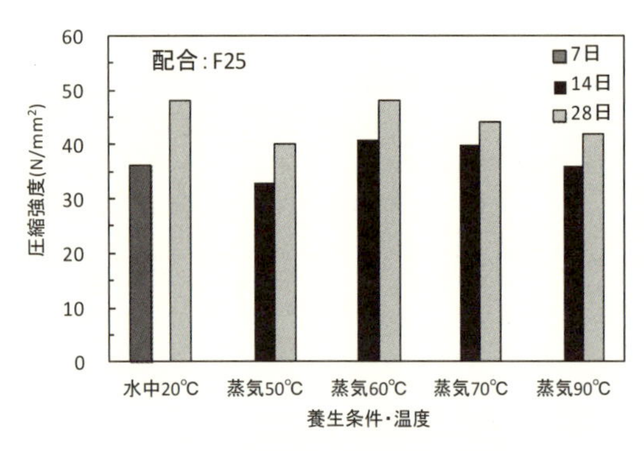

図 2.33　養生条件別の強度発現性(F25)[140]

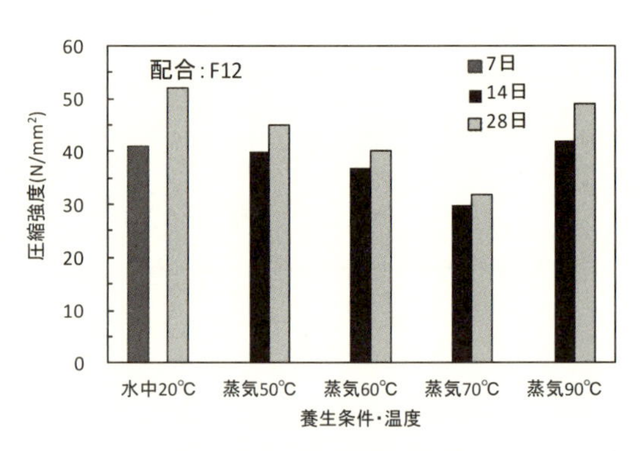

図 2.34　養生条件別の強度発現性(F12)[140]

2.2.2.2　圧縮強度

図 2.35 および**図 2.36** にセメント水比と圧縮強度の関係を示す．川砂の場合と同様に，フェロニッケルスラグ細骨材コンクリートにおいても，フェロニッケルスラグ細骨材の種類または混合率ごとにより直線的な関係となる．

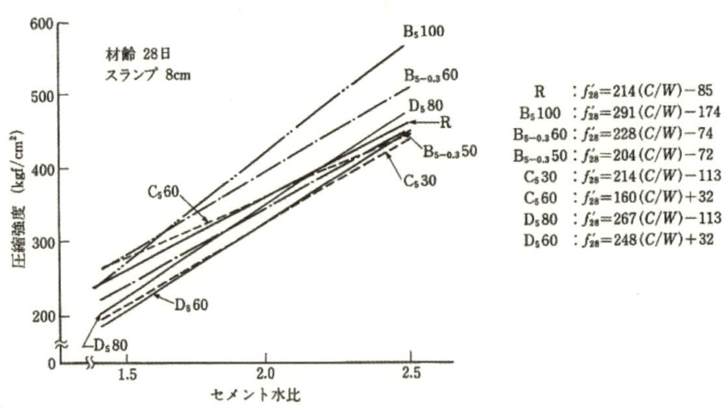

図 2.35　セメント水比と材齢 28 日の圧縮強度との関係[67]

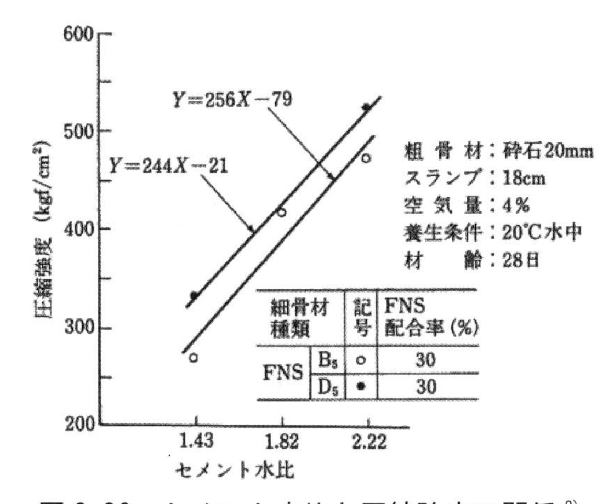

図 2.36　セメント水比と圧縮強度の関係[3)]

図 2.37 および図 2.38 に，フェロニッケルスラグ細骨材を単独で用いたコンクリートの材齢と圧縮強度の関係を示す．〔B〕骨材および〔C〕骨材は，材齢 13 週までは川砂の場合と同様の強度発現性状を示している．

図 2.39 は，川砂を用いたコンクリートの圧縮強度に対するフェロニッケルスラグ細骨材コンクリートの圧縮強度の比とフェロニッケルスラグ細骨材混合率との関係を示したものである．フェロニッケルスラグ細骨材コンクリートの圧縮強度は，一般的にはフェロニッケルスラグ細骨材混合率を高くすると上昇するものが多いが，〔C〕骨材の場合はフェロニッケルスラグ細骨材混合率が 60%程度までは川砂の場合と同等，それ以上では若干低下している．

図 2.40 は，山砂を用いたコンクリートとフェロニッケルスラグ細骨材混合率を変化させ用いたコンクリートの材齢 7 日，28 日および 91 日の圧縮強度を比較した結果である．フェロニッケルスラグ細骨材コンクリートは，山砂を用いたコンクリートより圧縮強度が大きくなっており，また，FNS 混合率が高いほど，圧縮強度が大きくなっている．

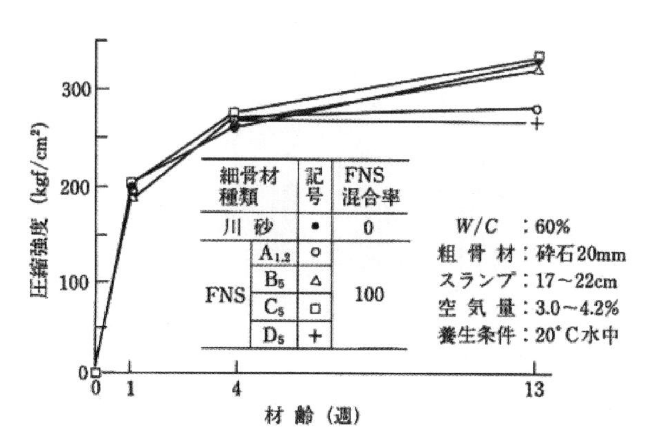

図 2.37　材齢と圧縮強度との関係[3)]

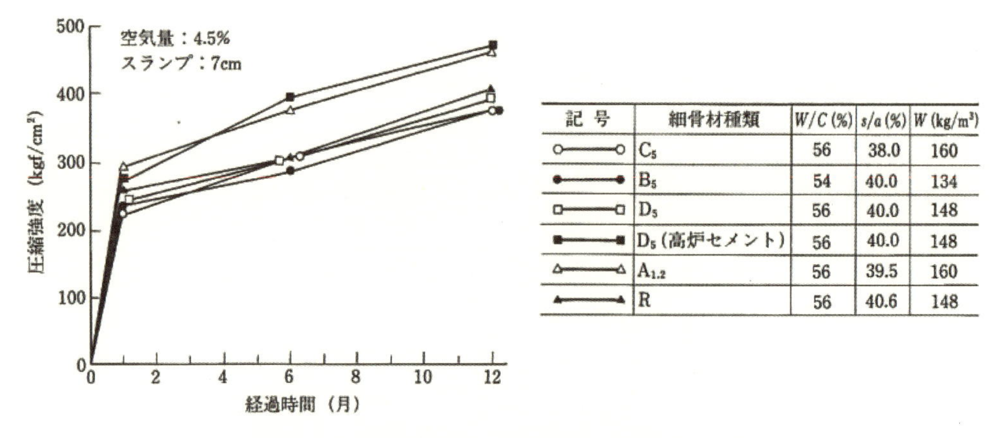

記号	細骨材種類	W/C (%)	s/a (%)	W (kg/m³)
○—○	C_5	56	38.0	160
●—●	B_5	54	40.0	134
□—□	D_5	56	40.0	148
■—■	D_5（高炉セメント）	56	40.0	148
△—△	$A_{1.2}$	56	39.5	160
▲—▲	R	56	40.6	148

図 2.38　暴露材齢と圧縮強度の関係 [38), 106)]

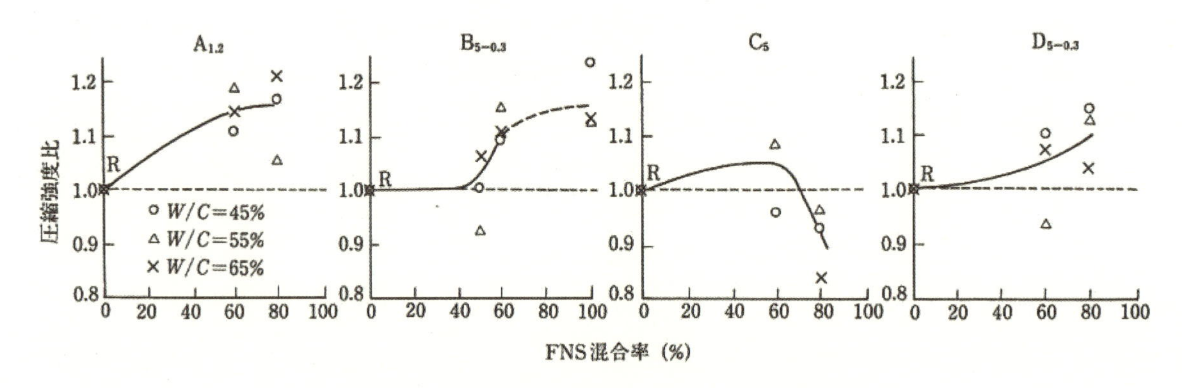

図 2.39　FNS 混合率と圧縮強度比との関係 [67)]

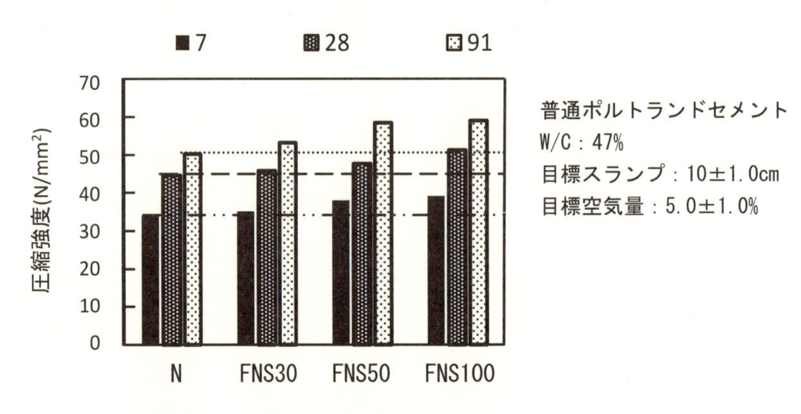

図 2.40　FNS 混合率と圧縮強度との関係 [139)]

また，コンクリートの圧縮強度に及ぼすフェロニッケルスラグ粗骨材の影響を図2.41 a)，b)に示す．これらの図より，コンクリートの圧縮強度は，FNG混合率と関係なく，ほぼ同程度である．

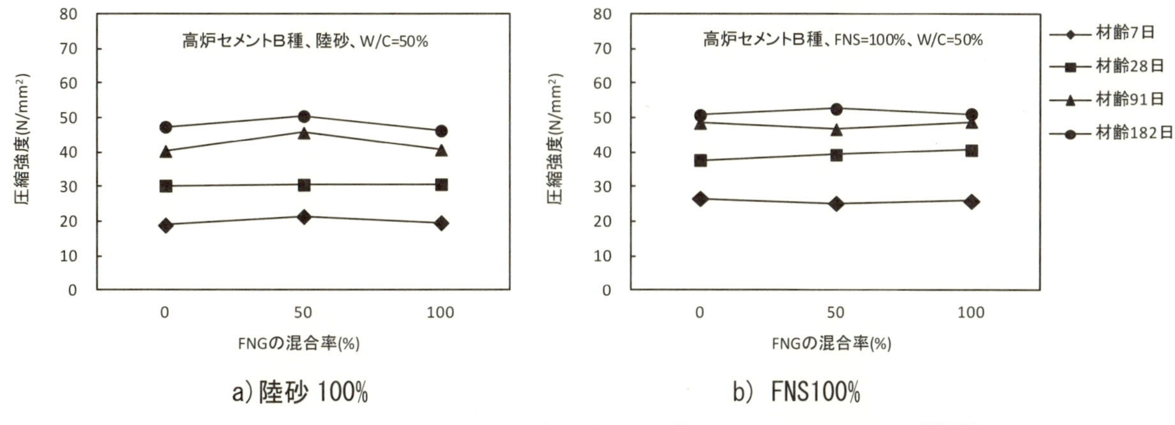

a) 陸砂 100%　　b) FNS100%

図 2. 41　コンクリートの圧縮強度に及ぼす FNG 混合率の影響 [132, 141]

2. 2. 2. 3　その他の強度

フェロニッケルスラグ細骨材コンクリートの引張強度は，図 2. 42 に示すように圧縮強度の 1/8~1/16 の範囲にあり，川砂を用いたコンクリートと同等である．

フェロニッケルスラグ細骨材コンクリートの曲げ強度は，図 2. 43 に示すように圧縮強度の 1/5~1/8 の範囲にあり，川砂を用いたコンクリートと同等である．

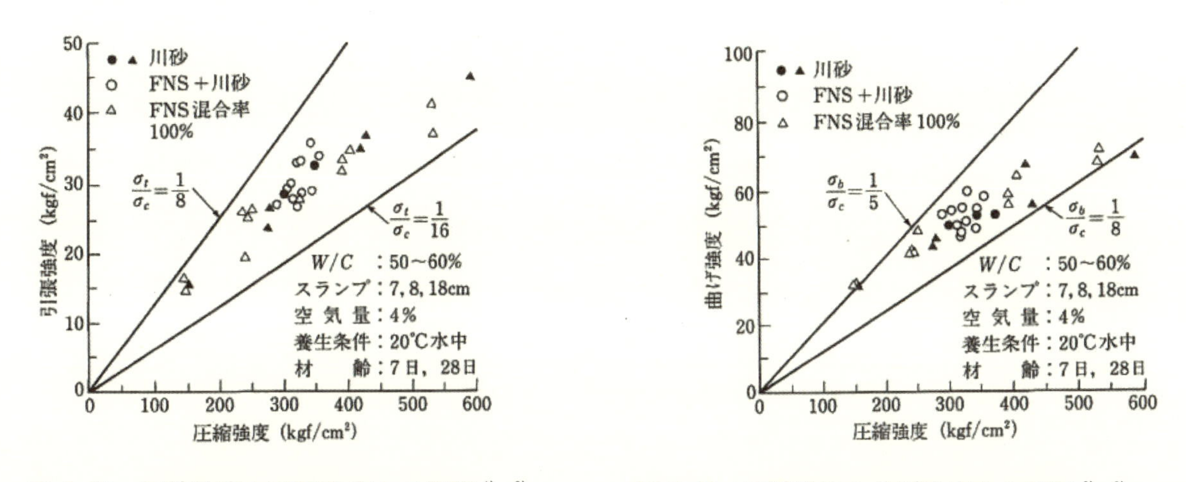

図 2. 42　圧縮強度と引張強度との関係 [1), 3)]　　図 2. 43　圧縮強度と曲げ強度との関係 [3), 3)]

フェロニッケルスラグ細骨材を用いた水セメント比 60%のコンクリートと鉄筋との付着強度は，図 2. 44 に示すように鉛直筋および水平筋のいずれも川砂を用いた骨材コンクリートとほぼ同等である．

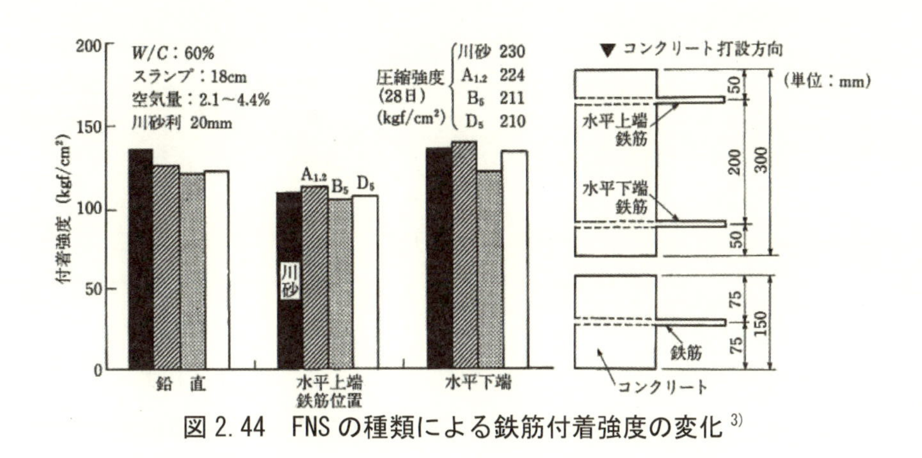

図 2. 44　FNS の種類による鉄筋付着強度の変化 [3)]

2.2.2.4　ヤング係数およびポアソン比

フェロニッケルスラグ細骨材コンクリートの圧縮強度とヤング係数との関係を**図 2.45** に示す．フェロニッケルスラグ細骨材コンクリートのヤング係数は，川砂を用いたコンクリートと同等か，やや大きくなっている．また，ポアソン比は**表 2.10** にみられるように，川砂を用いたコンクリートと同等である．

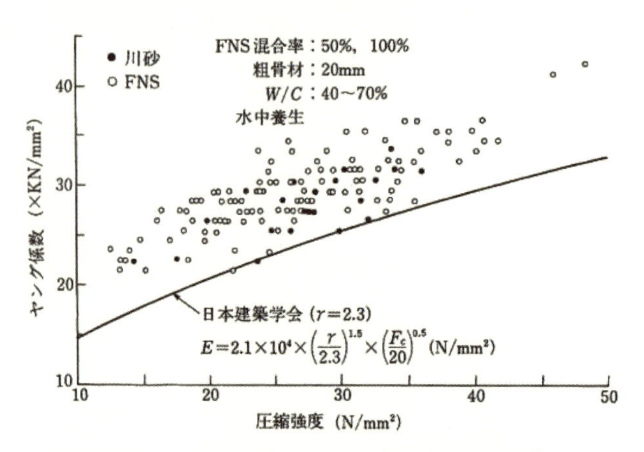

図 2.45　圧縮強度とヤング係数の関係 [3)]

表 2.10　FNS を用いたコンクリートのヤング係数およびポアソン比 [128)]

使用細骨材の銘柄・種類	水セメント比(%)	スランプ(cm)	圧縮強度(N/mm²)		ヤング係数(kN/mm²)		ポアソン比	
			材齢7日	材齢28日	材齢7日	材齢28日	材齢7日	材齢28日
R（大井川砂）	55	15.0	27.9	41.9	25.0	30.2	0.19	0.19
B_5	55	17.5	27.7	41.6	28.7	34.8	0.17	0.20
$D_{2.5}$	55	17.0	27.6	42.5	27.9	34.2	0.18	0.20

コンクリートのヤング係数に及ぼすフェロニッケルスラグ粗骨材の影響を**図 2.46 a)，b)** に示す．この図より，細骨材の種類を変えても，コンクリートのヤング係数は，フェロニッケルスラグ粗骨材の混合率と関係なく，ほぼ一定である．

コンクリートのヤング係数と圧縮強度の関係は，**図 2.47 a)，b)** に示すように，土木学会のコンクリート標準示方書の普通コンクリートの圧縮強度から計算したヤング係数の値に比べ，同等以上の測定値であった．

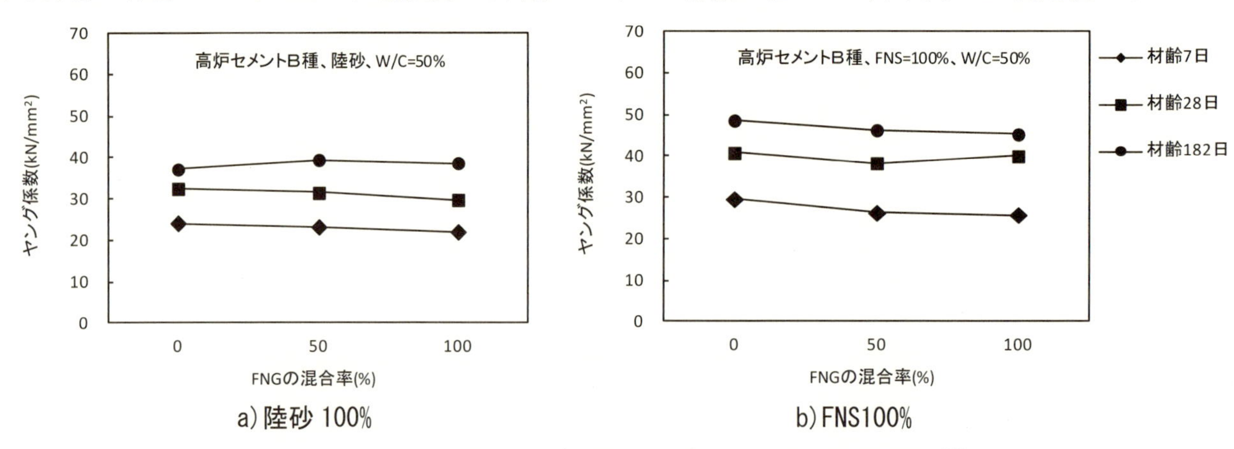

a) 陸砂 100%　　b) FNS100%

図 2.46　コンクリートのヤング係数に及ぼす FNG 混合率の影響 [141)]

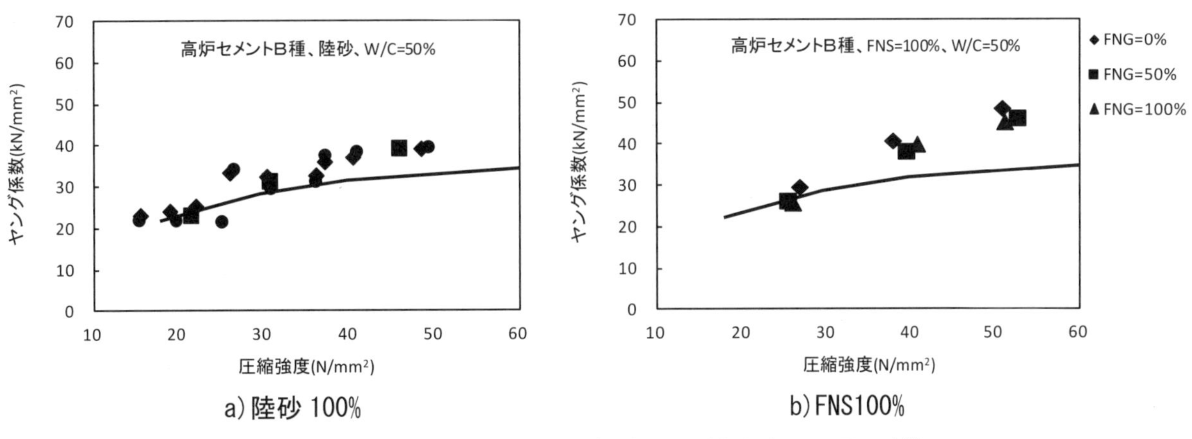

a) 陸砂 100%　b) FNS100%

図 2.47　コンクリートのヤング係数と圧縮強度との関係 [141)]

2.2.2.5　クリープ

図 2.48 にクリープ係数の経時変化を示す．フェロニッケルスラグ細骨材コンクリートのクリープ係数は川砂の場合と同等か，やや大きくなっている．これは，フェロニッケルスラグ細骨材を単独で用いた場合には，微粒分量が増加し，コンクリート中のペースト分が増加するためであると考えられる．

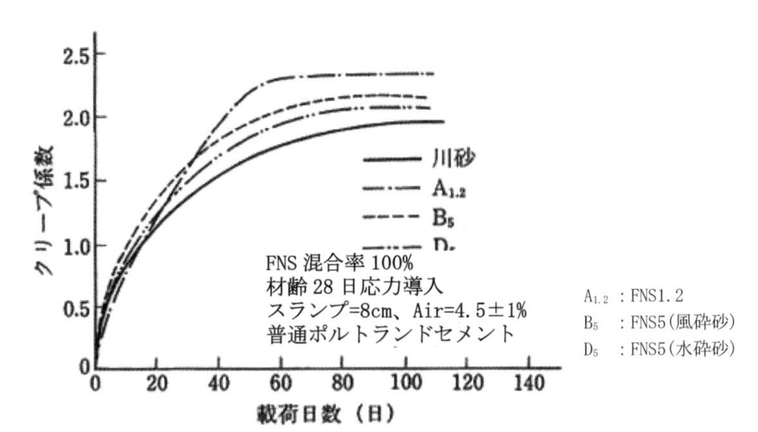

図 2.48　FNS コンクリートの材齢とクリープ係数との関係 [1)]

2.2.2.6　乾燥収縮

図 2.49，図 2.50 および図 2.51 に示すように，フェロニッケルスラグ細骨材混合砂(A1.2，B5)およびフェロニッケルスラグ粗骨材(E20-5)を用いたコンクリートの乾燥収縮量は，川砂或いは天然砕石および砕石を用いたコンクリートより小さくなる．

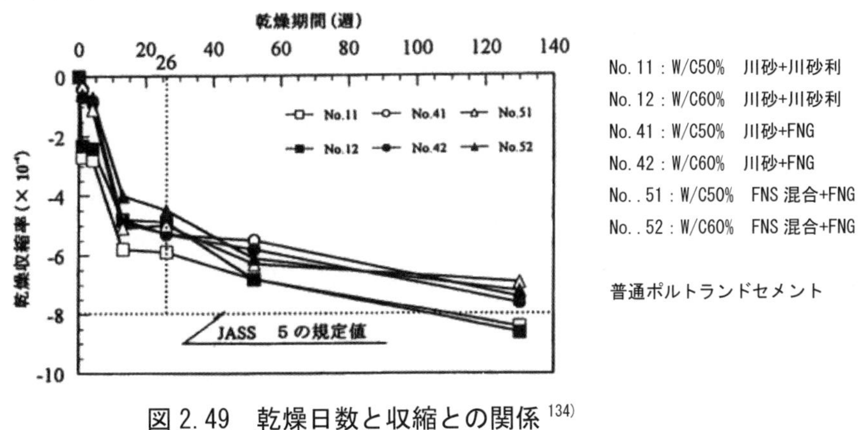

図 2.49　乾燥日数と収縮との関係 [134)]

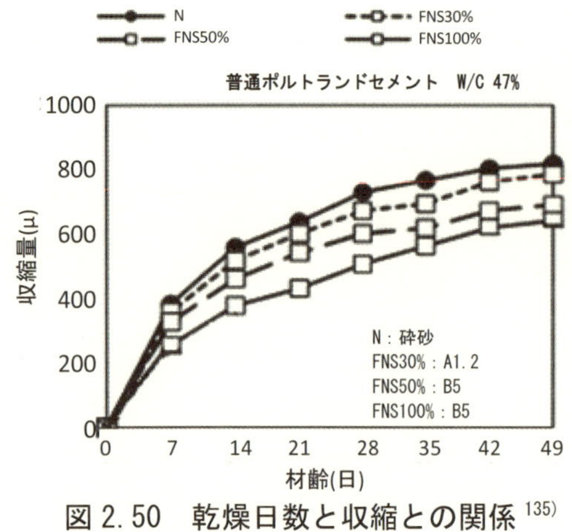

図 2.50　乾燥日数と収縮との関係[135]

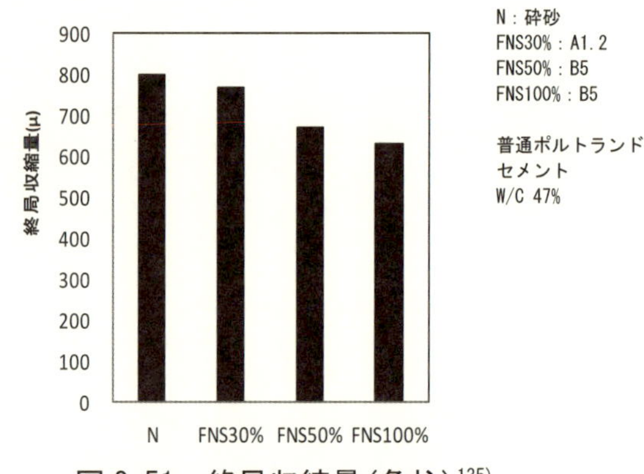

図 2.51　終局収縮量(角柱)[135]

コンクリートの乾燥収縮に及ぼすフェロニッケルスラグ粗骨材の影響を**図 2.52a)，b)**に示す．これらの図より，コンクリートの乾燥収縮は，フェロニッケルスラグ粗骨材の混入率の増加につれて小さくなる．フェロニッケルスラグ粗骨材の乾燥収縮減少効果は，フェロニッケルスラグ細骨材を併用する場合さらに大きくなる．

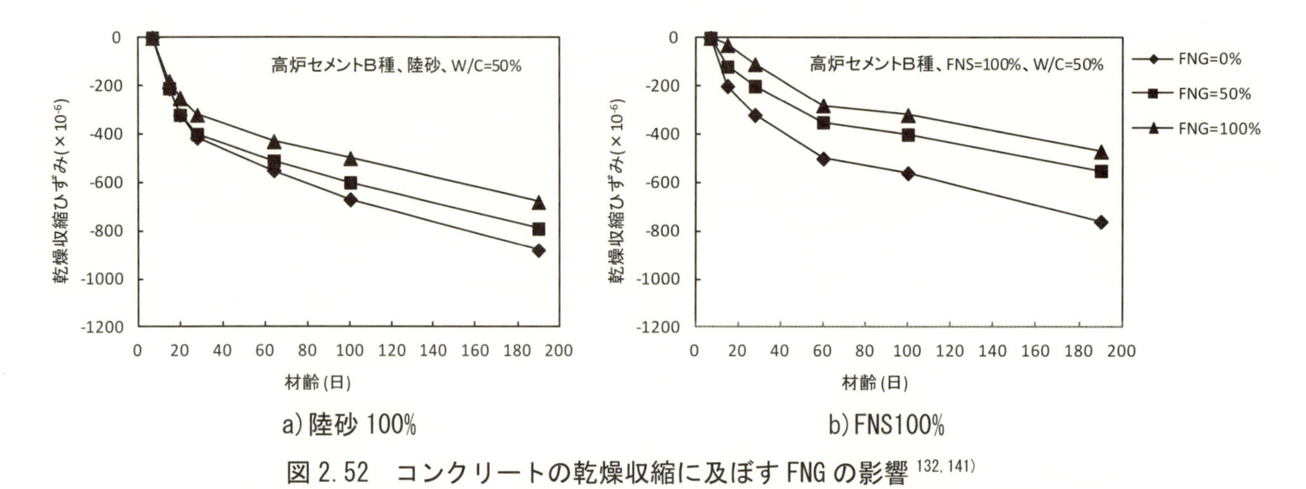

図 2.52　コンクリートの乾燥収縮に及ぼす FNG の影響[132, 141]

図 2.53 に示す外径 390mm，高さ 120mm，コンクリート部分の厚さ 45mm のリング供試体における，ひび割れの発生結果は，**表 2.11** に示すように，天然砕石を用いたコンクリートとほぼ同じであった．

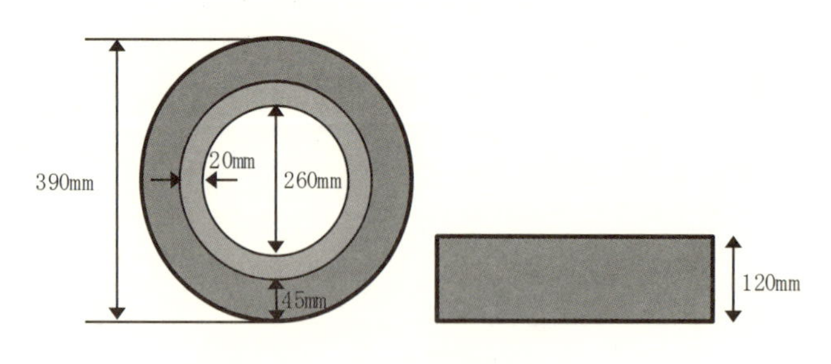

図 2.53　リング供試体[135]

表 2. 11　ひび割れ発生本数および発生日 [135]

ひび割れ	N	FNS30%	FNS50%	FNS100%
本数	1	1	2	1
発生日	8	9	9	9

普通ポルトランドセメント
W/C 47%

2. 2. 2. 7　熱特性

図 2. 54 に示すように，フェロニッケルスラグ細骨材の比熱は，川砂および硬質砂岩砕石と同等の値を示している．**表 2. 12** に示すように，フェロニッケルスラグ細骨材コンクリートの熱膨張係数(線膨張係数)は，10×10^{-6}/℃程度であり，一般的な砂または砕砂を用いたコンクリートと同等である．

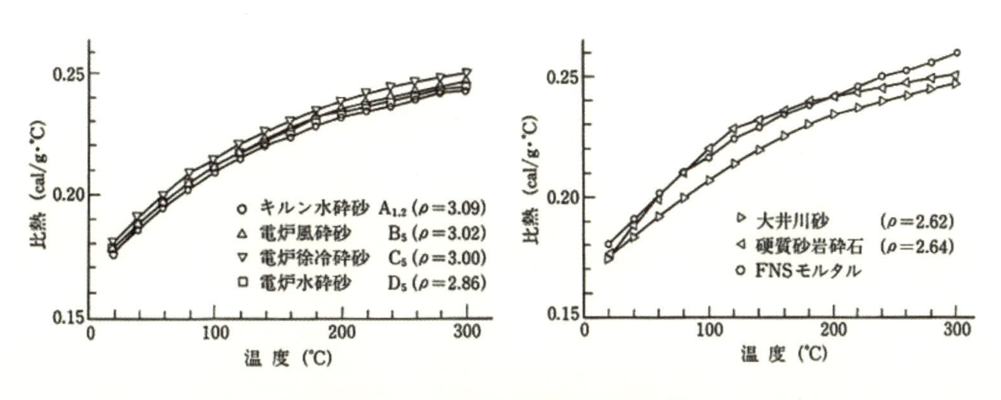

図 2. 54　温度と比熱との関係 [71]

表 2. 12　FNS コンクリートの熱膨張係数(線膨張係数) [71]

No	線膨張係数(×10^{-5}/℃)
1	10.3
2	8.9
3	11.0
平均	10.1

FNS 混合率 100%，粗骨材：輝緑石 2005
W/C：55%，C：309kg/m^3，B 骨材使用

表 2. 13 に示すように，フェロニッケルスラグ細骨材コンクリートの熱伝導率は，1.7W/m.K 程度の値を示し，一般のコンクリートとほぼ同等である．

表 2. 13　FNS 混合率 100%のコンクリートの熱伝導率 [71]

測定回数	平均温度 (θ)℃	温度差 (⊿θ)℃	熱伝導率 (λ) W/m.K{kcal/m.h.℃}
1	20.1	12.6	1.60{1.38}
2	49.9	12.2	1.64{1.41}
3	79.3	11.5	1.79{1.54}

FNS 混合率 100%，粗骨材：輝緑石 2005
W/C：55%，C：309kg/m^3，B_5 骨材使用

図 2.55 に示すようにフェロニッケルスラグ細骨材コンクリートの断熱温度上昇量は，川砂を用いたコンクリートよりも小さい．これは，フェロニッケルスラグ細骨材は比熱が川砂と同程度であるが，骨材の絶乾密度が大きいので，コンクリートの熱容量が大きくなることによると推察される．

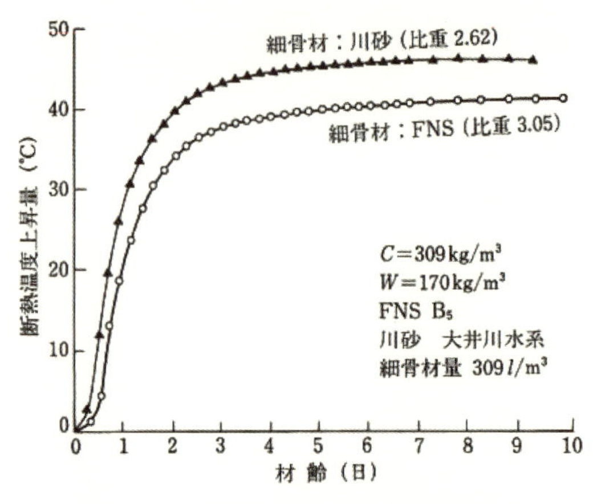

図 2.55　断熱温度上昇試験結果 [71)]

加熱繰返しによる圧縮強度およびヤング係数の変化を**図 2.56** および**図 2.57** に示す．フェロニッケルスラグ細骨材を用いたモルタルと川砂を用いたモルタルを比較すると，300℃の加熱サイクルを与えることにより，モルタルの圧縮強度およびヤング係数はいずれも低下するものの，フェロニッケルスラグ細骨材を用いたモルタルは川砂を用いたモルタルに比較して，圧縮強度およびヤング係数の低下の割合は小さい．

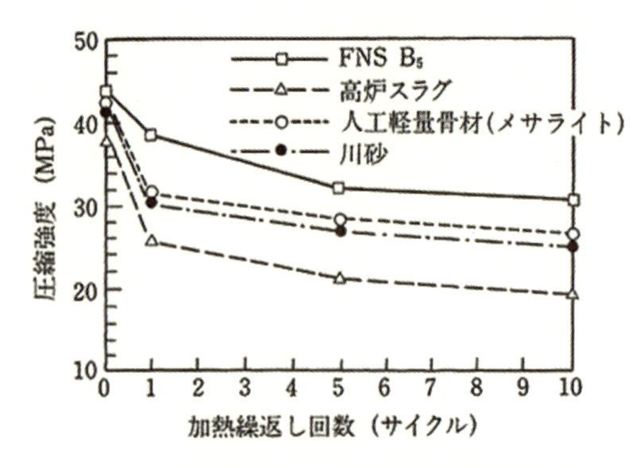

図 2.56　加熱繰返しによる圧縮強度の変化 [112)]

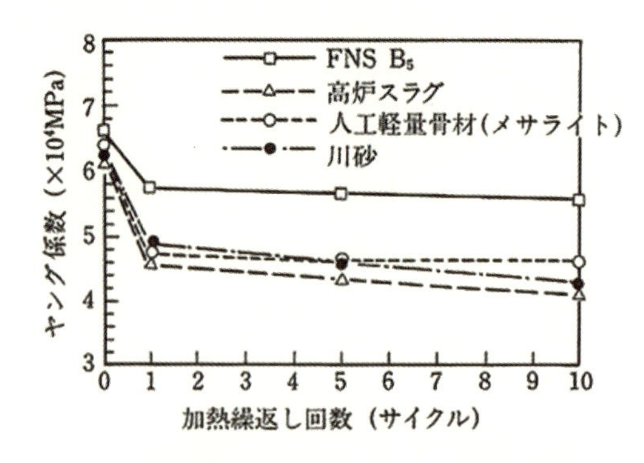

図 2.57　加熱繰返しによるヤング係数の変化 [112)]

2.2.3　コンクリートの耐久性

2.2.3.1　凍結融解抵抗性

図 2.58 に示すように，空気量が 3%の場合，フェロニッケルスラグ細骨材コンクリートの相対動弾性係数は急激に低下する場合があり，凍結融解抵抗性は劣る傾向がみられるが，W/C55%，空気量 5%では凍結融解 300 サイクルにおける相対動弾性係数の低下は少なく，十分な凍結融解抵抗性が確保できることが示されている．

フェロニッケルスラグ粗骨材を混合した場合の凍結融解抵抗性は，粗骨材にフェロニッケルスラグ粗骨材を 100%使用した場合，フェロニッケルスラグ細骨材が 0%の時は，**図 2.59** の様に凍結融解 300 サイクル後の相対動弾性係数は，約 90%以上を維持し，特に凍結融解抵抗性の問題はない．（また，フェロニッケルスラグ骨材が 100%の場合，凍結融解 233 サイクルで相対動弾性係数は 60%以下となり，凍結融解抵抗性のもんだい低下が確認された．）しかし，フェロニッケルスラグ細骨材 100%，フェロニッケルスラグ粗骨材 50%以下であれば，凍結融解 300 サイクル後の相対動弾性係数は約 80%以上であり，凍結融解抵抗性の問題はない．

これより，細骨材にフェロニッケルスラグ細骨材を 100%使用したコンクリートに凍結融解抵抗性が要求される場合，フェロニッケルスラグ粗骨材の混合率は，50%以下に制限する必要があると思われる．

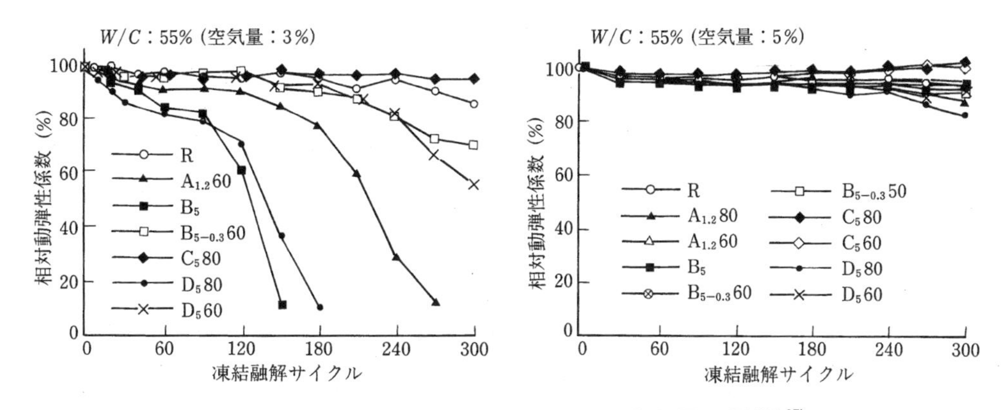

図 2. 58　凍結融解作用に対する空気量の影響 [67)]

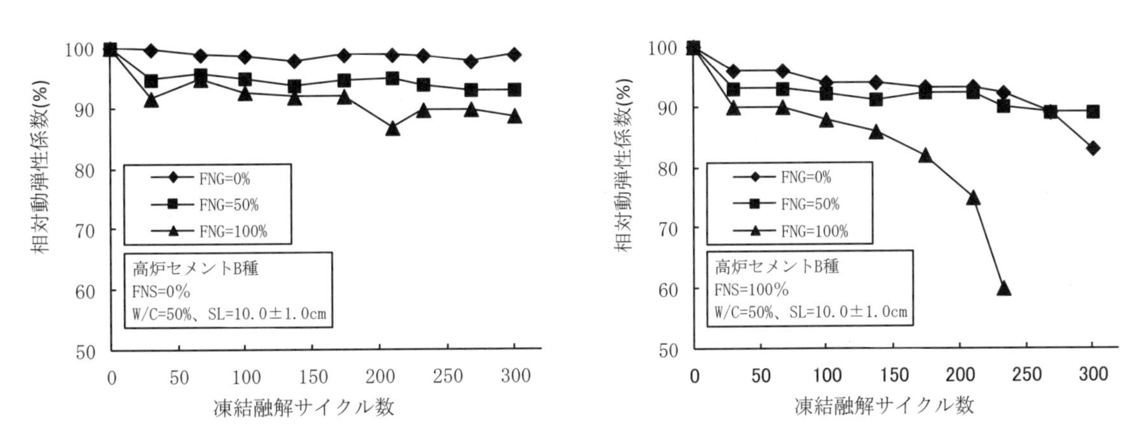

図 2. 59　コンクリートの凍結融解抵抗性に及ぼす FNS と FNG の影響 [132),141)]

図 2. 60 に示すように，フェロニッケルスラグ細骨材コンクリートの耐久性指数は，水セメント比が小さいほど，また空気量が多くなるほど，大きくなる傾向がみられる．しかし，水セメント比が 65%と高い場合にはブリーディングが大きくなり，空気量の増加によっても十分な凍結融解抵抗性を確保できない場合があるので，注意が必要である．

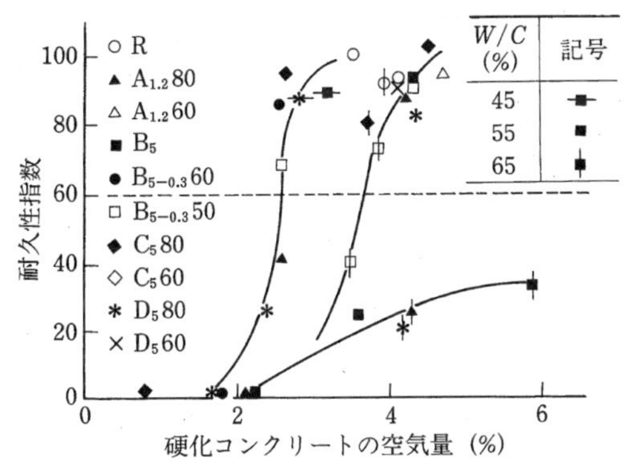

図 2. 60　硬化コンクリートの空気量と耐久性指数 [67)]

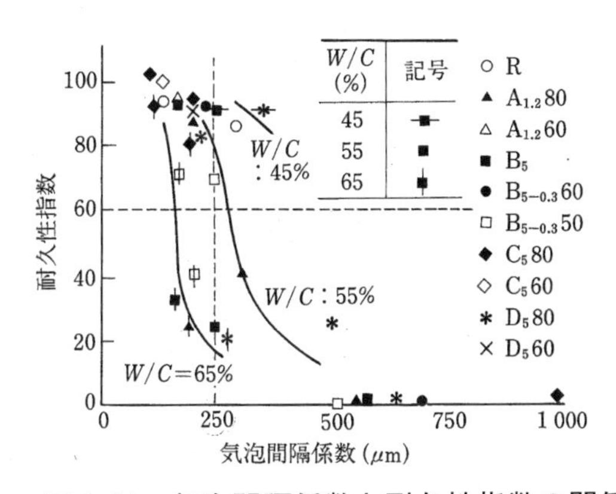

図 2. 61　気泡間隔係数と耐久性指数の関係 [67)]

図 2.61 および**図 2.62** に示すように，フェロニッケルスラグ細骨材コンクリートの耐久性指数は気泡間隔係数が大きくなると低下し，両者の関係は，川砂の場合と同様の傾向を示している．

図 2.63 に示すように，フェロニッケルスラグ細骨材コンクリートの耐久性指数は，ブリーディング量が増加すると低下する傾向がある．しかし，W/C が 55%で空気量が 5%の場合は，ブリーディング量が増加しても耐久性指数は高い値を維持している．

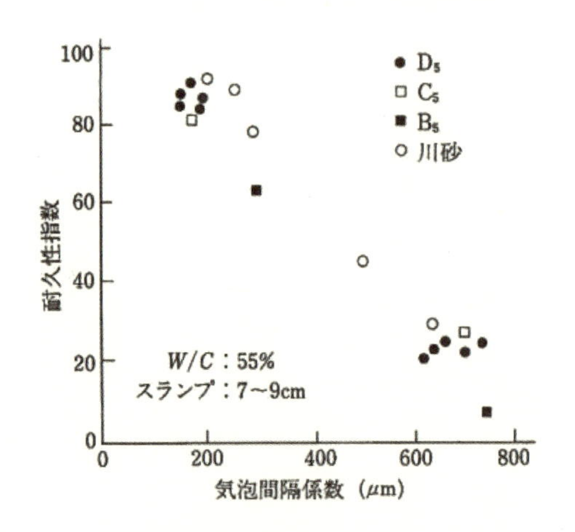

図 2.62　FNS 混合率 100%コンクリートの気泡間隔係数と耐久性指数の関係 [1)]

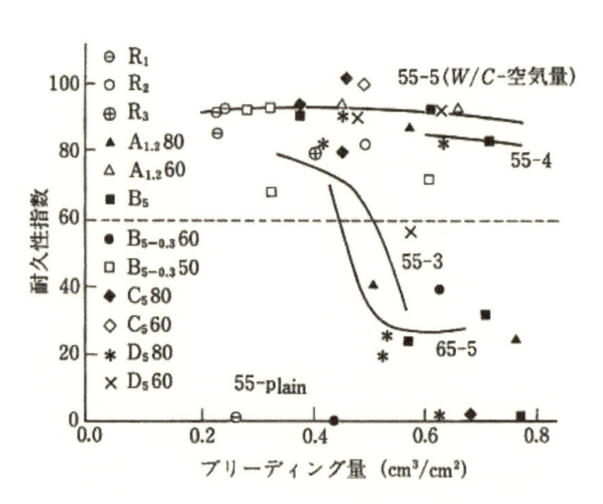

図 2.63　ブリーディング量と耐久性指数の関係 [67)]

2.2.3.2　中性化

促進中性化試験の結果を**図 2.64** に示す．フェロニッケルスラグ細骨材コンクリートの中性化速度は，フェロニッケルスラグ細骨材の種類による大きな差はなく，川砂を用いたコンクリートとほぼ同等である．

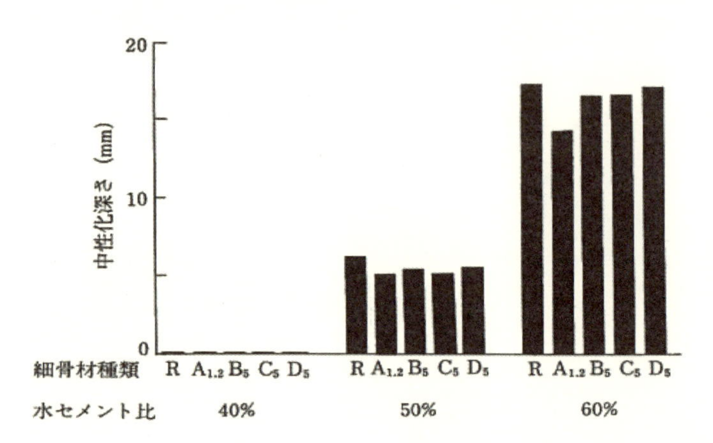

促進中性化　4ヵ月
養生条件　材齢7日 水中
　　　　　材齢28日 20℃ 80%RH
試験開始時間　材齢28日
FNS混合率　60%
促進条件　CO_2濃度 10%
　　　　　40℃ 60%RH
混和剤　高性能AE減水剤 3 種類
（結果は 3 種類の高性能AE減水剤を使用したコンクリートの平均値で示した）

図 2.64　促進中性化試験結果 [81)]

フェロニッケルスラグ細骨材およびフェロニッケルスラグ粗骨材を使用したコンクリートの促進中性化試験の結果を，**図 2.65** に示す．コンクリートの中性化深さは，細骨材の種類と関係なく，フェロニッケルスラグ粗骨材の混合率の増加につれて小さくなる傾向にある．

また，陸砂(フェロニッケルスラグ細骨材 0%)を用いたコンクリートに比べ，フェロニッケルスラグ細骨材を 100%使用したコンクリートの中性化深さが小さく，フェロニッケルスラグ細骨材の混合率が高いほど，中性化深さが小さくなる傾向がある．骨材にフェロニッケルスラグ粗骨材とフェロニッケルスラグ細骨材を 100%使用したコンクリートは，陸砂と硬質砂岩砕石を使用したコンクリートに比べ，促進試験 26 週の中性化深さが約3割減少した．

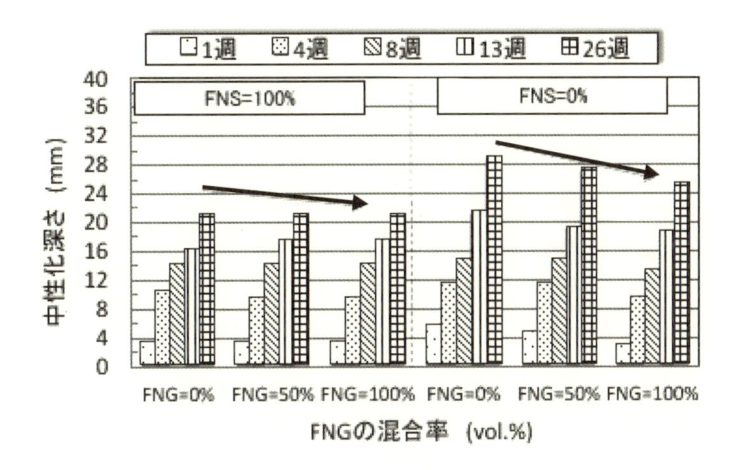

図2.65　コンクリートの中性化抵抗性に及ぼすFNGとFNSの影響[132)]

2.2.3.3　水密性

表 2.14 に示す配合のフェロニッケルスラグ細骨材コンクリートのインプット法による透水試験の結果を **図2.66** に示す．試験条件は，水圧 10kgf/cm²，加圧時間 48 時間である．フェロニッケルスラグ細骨材コンクリートの拡散係数は，川砂を用いたコンクリートの場合より小さい．

表2.14　透水試験に用いたコンクリートの配合[87)]

使用細骨材種類	s/a (%)	単位量(kg/m³)						
		C	W	FNS	川砂	G	混和剤＊	AE助剤＊＊
R	44	282	155	0	815	1,065	2.82	1.69
$A_{1.2}$	44	305	168	474	388	1,037	3.05	1.83
B_5	45	304	167	933	0	1,021	3.04	1.37
$B_{5\text{-}0.3}$	46	287	158	465	454	1,023	2.87	0.861
C_5	44	304	167	461	396	1,040	3.04	2.28
$D_{5\text{-}0.3}$	44	291	160	436	399	1,056	2.91	0

＊AE減水剤(原液)を使用．
＊＊100倍溶液を使用．

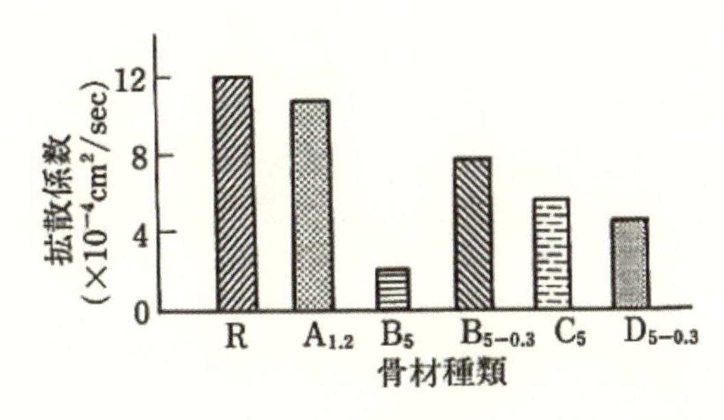

図2.66　コンクリートの透水試験における拡散係数[87)]

2.2.3.4　遮塩性

フェロニッケルスラグ細骨材を用いたモルタルの塩化物イオンの浸透深さを，**図2.67** に示す．フェロニッケルスラグ細骨材を用いたモルタルの塩化物イオンの浸透深さは，フェロニッケルスラグ細骨材の種類によって若干変動しているが，川砂を用いたモルタルとほぼ同様な値を示している．

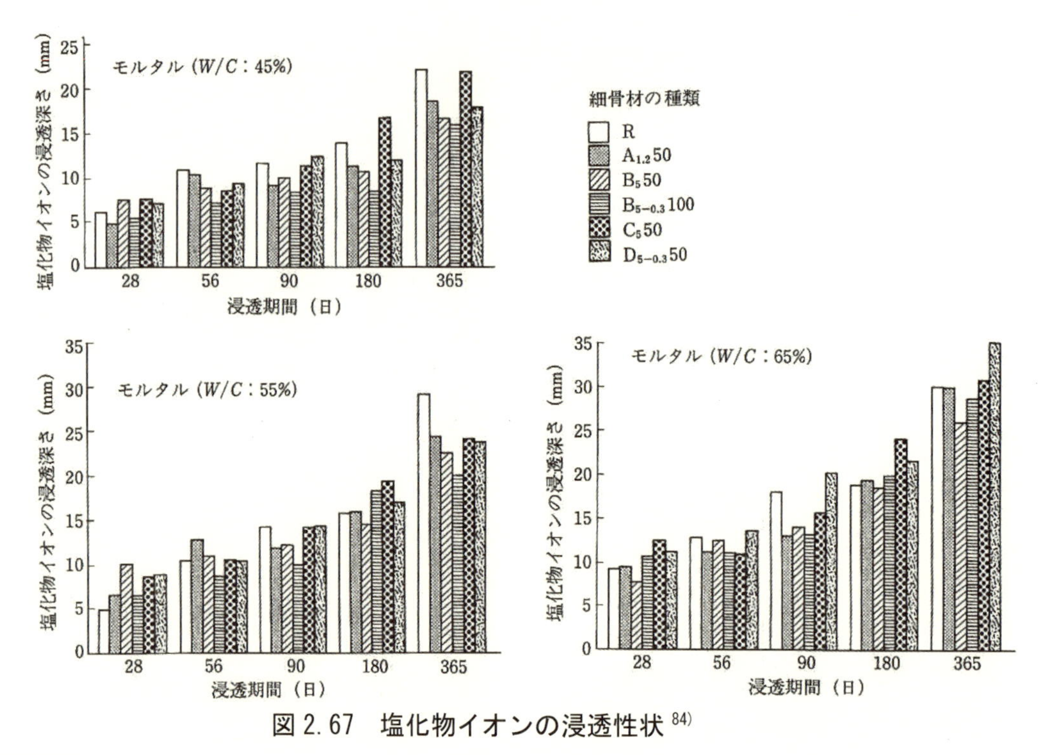

図 2.67　塩化物イオンの浸透性状 [84)]

2.2.3.5　耐摩耗性

フェロニッケルスラグ骨材を用いたコンクリートの耐摩耗性について，DW試験による試験結果を示す．試験に用いたDW試験装置はASTM C779で規格化されており，本試験装置もこれに準拠したものである．しかし，ASTMC779 による試験方法ではドレッシングホイールを3体 としているが，本試験装置では1体 のみであるため，試験体に加わる鉛直荷重が小さくなるという点が異なる．このため，ASTMC 779に準じた試験方法と比較してドレッシングホイールと試験体の摩擦が小さくなるため，摩耗損失量が減少することが推察される．

試験の方法は，試験体底面を試験面とし，試験体面上でドレッシングホイールを時計回りに 56rpm の速さで回転させ，30 分ごとに試験体の摩耗損失量(g)を測定した．試験時間については，ASTM C779 で規定される 30 分から 90 分に延長し，各種配合における摩耗損失量の相違を明確にすることを試みた．なお，試験時間 90 分でのドレッシングホイールの回転数は 5,040 回である．

この試験に使用したコンクリートの配合を**表 2.15** に示す．耐摩耗試験における摩耗損失量を**図 2.68** に示す．摩耗損失量では，90 分で N の普通骨材コンクリートが約 3g，FNS5.0-100%では，約 1.5g となった．フェロニッケルスラグ骨材の種類には関係なく，N と比較して摩耗量が約半分程度である．

表 2.15　コンクリート配合

配合	W/C(%)	s/a(%)	単位量(kg/m^3)							
			W	C	S	FNS		G		
						1.2	5.0	大	小	FNG
N	40	37	140	350	734	―	―	515	740	―
FNS1.2-30%	40	37	140	350	514	254	―	515	740	―
FNS0.5-50%	40	37	140	350	367	―	424	515	740	―
FNS5.0-100%	40	37	140	350	―	―	847	515	740	―
FNG-50%	40	37	140	350	734	―	―	257	385	728
FNG-100%	40	37	140	350	734	―	―	―	―	1456

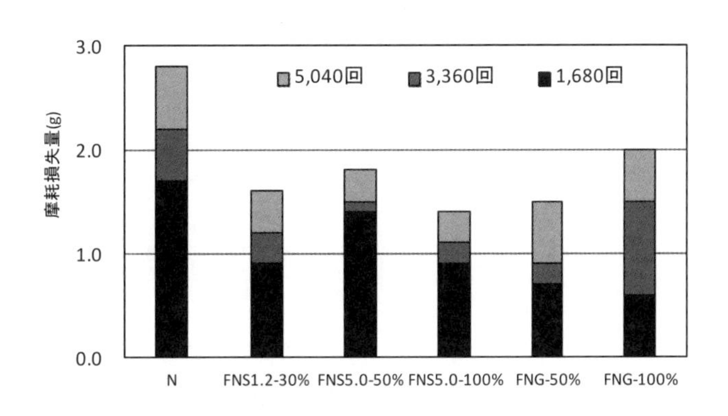

図 2.68　耐摩耗性試験結果

2.3　長期屋外暴露したコンクリートの品質変化

2.3.1　圧縮強度

フェロニッケルスラグ細骨材コンクリートの屋外暴露試験体の耐久性調査結果を**表 2.16** に，屋外暴露試験体から採取したコンクリートコアの圧縮強度試験の結果を**図 2.69** に示す．図中の材齢 28 日の強度は，暴露試験体と同時に作製し標準養生を行った円柱供試体の圧縮強度であり，材齢 13 日の試験体は蒸気養生後標準養生を行ったものである．その他の長期材齢における強度は，暴露試験体から採取したコンクリートコアの圧縮強度である．材齢 3〜13 年の長期暴露後のフェロニッケルスラグ細骨材コンクリートのコア強度は，材齢 14 日および 28 日の供試体強度より高い値を示し，長期強度発現性状は川砂および海砂を用いたコンクリートと同様な傾向を示している．

表 2.16 FNS を用いたコンクリートの耐久性試験結果

No	暴露場所	FNS種類[1)] 混合率	供試体の種類	試験開始年月	セメント種類[2)]	アルカリ量(%)	W/C (%)	スランプ (cm)	細骨材率 (%)	単位水量 (kg/m³)	圧縮強度(N/mm²) 材齢[I] 28日	コア試験[II] 材齢(日)	コア試験[II] 強度	[II]/[I]	暴露試験体目視試験 試験材齢(日)	暴露試験体目視試験 ひび割れ・染み・破損	備考
1	*	B・C-100	コンクリート床	1984.11	N	-	64	18	53.0	190	24.8	-	-	-	3 670	異常を認めず	*八戸製錬所倉庫
2	青森県・八戸港	A-100	消波ブロック5t型*	1988.1	N	0.67	56	8	39.0	154	32.7	-	-	-	2 495	異常を認めず	*コアは同時に作製した寸法1650×1150×450mmの暴露試験体から採取した。コア試験は圧縮強度、静弾性係数、超音波速度、中性化、塩分浸透等である。文献 52),55),106) 参照
3		B-100							42.0	132	24.0	-	-	-			
4		C-100							39.0	157	30.5	-	-	-			
5		D-100							43.0	148	26.8	-	-	-			
6		川砂	消波ブロック5t型*	1988.6	N	0.67	56	7	40.6	148	35.2	2 346	47.8	1.18	2 340		
7		A-100							39.5	160	35.5		51.9	1.46			
8		B-100					54		40.0	134	33.1		46.6	1.41			
9		C-100					56		38.0	160	29.4	640	35.8	1.22			
10		D-100							40.0	148	31.2	2 346	49.3	1.58			
11		D-100			BB	0.57					35.6	365	45.6	1.28			
12		B-100	テトラ32t型	1989.6	N	-	54	8	37.4	136	33.6	-	-	-	1 965	異常を認めず	文献 61) 参照
13	八戸市	A-60	壁体パネル *	1989.9	N	0.66	55	18	47.0	190	28.6	1 906	40.7	1.42	1 895		*ポンプ施工試料より作製、
14		B-100							46.5	182	30.8		40.6	1.32			
15		C-60								199	29.5		-	-			文献 39),106) 参照
16		D-60							48.8	177	29.6		35.6	1.24			
17	宮津市	A-60	大型ブロック	1983.2	N	-	60	14	42.0	171	30.6	1 730	32.2	1.05	4 310	異常を認めず	文献 55) 参照
18		川砂	RCコンクリート床版*	1992.4	N	0.61	55	18	46.0	177	32.4	91	35.1	1.08	917	異常を認めず	*生コンクリート運搬試験
19		A-27						8	44.4	153	37.6		43.2	1.15			文献 80) 参照
20		A-27						18	46.0	177	30.5		35.3	1.16			
21	宮崎県日向市	海砂	移動擁壁(RC)	1981.9	N	0.78	47	7	45.0	190	58.6[3)]	4 776	72.8	1.24	4 765	異常を認めず (一部パネルに微小ひび割れ発生)	文献 55),106) 参照.
22		D-100									55.2[3)]		56.8	1.03			
23		海砂	舗装コンクリート	1981.9	N	-	55	12	45.0	172	28.9	4 776	37.4	1.29			
24		D-100								197	28.6		33.4	1.17			
25		D-50	大型ブロック*	1992.3	N	0.58	55	18	45.8	180	32.0	91	36.0	1.13	940	異常を認めず	文献 80),106) 参照.
26		D-50						8	45.2	160	31.1	955	39.7	1.28			
27		D-50			BB	0.53			45.1		33.0	91	39.8	1.21			*生コンクリート運搬試験
28		海砂			N	0.58			40.3	156	32.0	955	41.4	1.29			試料にて作製

1) A:キルン水冷砂(FNS 1.2), B:電炉風砕砂 (FNS 5およびFNS 5-0.3), C:電炉徐冷砕砂 (FNS 5), D:電炉水砕砂 (FNS 5)

2) N:普通ポルトランドセメント ,BB:高炉セメントB種　アルカリ量＝Na_2Oeq.

3) 蒸気養生後の材齢14日の圧縮強度を示す

*備考参照

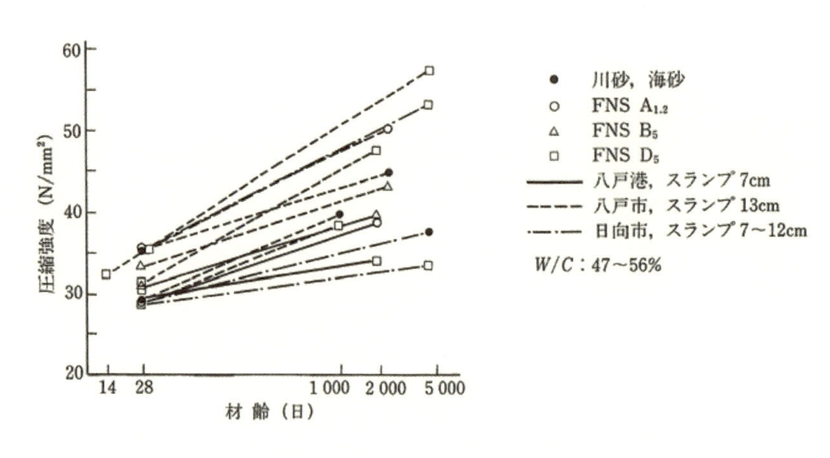

図 2.69 暴露供試体の長期材齢圧縮強度 [106)]

2.3.2　ヤング係数

長期暴露後の圧縮強度とヤング係数の関係を**図 2.70** に示す．フェロニッケルスラグ細骨材コンクリートは川砂または海砂を用いたコンクリートよりヤング係数がやや大きくなる傾向を示す．

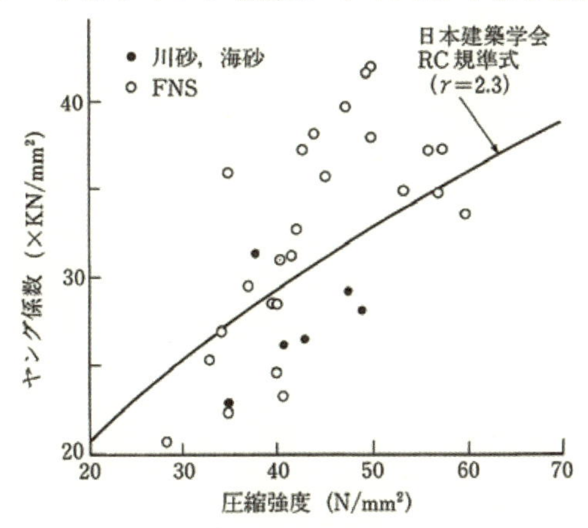

図 2.70　暴露供試体の圧縮強度とヤング係数の関係 [106)]

2.3.3　アルカリシリカ反応の潜在反応性

フェロニッケルスラグ細骨材コンクリートによる暴露供試体コンクリートの潜在反応性を調査するために，**表 2.16** に示すコンクリートコア試料による促進潜在膨張性試験(建設省土木研究所法による)を行った．**図 2.71** に膨張率の測定結果を示す．各種フェロニッケルスラグ細骨材コンクリートの膨張量は試験材齢 6 ヶ月で 0.02%～0.05%程度である．フェロニッケルスラグ細骨材コンクリートは，非反応性の対照砂を用いたコンクリートの挙動とほぼ同等であると判断される．

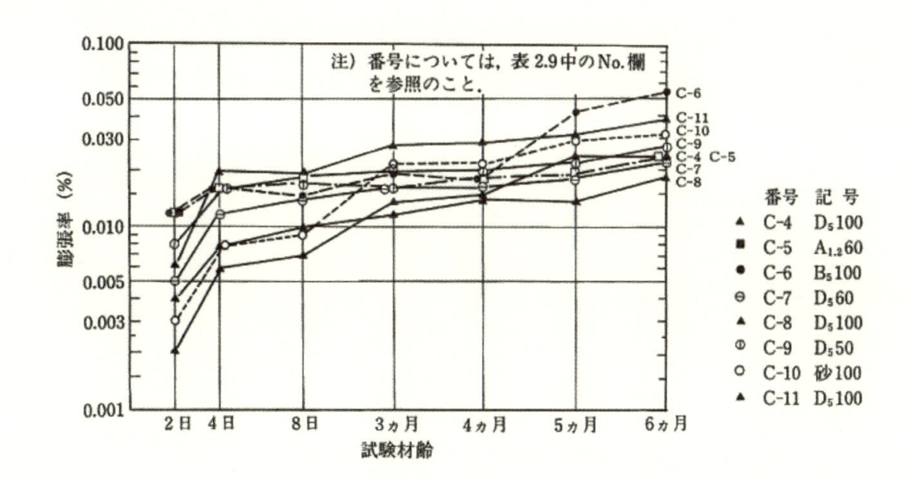

図 2.71　コンクリート試料の試験材齢と膨張量との関係 [106)]

2.4　フェロニッケルスラグ細骨材を用いた高流動コンクリート

2.4.1　概　要

フェロニッケルスラグ細骨材を用いた高流動コンクリートについての実験例を示す．ここでは，フェロニッケルスラグ細骨材を用いた高流動コンクリートについて，フレッシュおよび硬化後の物性の調査を行った．

コンクリートの使用材料を**表 2.17** に，配合を**表 2.18** に示す．混和材として石灰石微粉末を使用した．コンクリートの配合は，水セメント比を 55%とし，フェロニッケルスラグ細骨材の混合率を 0%，50%および

100%とした3種類を設定した．なお，フェロニッケルスラグ細骨材は粒形が丸みをおびている〔B〕骨材を用いたため，単位水量はフェロニッケルスラグ細骨材混合率が増すにつれて低減している．

表 2.17　使用材料 [119]

材料名	記号	種類・品質			
セメント	C	普通ポルトランドセメント	比重	3.16	比表面積 3220cm2/g
細骨材	S	川砂	比重 f.m.	2.65 2.57	吸水率 1.16%
	FNS	フェロニッケルスラグ	比重 f.m.	2.97 2.48	吸水率 1.37%
粗骨材	G	石灰石砕石	比重 f.m.	2.70 2.67	吸水率 0.49% 最大寸法 20mm
混和剤	L	石灰石微粉末	比重	2.72	比表面積 5700cm2/g
混和剤	SP	ポリカルボン酸系高性能 AE 減水剤			

表 2.18　高流動コンクリートの配合 [119]

	調合条件					単位量(kg/m³)					
	W/P (%)	W/C (%)	s/a (%)	C/L	SP (P×%)	水 W	セメント C	石灰石微粉末 L	細骨材 FNS	細骨材 S	粗骨材 G
FNS0%	29.5	55	55	1.15	1.15	165	300	260	0	880	740
FNS50%	29.5	55	55	1.15	1.15	160	291	252	548	489	664
FNS100%	29.5	55	55	1.15	1.15	155	282	282	1017	0	756

注)P=C+L

2.4.2　V型漏斗流下試験

表 2.15 の配合の高流動コンクリートについて，スランプフロー試験およびV型漏斗流下試験を行った．

図 2.72 に相対フロー面積とV型漏斗試験による相対流下速度の関係を示す．**図 2.72** は既往の文献「ロート試験を用いたフレッシュコンクリートの自己充填性評価，土木学会論文集№490/V-23，pp61-70，1994.5」で示された図に，本試験結果をプロットしたものである．図中では，高密度配筋充填試験による結果から，高流動コンクリートの充填性能をA～CおよびC未満の4ランクに区分されており，論文中ではCランクを自己充填性コンクリートとして最低レベルのものと判定している．

プロットした結果によると，フェロニッケルスラグ細骨材混合率を100%および50%とした高流動コンクリートは，Aランクの天然砂を用いた高流動コンクリートよりも充填性は劣る結果となった．これは水セメント比が55%の一定の値としたことから，単位水量の少ないフェロニッケルスラグ細骨材コンクリートにおいては，粉体量が天然砂単独使用時の560kg/m³に対して，フェロニッケルスラグ細骨材混合率100%の場合は527kg/m³と少ないことによると考えられる．

なお，相対フロー面積および相対流下速度は以下のように定義されている．

相対フロー面積=$(Sf/60)^2$

Sf：スランプフロー(cm)

相対流下速度=5/V

V：V型漏斗試験によるコンクリートの流下時間(s)

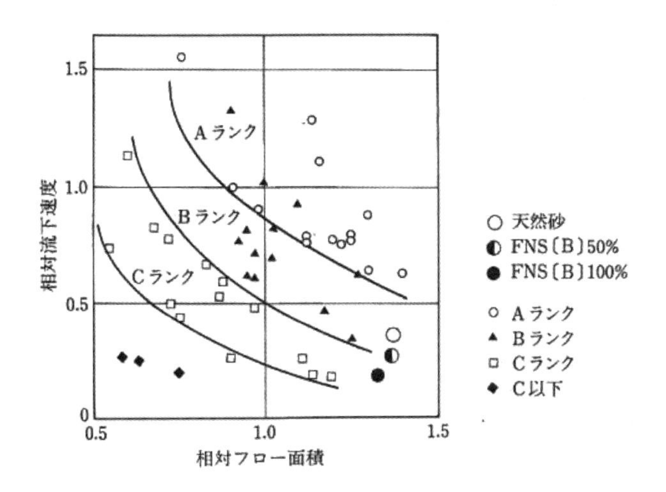

図 2.72　相対フロー面積と相対流下速度の関係[119)]

2.4.3　圧縮強度およびヤング係数

圧縮強度とヤング係数の試験結果を**図 2.73** および**図 2.74** に示す．圧縮強度は，フェロニッケルスラグ細骨材混合率の差による影響はほとんど認められない．しかし，ヤング係数はフェロニッケルスラグ細骨材混合率が大きくなるほど高くなる傾向を示している．

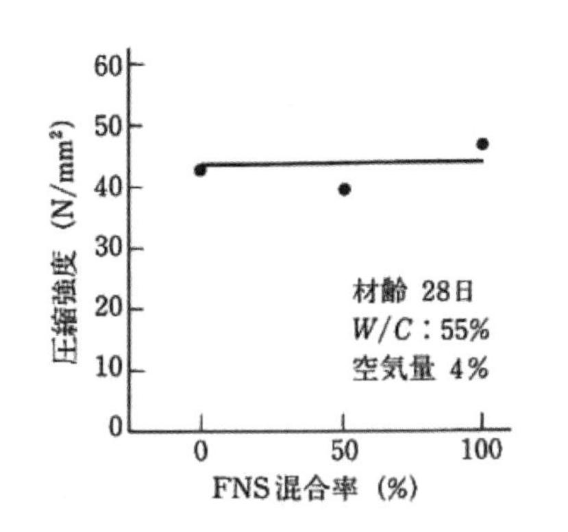

図 2.73　FNS 混合率と圧縮強度の関係[119)]

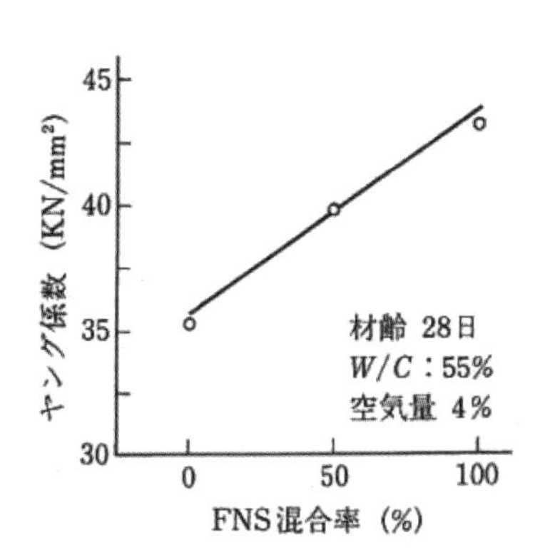

図 2.74　FNS 混合率とヤング係数の関係[119)]

2.4.4　凍結融解抵抗性

凍結融解試験の結果を**図 2.75** に示す．フェロニッケルスラグ細骨材を用いた高流動コンクリートは，空気量を 5%にすることにより，凍結融解繰返し 300 サイクルにおいても相対動弾性係数は 80%以上を維持し，川砂を用いたコンクリートの場合より高い値を示している．

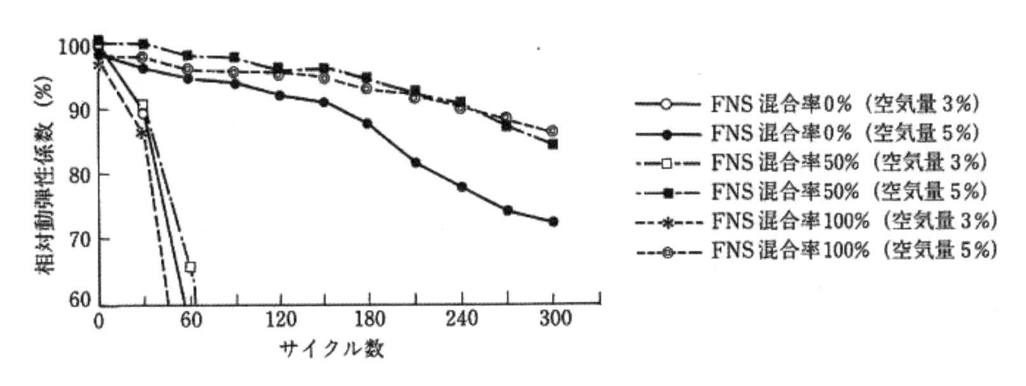

図 2.75　凍結融解試験結果[119)]

2.4.5　中性化

促進中性化試験の結果を**図 2.76** に示す．中性化の進行速度は，フェロニッケルスラグ細骨材混合率に関係なく川砂を用いたコンクリートと比較し，減少傾向にある．

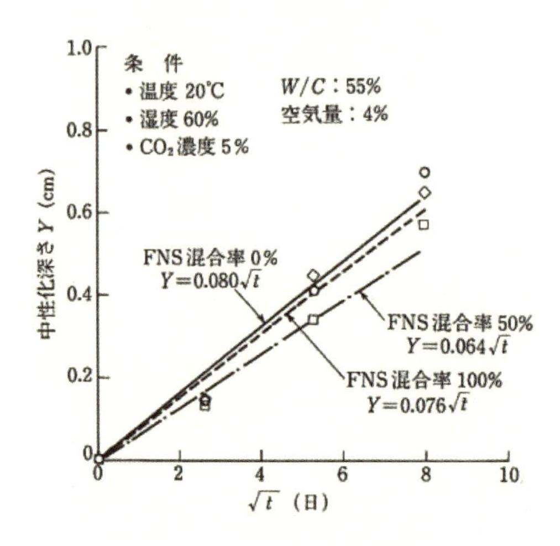

図 2.76　中性化試験結果 [119)]

2.4.6　その他試験結果

水の拡散係数，透気係数，91 日における中性化深さおよび 80 日における乾燥収縮量の結果を**表 2.19** に示す．拡散係数に関しては，混合率による傾向はみられないが，その他の試験結果においては，フェロニッケルスラグ細骨材を混合することで透気係数および中性化深さは減少傾向，乾燥収縮量は明らかな低下がみられた．

表 2.19　その他試験結果 [136)]

配合名	拡散係数 ($\times 10^{-4}$) (cm^2/sec)	透気係数 ($\times 10^{-12}$) (cm/sec)	91日 中性化深さ (mm)	80日 乾燥収縮量 ($\times 10^{-5}$)
FNS混合率0%	2.43	2.51	6.97	47
FNS混合率50%	3.38	2.45	5.72	41
FNS混合率100%	2.70	2.44	6.49	40

2.4.7　まとめ

フェロニッケルスラグ細骨材(B 骨材)を用いた高流動コンクリートについて，石灰石微粉末を混和材として用いることにより，自己充填コンクリートとしてのフレッシュ時の品質を確保できることが明らかになり，さらに，フェロニッケルスラグ細骨材を用いた高流動コンクリートの硬化後の物性も，普通細骨材を用いた高流動コンクリートと同等以上の性能を有していることが判明した．

以上から，高流動コンクリートをフェロニッケルスラグ細骨材に用いることが可能であることが示された．

2.5　フェロニッケルスラグ細骨材を用いた高強度コンクリート

2.5.1　概要

建築用高強度コンクリートにフェロニッケルスラグ細骨材を用いた場合の諸性質を把握する目的で各種試験を行った．高強度コンクリートの設計基準強度は36N/mm^2〜60N/mm^{2}の範囲を対象とし，水セメント比は45%，35%，25%の3水準とし，比較のために水セメント比55%の1調合についても試験を行った．**表2.20**に実験計画の一覧を，**表2.21**に実験に用いた各種細骨材の品質を示す．

表2.20　高強度コンクリートの実験計画[110)]

調合番	細骨材 種類	細骨材 FNS混合率 (%)	水セメント比 (%)	目標スランプ (cm)	使用混和剤	コンクリートの試験項目 圧縮強度	ヤング係数	乾燥収縮	クリープ	耐薬品性
1	B5	50	55	18	Ⅰ	○	○	×	×	×
2	A1.2	30	45	8	Ⅱ	○	○	○	○	○
3	B5	50								
4	D2.5	50								
5	S-4	0								
6	A1.2	30	45	18	Ⅱ	○	○	×	×	×
7	B5	50								
8	D2.5	50								
9	S-4	0								
10	A1.2	30	35	8	Ⅱ	○	○	×	×	×
11	B5	50								
12	D2.5	50								
13	S-4	0								
14	A1.2	30	35	21	Ⅱ	○	○	×	×	×
15	B5	50								
16	D2.5	50								
17	S-4	0								
18	A1.2	30	25	23	Ⅱ	○	○	×	×	×
19	B5	50								
20	D2.5	50								
21	S-4	0								
22	B5	100	35	8	Ⅱ	○	○	×	×	×
23	D2.5	100								
24	B5	100	35	21	Ⅱ	○	○	×	×	×
25	D2.5	100								
26	S-1	0	35	8	Ⅱ	○	○	×	×	×
27	S-2	0								
28	S-3	0								

1)　S-1〜4は天然の砂である．
2)　混和剤（Ⅰ）はAE減水剤、混和剤（Ⅱ）は高性能AE減水剤を示す．
3)　薬品は硫酸を使用．
※　○：実施、×：不実施

表 2.21 FNS 高強度コンクリート試験に用いた細骨材の品質 [110)]

粗骨材の種類		表乾密度(g/cm³)	吸水率(%)	単位容積質量(t/m³)	実積率(%)	粗粒率	粒度分布(mm) ふるい通過質量百分率(%)					
記号	種類						5	2.5	1.2	0.6	0.3	0.15
A	FNS1.2	3.17	0.30	1.82	57.4	1.98	100	100	95	63	32	12
	FNS1.2					1.90	100	100	96	64	36	14
B	FNS5	3.04	1	1.98	65.7	2.39	100	99	78	46	25	13
	FNS5					2.49	100	99	79	41	21	11
	FNS5-0.3	2.88	2	1.74	61.5	4.02	100	67	24	6	1	0
D	FNS2.5	2.98	1	-	-	2.43	100	100	91	38	19	10
D	FNS5-0.3	3.04	0	1.77	58.3	3.99	98	73	24	5	1	0
S-1	川砂(由良川)	2.60	2	1.68	66.2	2.87	99	83	64	44	18	5
S-2	陸砂(千葉県)	2.58	3.00	1.53	61.1	1.23	100	100	100	100	67	10
	陸砂(千葉県)	2.57	3	-	-	2.46	96	83	83	61	31	3
S-3	海砂(長浜)	2.64	2.50	1.58	61.3	1.70	100	98	98	85	45	8
S-4	川砂(大井川)	2.63	2	1.74	67.3	2.74	100	90	90	40	23	9
	川砂(大井川)	2.62	1.50	-	-	2.69	100	88	88	48	22	8

2.5.2 圧縮強度およびヤング係数

フェロニッケルスラグ細骨材コンクリートのセメント水比と圧縮強度の試験結果を**表 2.22** および**図 2.77** に示す．フェロニッケルスラグ細骨材コンクリートは高強度域でも圧縮強度とセメント水比は直線関係を示す．〔D〕骨材を用いたコンクリートは川砂を用いたコンクリートより強度は若干低くなっているが，〔A〕骨材および〔B〕骨材では，川砂を用いた場合と同等か若干高い強度を示している．

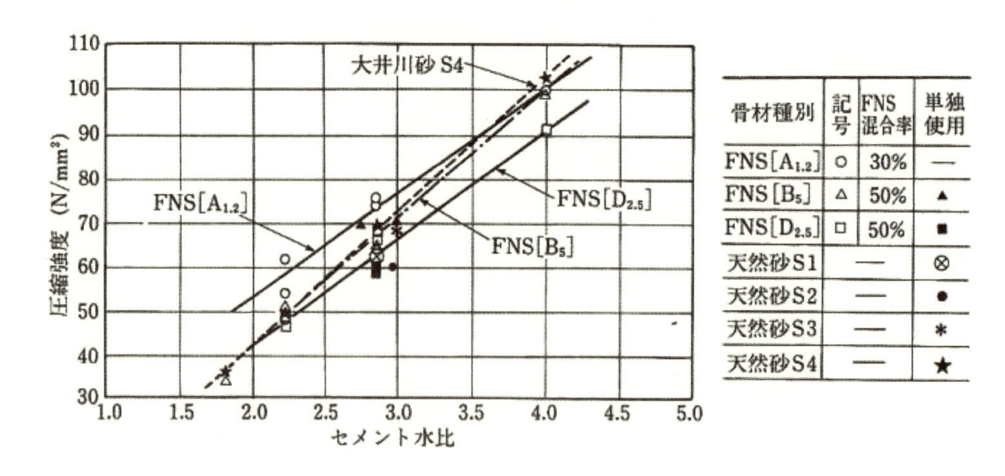

図 2.77 セメント水比と圧縮強度(28 日)との関係 [110)]

表 2.22　セメント水比と圧縮強度の関係式[110)]

材齢	コンクリート調合種別	C/W=圧縮強度関係式
7日	FNS混合骨材　[A1.2]	FCA=-0.5+19.3C/W　(n=5, r=0.994)
	[B5]	FCB=-18.7+24.4C/W　(n=8, r=0.971)
	[D2.5]	FCD=-2.7+18.4C/W　(n=7, r=0.991)
	FNS混合全体	FC(ABD)=-9.4+21.3C/W　(n=20, r=0.962)
	大井川砂	FC(川砂)=-10.5+21.7C/W　(n=6, r=0.994)
28日	FNS混合骨材　[A1.2]	FCA=6.3+23.6C/W　(n=5, r=0.985)
	[B5]	FCB=-16.1+29.0C/W　(n=8, r=0.990)
	[D2.5]	FCD=-6.9+24.6C/W　(n=7, r=0.975)
	FNS混合全体	FC(ABD)=-7.8+26.2C/W　(n=20, r=0.952)
	大井川砂	FC(川砂)=-18.3+30.4C/W　(n=6, r=0.999)
91日	FNS混合骨材　[A1.2]	FCA=5.3+26.3C/W　(n=5, r=0.983)
	[B5]	FCB=-20.8+33.0C/W　(n=8, r=0.996)
	[D2.5]	FCD=-10.1+27.9C/W　(n=7, r=0.993)
	FNS混合全体	FC(ABD)=-10.9+29.6C/W　(n=20, r=0.962)
	大井川砂	FC(川砂)=-21.2+34.1C/W　(n=6, r=0.997)

単位:N/mm²、n:試料数、r:試料相関係数

圧縮強度とヤング係数の関係を図 2.78 に示す．ヤング係数は，フェロニッケルスラグ細骨材を単独で用いた場合には川砂を用いた場合より大きくなる傾向があるが，フェロニッケルスラグ細骨材を混合して用いたコンクリートのヤング係数は川砂を用いたコンクリートとほぼ同等な値を示している．

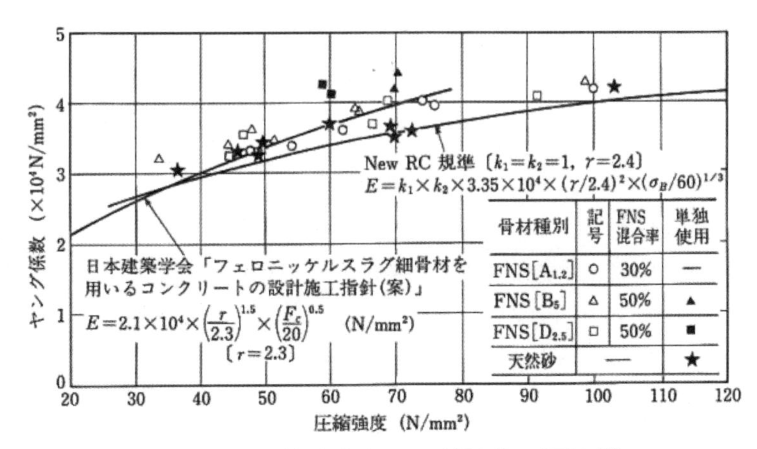

図 2.78　圧縮強度とヤング係数の関係[110)]

2.5.3　クリープ

水セメント比 45%のコンクリートのクリープ試験結果を，図 2.79 および図 2.80 に示す．〔A〕骨材および〔B〕骨材を用いたコンクリートのクリープ係数および単位クリープひずみは，川砂を用いたコンクリートの場合と同等か若干小さくなっている．しかし〔D〕骨材を用いたコンクリートは川砂を用いたコンクリートの場合よりクリープ係数および単位クリープひずみは若干大きくなっている．

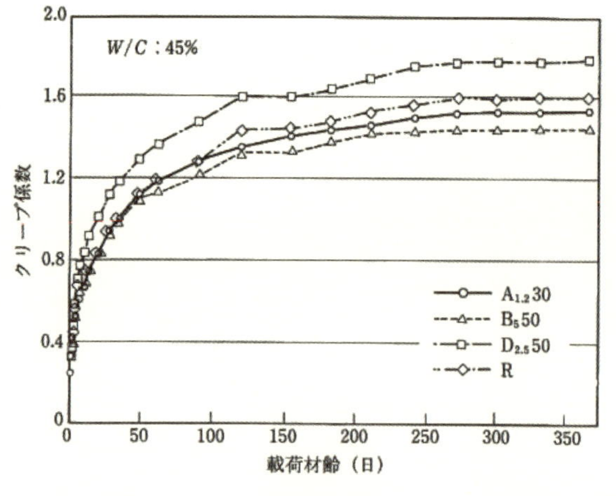

図 2.79　クリープ試験結果（クリープ係数）[110)]

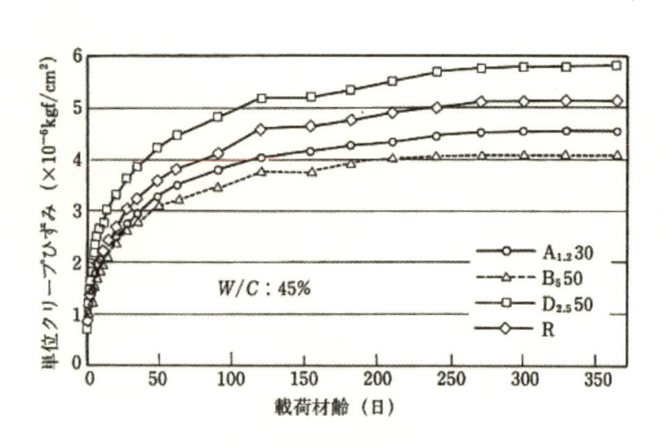

図 2.80　クリープ試験結果
（単位クリープひずみ）[110)]

2.5.4　乾燥収縮

水セメント比 45%のフェロニッケルスラグ細骨材コンクリートの長さ変化試験結果を，**図 2.81** に示す．フェロニッケルスラグ細骨材コンクリートと川砂を用いたコンクリートの乾燥収縮には大きな差異はみられない．

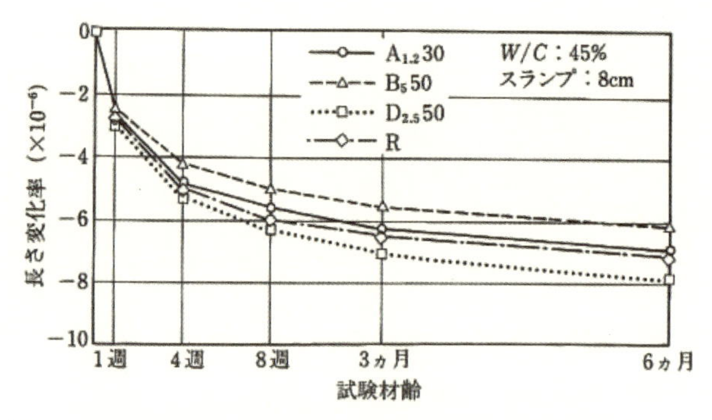

図 2.81　試験材齢と長さ変化率の関係[110)]

2.5.5　耐薬品性

濃度 5%の硫酸溶液に水セメント比 45%の供試体を浸漬し，質量を測定した．質量変化率の経時変化を**図 2.82** に示す．フェロニッケルスラグ細骨材コンクリートと川砂を用いたコンクリートの質量減少率には大きな差異はみられない．

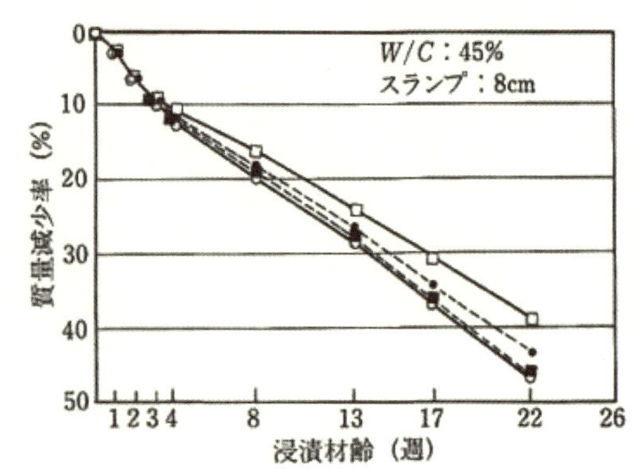

調合*番号	細骨材種類	FNS混合率(%)	記号
2	FNS[A1.2]	30	○
3	FNS[B5]	50	●
4	FNS[D2.5]	50	□
5	大井川砂	0	■

＊表 2.12 に同じ

図 2.82　質量減少率（希硫酸浸漬試験）[110)]

2.5.6 まとめ

フェロニッケルスラグ細骨材を用いた高強度コンクリートの圧縮強度特性および耐久性は，川砂の場合と同等の性能を有しており，高強度コンクリートにフェロニッケルスラグ細骨材を適用できることが判明した．

また，フェロニッケルスラグ細骨材を使用した 200N/mm^2 級超高強度コンクリートの研究も進められており，**図 2.83** に細骨材の種類が高強度モルタルの圧縮強度に及ぼす影響の結果を示す．天然砕砂を使用した超高強度モルタルより，圧縮強度が高くなる結果となっている．

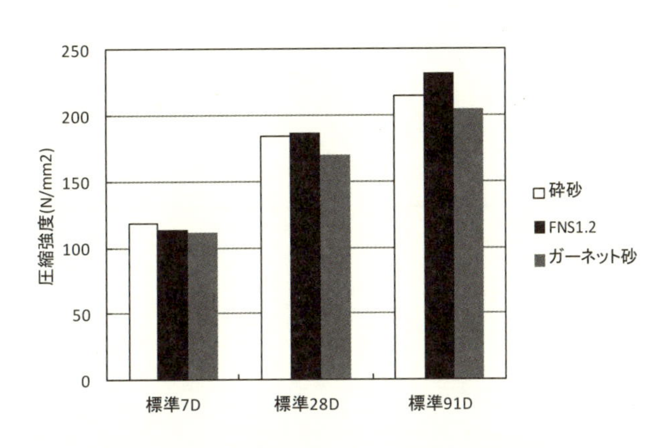

図 2.83　高強度モルタルの圧縮強度

2.6 フェロニッケルスラグ細骨材を用いた軽量コンクリート

フェロニッケルスラグ細骨材を軽量コンクリートに用いた場合のフレッシュ時および硬化後の物性について試験を行った(引張強度，ヤング係数および鉄筋との付着強度については，**付録Ⅰ.4.** を参照)．コンクリートの使用材料を**表 2.23** に，配合を**表 2.24** に示す．軽量骨材には，構造用軽量コンクリート骨材 MA419(メサライト社製)を使用した．フェロニッケルスラグ細骨材混合率は 30%とした．

コンクリートの調合は，水セメント比を 55%とし，目標スランプを 21cm としている．

軽量コンクリートの諸性質は**表 2.25** に示す通りである．フェロニッケルスラグ細骨材混合率が 30%であることから，フェロニッケルスラグ細骨材を用いた軽量コンクリートのフレッシュコンクリートの単位容積質量は，川砂を用いた軽量コンクリートの単位容積質量と大きな違いはないといえる．硬化後の測定においても同様の結果である．またテストピースの上，中，下の各部分の単位容積質量に関しては大きな差がみられないことから，川砂に比べて絶乾密度が 0.44kg/cm^3 大きなフェロニッケルスラグ細骨材を 30%置換しても材料の均質性には問題ないことがわかる．

材齢 28 日の圧縮強度試験の結果から判断して，川砂の 30%をフェロニッケルスラグ細骨材で置換した軽量コンクリートの圧縮強度は，川砂のみを用いた軽量コンクリートの圧縮強度と同等と考えられる．

表 2.26 に示すように，フェロニッケルスラグ細骨材混合率 40%の細骨材を用いた軽量コンクリート 1 種の気乾単位容積質量の推定値は，1.84t/m^3 であり，砂のみ使用の場合の 1.78 t/m^3 に比べ 0.06 t/m^3 重くなる．フェロニッケルスラグ細骨材混合率 10%の増加につき軽量コンクリートの気乾単位容積の推定値の増加量は 15 kg/m^3 である．

表 2.23　使用材料[127)]

材料	種類・品質
セメント	秩父小野田セメント社製普通ポルトランドセメント
細骨材	大井川水系陸砂、絶乾比重2.52、吸水率2.9%、Ｆ.Ｍ. 2.71 FNS、絶乾比重2.96、吸水率1.26%、F.M. 2.59
粗骨材	構造用軽量コンクリート骨材(MA419)、日本メサライト工業社製 絶乾比重1.29、吸水率27.6%、F.M. 6.29
混和剤	AE減水剤(ポゾリスNo.70)

表 2.24　軽量コンクリートの計画配合[127)]

種類	粗骨材の最大寸法 (mm)	スランプ (cm)	空気量 (%)	W/C (%)	単位量 水 (kg/m³)	セメント (kg/m³)	細骨材(kg/m³) 川砂	細骨材(kg/m³) FNS	粗骨材の絶対容積 (ℓ/m³)	混和剤 (kg/m³)
川砂	20	21	5	55	180	327	798	-	359	0.818
FNS	20	21	5	55	180	327	559	272	359	0.818

表 2.25　軽量コンクリートの諸性質[127)]

細骨材種類	フレッシュコンクリートの性状 スランプ (cm)	空気量 (%)	単位容積質量 (t/m³)	コンクリート温度 (℃)	硬化コンクリートの単位容積質量(t/m³)Ø10×20cm 上 50mm	中 50mm	下 50mm	全体 測定値	全体 平均値	圧縮強度(材齢28日)(N/mm²) 測定値	圧縮強度 平均値
川砂	22.0	5.9	1.870	27	1.846	1.838	1.865	1.835 1.842 1.842	1.840	24.1 23.9	24.0
FNS	21.5	6.6	1.894	27	1.888	1.883	1.887	1.872 1.871 1.865	1.869	24.4 23.3	23.9

表 2.26　FNS を混合使用した軽量コンクリートＩ種の単位容積質量

(t/m³)

FNS混合率(%)	気乾単位容積質量	練上がり時
0	1.78	1.90
10	1.80	1.91
20	1.81	1.92
30	1.83	1.94
40	1.84	1.95

※気乾単位容積質量の推定は下式による.

WD=G0+S0+S'0+1.25C0+120　　(kg/m³)

記号WD: 気乾単位容積質量の推定値(kg/m³)
G0: 計画調合における軽量粗骨材量(絶乾)(kg/m³)
S0: 計画調合におけるFNS細骨材量(絶乾)(kg/m³)
S'0: 計画調合におけるFNS以外の普通細骨材量(絶乾)(kg/m³)
C0: 計画調合におけるセメント量(絶乾)(kg/m³)

・材料比率(絶乾)
G0:1.27(吸水率:25%)
S0:3.00(吸水率:1%)
S'0:2.55(吸水率:3%)
C0:3.15

・調合概要
W/C=55%
スランプ=18cm
空気量=5.0%
単位水量=180kg/m³
s/a=48%

3. フェロニッケルスラグ細骨材を用いたコンクリートの運搬・施工時における品質変化

フェロニッケルスラグ細骨材コンクリートは，一般にレディーミクストコンクリート(生コンクリート)として製造され，運搬車によって製造工場から約30分から1時間の運搬時間をかけて建設現場まで輸送される．この生コンクリートの荷降ろし地点から打込み箇所までの運搬・輸送は，一般にはコンクリートポンプによって施工される．また，型枠に打ち込まれたコンクリートは，バイブレータにより締め固められる．

これらの運搬・施工によるフェロニッケルスラグ細骨材コンクリートの品質変化および施工性について，日本建築学会，土木学会および日本鉱業協会が，フェロニッケルスラグ細骨材を製造している地域の生コンクリート工場で製造されたフェロニッケルスラグ細骨材コンクリートと普通骨材コンクリートとの比較試験を行った．以下にフェロニッケルスラグ細骨材コンクリートの特徴について記述する．

3.1　運搬による生コンクリートの品質変化

生コンクリートの運搬試験は，宮崎県日向市，京都府宮津市および青森県八戸市の 3 ヵ所で実施した．生コンクリートの製造・運搬は，それぞれの場所でコンクリート温度が約20℃になる時期を選んで行った．(日向市：平均21.3℃，宮津市：22.1℃，八戸市 19.6℃)

水セメント比は55%，スランプの目標値は 8cm および 18cm，空気量の目標値は 4～5%に設定した．セメントは，〔D〕骨材を用いたスランプ8cmに対して高炉セメントB種および普通ポルトランドセメントを用い，その他のフェロニッケルスラグ細骨材に対しては普通ポルトランドセメントのみを用いた．フェロニッケルスラグ細骨材の種類を要因とした実験(**図 3. 1～3. 3** 参照)では，フェロニッケルスラグ細骨材混合率を，実際の使用を考慮して〔A〕骨材の場合 27%，〔B〕骨材の場合 100%，〔C〕骨材の場合 60%，〔D〕骨材の場合 50%とし，普通骨材コンクリートとの比較を行った．また，混合率を要因とした実験(**図 3. 2** および**図 3. 4** 参照)では，〔D2.5〕を使用し，混合率 0%，50%および 100%とした．

試験項目は，フレッシュコンクリートについては，スランプ，空気量，単位容積質量，コンクリート温度およびブリーディング量について，硬化コンクリートについては圧縮強度をそれぞれ試験した．また，〔D〕骨材を使用した日向市における運搬試験を実施したコンクリートで，厚さ 60cm の大型ブロックを作製し，長期暴露試験に供している(**表 2. 16** の No.25～28 参照)．

3.1.1　フレッシュコンクリート

3.1.1.1　スランプ

コンクリート製造後運搬時間 120 分までのスランプの経時変化を**図 3. 1** および**図 3. 2** に示す．図で明らかなように，フェロニッケルスラグ細骨材コンクリートの運搬車による運搬時間とスランプ低下の傾向は，天然砂を用いたコンクリートの場合と同様の傾向を示している．一般に，運搬時間 30 分までのスランプ低下の大きいものは，その後のスランプ低下の傾向は比較的ゆるやかである．フェロニッケルスラグ細骨材を用いた生コンクリートの運搬時間とスランプ低下の関係は，一般的なコンクリートのスランプ低下とほぼ同様であるといえる．これまでの知見と同様に，同一試験では気温が高いほどコンクリートの温度の上昇が高く，スランプの低下も大きい傾向を示している．

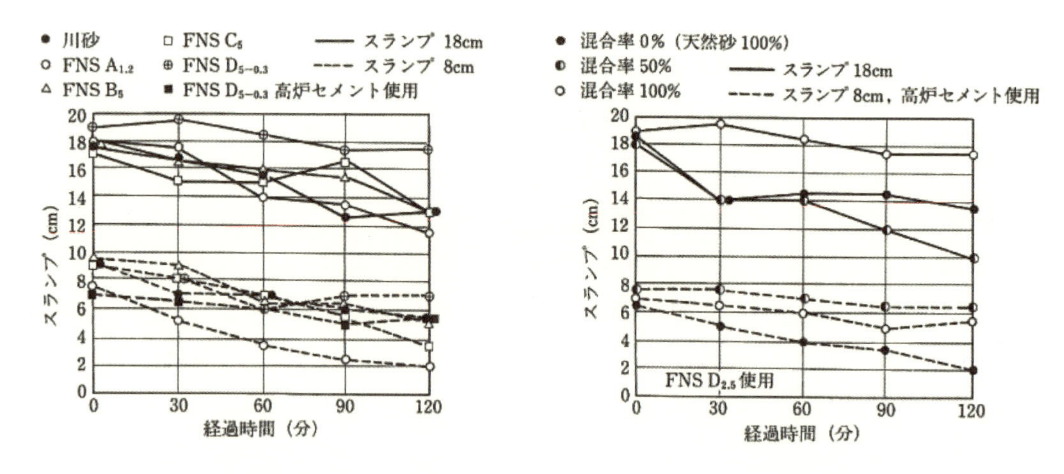

図 3.1　スランプの経時変化(FNS の種類)[80]　　図 3.2　スランプの経時変化(FNS 混合率)[117]

3.1.1.2　空気量

図 3.3 および図 3.4 に示すように，運搬時間にともなう空気量の低下は 1%程度以下の値を示しており，フェロニッケルスラグ細骨材を用いた場合と天然砂を用いた場合との差は認められない．運搬時間 30 分後の空気量の低下が 1.5～2%の著しいものがあるが．これは，コンクリート製造時に巻き込まれた空気が撹拌されることにより急速に抜けるためと思われ，実験結果からは，フェロニッケルスラグ細骨材混合率および細骨材の種類とは関係ないと考えられる．また，図 3.1 および図 3.3 とあわせると，空気量の低下の大きいものが，スランプの低下も大きい結果となっている．

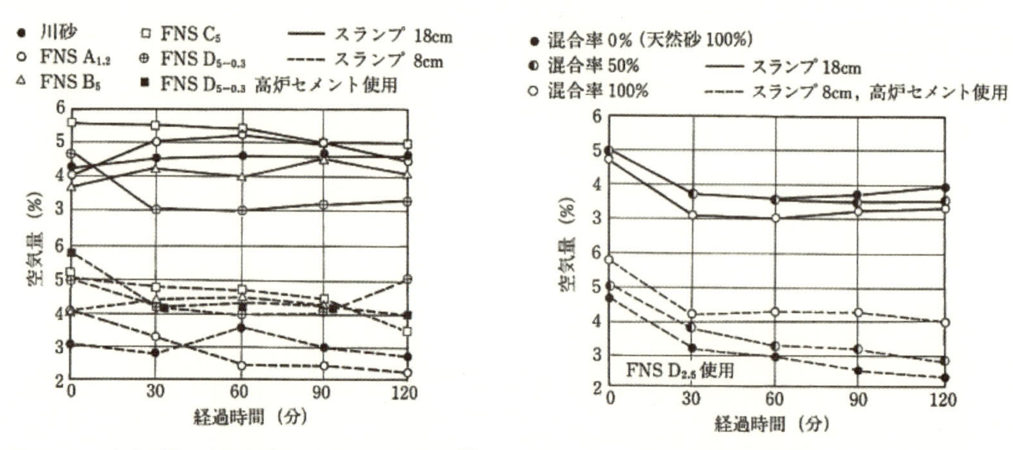

図 3.3　空気量の経時変化(FNS の種類)[80]　　図 3.4　空気量の経時変化(FNS 混合率)[117]

3.1.1.3　ブリーディング

試験に用いたコンクリートのブリーディング試験結果を，図 3.5 に示す．運搬時間が長いほど，いずれの配合のコンクリートにおいてもブリーディング量は低下する傾向を示し，運搬時間 60 分後に採取した試料の場合，0.2cm^3/cm^2 の低い値を示している．なお，運搬時間 60 分におけるコンクリート温度は製造時に比べて，日向市(平均温度 21.3℃)の場合 1.6℃，宮津市(平均温度 22.1℃)の場合 2.2℃の上昇が認められたが，八戸市(平均温度 19.6℃)の場合は温度上昇は認められなかった．

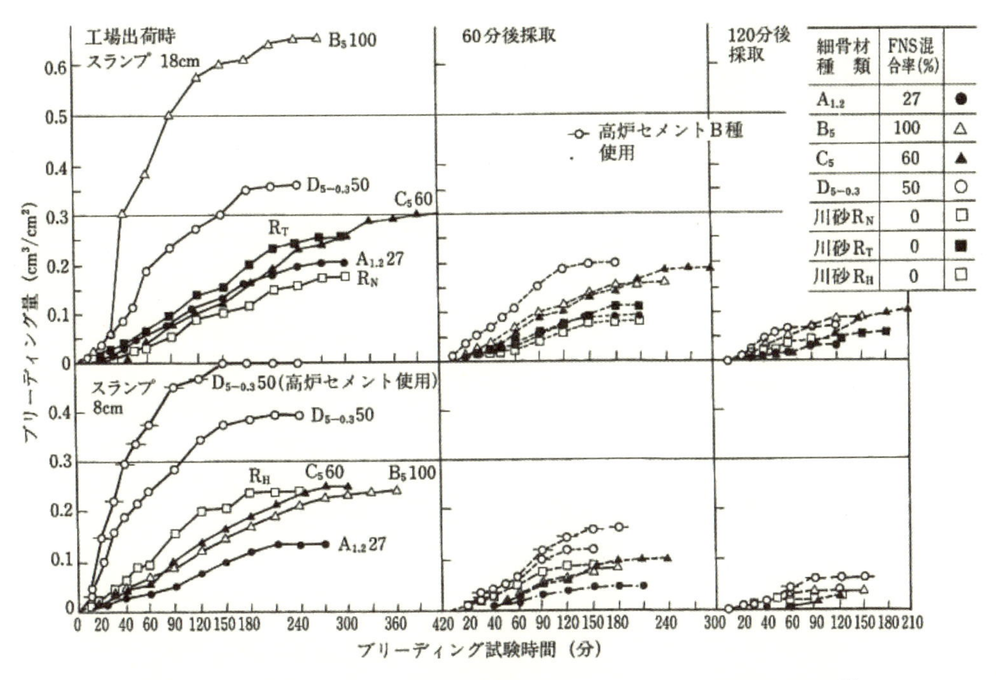

図 3.5　試料採取までの経時時間とブリーディング量との関 80)

3.1.2　圧縮強度

コンクリートの製造直後と運搬時間 60 分後に採取した試料の材齢 1 週，4 週および 13 週の圧縮強度試験結果を，**図 3.6** に示す．各材齢とも，圧縮強度の発現の傾向には細骨材の種類および運搬時間の影響は認められない．

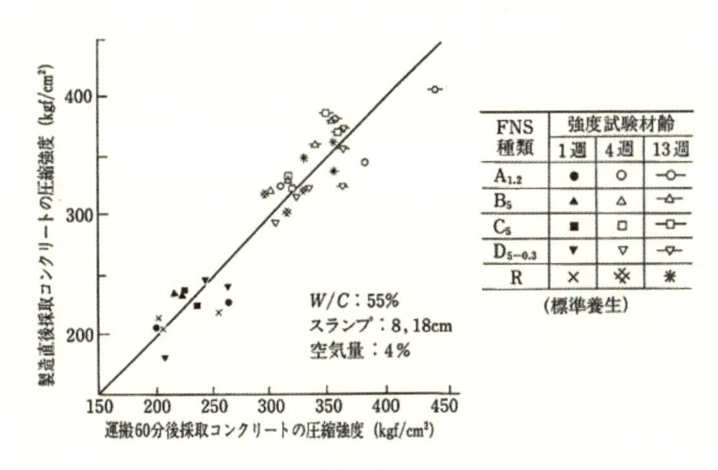

図 3.6　運搬時間の圧縮強度に与える影響 80)

3.2　ポンプ圧送によるコンクリートの品質変化

日本鉱業協会では，青森県八戸市で 4 種類のフェロニッケルスラグ細骨材（A，C，D は天然砂と混合使用，B は単独使用）を用いて，圧送性試験を行った．使用したコンクリートは，水セメント比 55%，スランプ 12cm および 18cm の配合のものとし，圧送にともなう品質の変化ならびに圧送量と管内圧力損失との関係を求めた．**図 3.7** に圧送試験の概略図を示す．

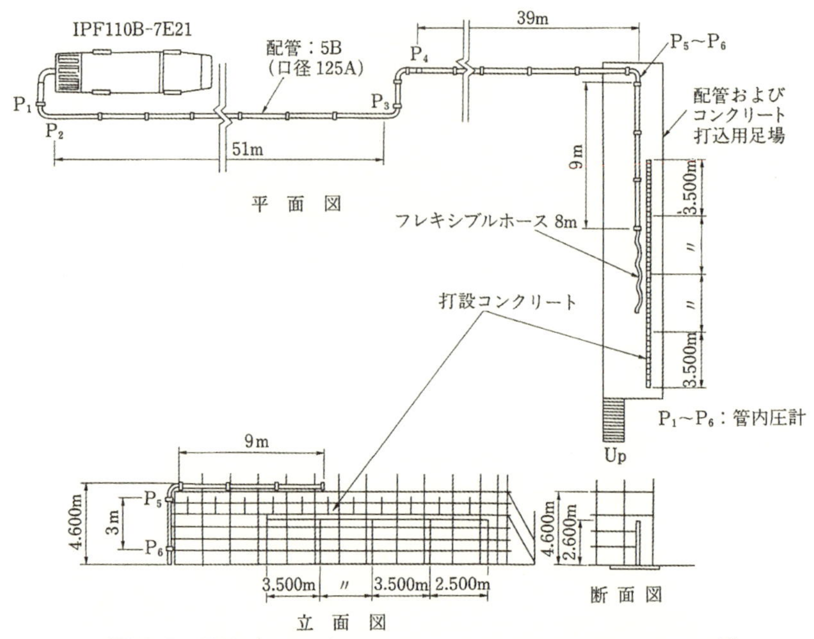

図 3.7 FNS を用いたコンクリートの圧送試験概略図 [39]

3.2.1 フレッシュコンクリート

表 3.1 に圧送試験に用いたコンクリートの配合概要を，**表 3.2** に圧送にともなうフレッシュコンクリートの品質変化を示す．フレッシュコンクリートの品質としては，スランプ，空気量，単位容積質量，コンクリート温度およびブリーディング(スランプ 18cm のみ)の項目を試験した．

表 3.1 圧送試験用コンクリートの計画配合一覧表 [39]

配合	細骨材の銘柄	FNS混合率(%)	目標スランプ(cm)	空気量(%)	W/C(%)	s/a(%)	粗骨材かさ容量(m^3/m^3)	単位量(kg/m³) セメント	水	FNS	砂	砕石2005	減水剤	AE剤
1	$D_{5\text{-}0.3}$	60	12	5.0	55	46.5	0.659	300	165	571	334**	1081	3.00	3.5A
2			18	5.0	55	48.8	0.615	322	177	580	342**	1008	3.22	2.5A
3	$A_{1.2}$	60	12	5.0	55	45.5	0.652	324	178	555	310*	1069	3.24	5A
4			18	5.0	55	47.0	0.615	345	190	561	310*	1008	3.45	4A
5	C_5	60	12	5.0	55	44.5	0.652	338	186	541	297*	1069	3.38	6A
6			18	5.0	55	46.5	0.607	362	199	550	300*	996	3.62	5A
7	B_5	100	12	5.0	55	44.5	0.677	309	170	903	−	1110	3.09	2.5A
8			18	5.0	55	46.5	0.634	331	182	918	−	1040	3.31	1.5A

* 由良川砂
** 三沢産岡砂

3.2.1.1 スランプ

表 3.2 および**図 3.8** に示すように，フェロニッケルスラグ細骨材コンクリートの圧送によるスランプの低下は，目標スランプ 12cm および 18cm のいずれの場合でも 1cm 以下と小さい値を示している．

3.2.1.2 空気量

表 3.2 および**図 3.9** に示すように，ポンプ圧送による空気量の低下の平均値は 0.3%，最大値でも 0.8%の値であり，変化は少ないといえる．

3.2.1.3 単位容積質量

表 3.2 に示すように，ポンプ圧送によるコンクリートの単位容積質量の変化はほとんど認められない．

3.2.1.4　コンクリート温度

表3.2に示すように，ポンプ圧送によるコンクリートの温度上昇は，平均で2.2℃である．

3.2.1.5　ブリーディング

表3.2に示すように,圧送後のコンクリートのブリーディング率は,圧送前に比べて約0.9%低下している．図3.10にブリーディング量の変化を示した．

表3.2　ポンプ圧送によるフレッシュコンクリートの品質変化 [39)]

No.	細骨材の銘柄	目標スランプ(cm)	スランプ(cm)		空気量(%)		単位容積質量(kg/ℓ)		コンクリート温度(℃)		ブリーディング率(%)		加圧ブリーディング(ml)*
			前	後	前	後	前	後	前	後	前	後	
1	$D_{5-0.3}$	12	10.5	10.5	5.3	5.2	2.442	2.445	25	27	-	-	-
2		18	17.5	16.0	5.8	5.3	2.420	2.416	25	27	3.19	2.62	114
3	$A_{1.2}$	12	15.0	15.8	5.7	6.0	2.441	2.416	25	27	-	-	-
4		18	17.0	16.0	5.9	5.1	2.406	2.412	25	27	3.60	2.74	117
5	C_5	12	11.5	11.5	6.5	6.5	2.424	2.413	25	27	-	-	-
6		18	17.0	16.0	5.9	5.3	2.399	2.396	25	27.5	3.90	2.94	114
7	B_5	12	11.0	12.0	5.7	5.0	2.485	2.487	25	27.5	-	-	-
8		18	17.0	17.0	5.1	5.0	2.467	2.464	25	27.5	4.17	3.01	113
平均値			14.6	14.4	5.74	5.43	2.431	2.431	25	27.2	3.72	2.83	114.5
圧送前後の差**		-	-0.2		-0.3		0.000		+2.2		0.89		-

＊スランプ18cmの圧送前コンクリート
＊＊(圧送後の値)-(圧送前の値)

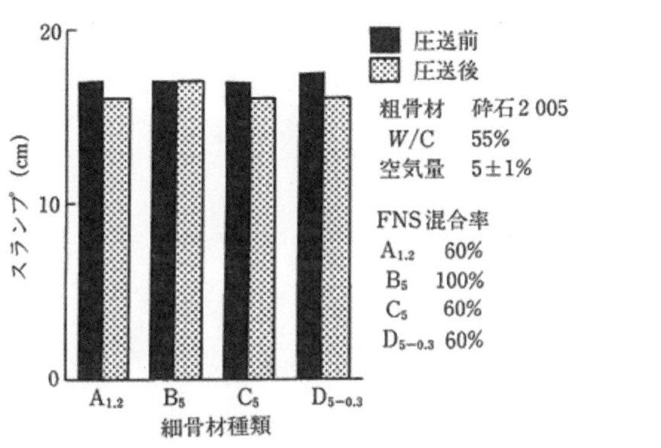

図3.8　圧送によるスランプ変化 [39)]

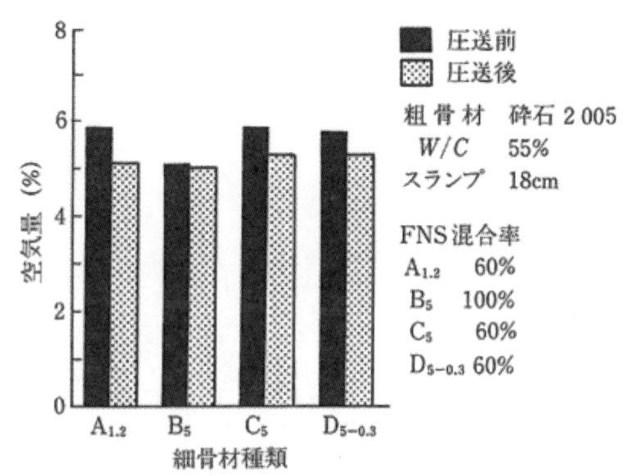

図3.9　圧送による空気量変化 [39)]

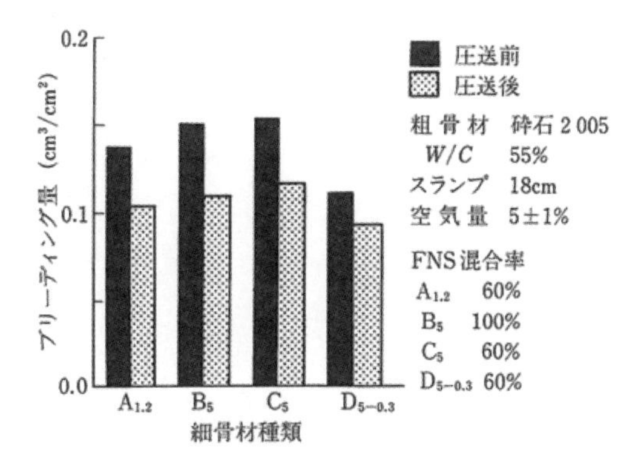

図3.10　圧送によるブリーディング量の変化 [39)]

3.2.2 圧縮強度

表 3.3 に示すように材齢 1 週および 4 週におけるポンプ圧送後の圧縮強度の差はほとんど認められない.

表 3.3 圧縮強度試験結果 [39]

FNS 種類	FNS 混合率 (%)	目標スランプ (cm)	圧縮強度(N/mm²)			
			材齢7日		材齢28日	
			圧送前	圧送後	圧送前	圧送後
キルン水冷砂 ($A_{1.2}$)	60	12	18.3	18.9	27.9	28.5
		18	19.0	19.1	28.6	28.8
電炉風砕砂 (B_5)	100	12	20.9	21.2	31.2	31.7
		18	21.0	20.6	31.3	30.8
電炉徐冷砕砂 (C_5)	60	12	19.6	18.9	29.4	28.6
		18	19.6	19.1	29.5	28.8
電炉水砕砂 ($D_{5-0.3}$)	100	12	20.7	20.6	30.8	30.0
		18	19.9	19.6	29.6	29.5

3.2.3 管内圧力損失

フェロニッケルスラグ細骨材コンクリートのポンプ圧送性は，コンクリートの品質変化の程度による評価とともに，配管閉塞を生じることなく円滑なコンクリートの圧送が可能であるか否かによって評価される．**図 3.7** に示すように，このポンプ圧送試験では，ポンプ主油圧(P_0)の測定を行うとともに，配管の 6 ヵ所に圧力計側管(P_1〜P_6)を設置してコンクリート圧送時の管内圧を測定した．測定は，配合 8 種類について圧送量 $20m^3/h$，$30m^3/h$ および $40m^3/h$ の 3 水準で行い，各圧送時の水平配管および垂直配管の圧力損失値($kgf/cm^2/m$)を求め，ポンプ圧送性の評価を行った．

表 3.4 に主油圧および管内圧の測定値を，**表 3.5** に水平管，垂直管別の管内圧力損失値を示す．**図 3.11** に示すスランプ 12cm および 18cm のフェロニッケルスラグ細骨材コンクリートの圧送量と管内圧力損失値との関係を示す．土木学会「コンクリートのポンプ施工指針(案)」および日本建築学会「コンクリートポンプ工法施工指針・同解説」に示されている普通骨材コンクリートの圧力損失と比較するとフェロニッケルスラグ細骨材コンクリートの圧力損失は川砂を用いたコンクリートとほぼ同等の値を示し，フェロニッケルスラグ細骨材コンクリートの圧送量と管内圧力損失値には，川砂を用いたコンクリートと同様に比例関係がみられる．

表 3.4　主油圧および管内圧の試験値[39]

No.	実測スランプ (cm)	設定吐出量 (m^3/h)	主油圧 (kgf/cm^2)	管内圧 (kgf/cm^2)					
				P_1	P_2	P_3	P_4	P_5	P_6
1	10.5	20	137	19.0	16.5	11.5	11.5	5.0	3.5
		30	150	21.0	19.0	12.0	12.0	5.5	3.5
		40	171	22.7	20.6	13.2	13.0	6.0	3.5
2	17.5	20	98	14.0	11.2	9.0	9.0	5.2	3.0
		30	105	14.0	11.3	7.0	7.0	3.0	2.0
		40	110	15.0	12.3	7.5	7.5	3.2	2.0
3	15	20	90	12.2	9.5	6.3	6.3	3.2	2.0
		30	106	14.7	12.0	7.7	7.7	3.7	2.2
		40	125	17.0	14.2	9.0	9.0	4.7	2.8
4	17	20	79	11.0	8.2	5.2	5.0	2.5	1.5
		30	96	13.3	10.5	7.0	7.0	3.2	1.8
		40	135	18.8	15.8	10.3	10.3	4.8	3.2
5	11.5	20	123	18.0	14.5	9.0	9.0	3.5	2.0
		30	167	24.7	21.2	13.0	13.0	5.5	3.3
		40	201	33.2	30.2	18.5	18.5	8.0	5.3
6	17	20	113	16.8	13.8	8.2	8.0	3.2	1.8
		30	134	20.0	16.8	10.5	10.0	4.8	3.0
		40	159	23.7	19.3	11.7	11.5	4.5	2.5
7	11	20	120	17.5	14.5	9.2	9.0	4.0	2.5
		30	129	18.5	15.0	9.5	9.5	3.8	2.5
		40	161	23.2	18.8	12.0	11.5	5.0	3.0
		50	178	25.0	20.5	13.0	12.8	5.5	3.0
8	17	20	83	12.3	9.3	6.0	6.0	2.5	1.7
		30	111	16.0	12.8	8.0	8.0	3.0	2.2
		40	132	19.2	15.2	9.7	9.7	4.2	2.8

表 3.5　水平管・垂直管のポンプ圧送量と管内圧力損失量との関係[39]

スランプ (cm)	圧送量 (m^3/h)	圧力損失(kgf/cm^2/m) 水平管 (Ⅰ) P_2～P_3(l=51m)	圧力損失 水平管 (Ⅱ) P_4～P_5(l=45m)	圧力損失 垂直管 (Ⅲ) P_5～P_6(h=3m)	$\dfrac{(Ⅲ)}{\frac{1}{2}\{(Ⅰ)+(Ⅱ)\}}$	
12	20	0.093	0.097	0.475	5.15	5.07
	30	0.122	0.127	0.583	4.78	
	40	0.156	0.150	0.800	5.30	
18	20	0.069	0.075	0.350	4.98	4.72
	30	0.093	0.097	0.433	4.85	
	40	0.115	0.115	0.517	4.33	

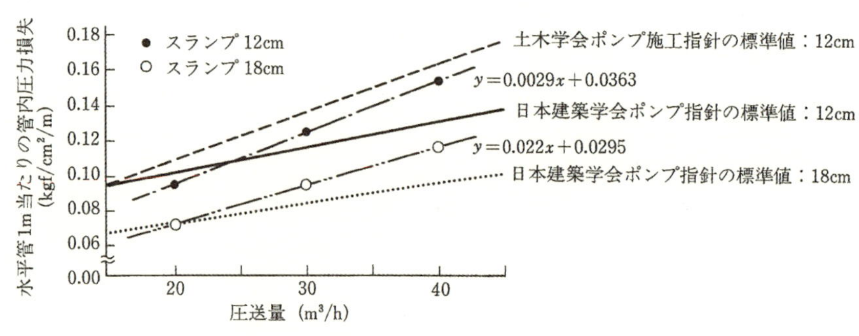

図 3.11　圧送量と管内圧力損失値の関係
（スランプ 12cm，18cm）[39]

なお，上向き垂直配管の場合，フェロニッケルスラグ細骨材コンクリートの 1m 当たりの水平換算長さは，**表 3.5** に示すように，スランプ 12cm で 5.1m，スランプ 18cm で 4.7cm である．このことから，普通骨材コンクリートに持ちいれられている上向き垂直配管 1m の場合の水平換算長さ 4m に対し，フェロニッケルスラグ細骨材コンクリートの上向き垂直配管 1m の場合の水平換算長さには 5m の値を用いるのが良い．

3.3　コンクリートの締固めにおける分離性状

図 3.12 に，32t テトラポッドの施工試験に際して行ったバイブレータによる振動締固め時間と打込み高さ部位別の単位容積質量との関係を示す．また，**図 3.13** には，同一試料コンクリートの材齢 7 日および材齢 28 日の打込み高さ別の圧縮強度を示す．

フェロニッケルスラグ細骨材コンクリートおよび川砂を用いたコンクリートとも，打込み高さが増加するとともに，単位容積質量は増加する傾向を示す．川砂を用いたコンクリートの場合，振動時間 40 秒のものの変動幅が大きくなっているが，その他においては川砂を用いたコンクリートとフェロニッケルスラグ細骨材コンクリートの変動の傾向はほぼ同じである．圧縮強度の発現傾向は，単位容積質量の傾向とおおむね一致している．

以上のように，コンクリート打設高さ 95cm で行った実験の結果，振動時間 10 秒～40 秒で締固めたコンクリートの均一性は，フェロニッケルスラグ細骨材を 100%用いたコンクリートと川砂を用いたコンクリートでほとんど差はないといえる．

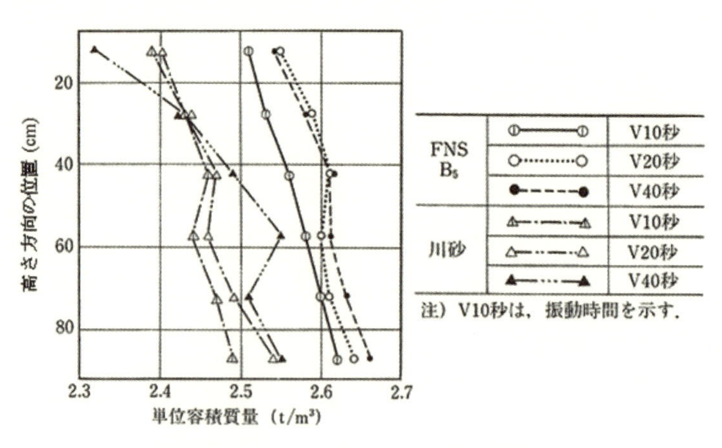

図 3.12　垂直方向のコンクリート単位容積質量分布 [61]

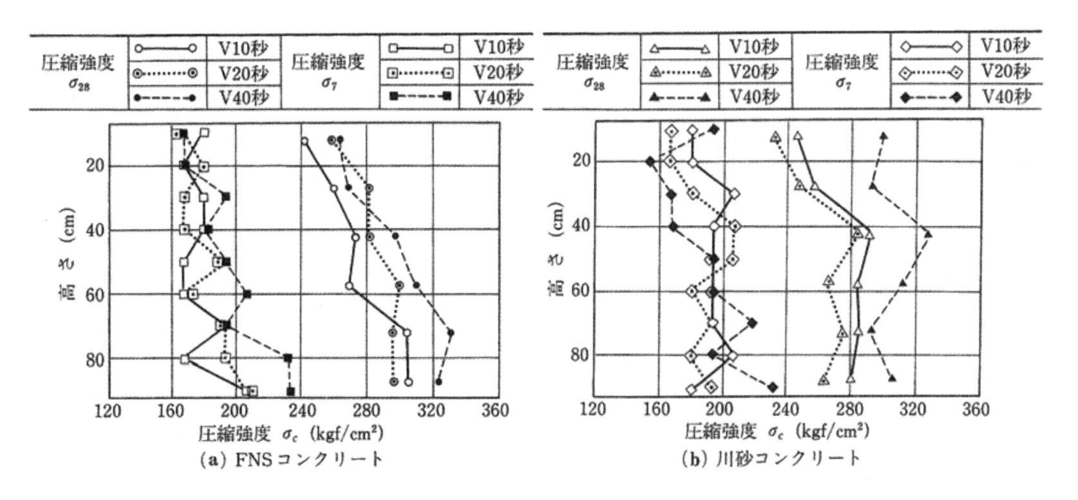

図 3.13　垂直方向のコンクリートの強度分布[61)]

4. フェロニッケルスラグ細骨材を用いた鉄筋コンクリート部材の力学的特性

4.1 はじめに

本研究は，日本建築学会フェロニッケルスラグ調査研究小委員会〔主査：加賀秀治〕の研究活動の一環として昭和57年から58年にかけて，以下に示す2つに大別して実施したものである．

シリーズⅠ：鉄筋コンクリートとの付着性状について(JIS原案法)

シリーズⅡ：鉄筋コンクリート梁型試験体の曲げ，せん断および付着挙動について

本資料は，これらの実験に基づき，フェロニッケルスラグ細骨材の鉄筋コンクリート用骨材としての適用性に関する検討結果をまとめたものである．

4.2 実験の概要

4.2.1 使用材料

a) セメント：普通ポルトランドセメント(セメント強度：406kgf/cm^2)，R_2O：0.70%)を用いた．

b) 骨　　材：細骨材として4種類のフェロニッケルスラグ細骨材(N1〜N4)および川砂を用いた．また，粗骨材として川砂利および市販人工軽量粗骨材を用いた．使用した骨材の種類およびその主要物性を**表4.1**に示す．

c) 混 和 材：レジン系AE剤(添加率0.02%)を用いた．

d) 鋼　　材：シリーズⅠの実験では16φ，D16および6φを，シリーズⅡの実験ではD13，D16，D19および6φを用いた．これら鋼材の主要性質を**表4.2**に示す．

表4.1 使用した骨材の種類，記号およびその主要物性

骨材種類			F. M.	比重		吸水率	単位容積質量	実積率	製法概要など	使用したシリーズ
区分	種類	記号		表乾	絶乾	(%)	(kg/ℓ)	(%)		
細骨材	FNS	N1*	2.74	2.61	2.57	1.6	1.75	68.0	ロータリーキルン水冷	Ⅰ
		N2	2.61	2.94	2.92	0.7	1.88	64.4	電炉風砕	Ⅰ，Ⅱ
		N3	2.55	2.95	2.92	1.0	1.88	64.5	電炉風砕	Ⅰ
		N4**	2.12	2.74	2.72	0.8	1.77	65.1	溶鉱炉水砕	Ⅰ，Ⅱ
	普通骨材	RS	2.97	2.59	2.59	0.1	1.52	58.7	早川採取	Ⅰ
粗骨材	普通骨材	RG	6.84	2.63	2.62	0.5	1.75	66.8	富士川採取	Ⅰ
	人工軽量	LG	6.43	1.60	1.25	28.0	0.80	65.0	頁岩系造粒型	Ⅰ

* 実験用として特別に製造したものである．
** N4は、現在は製造されていない．

表 4.2　使用した鋼材の種類およびその主要性質

鋼材の種類		降伏点	引張強度	伸び	ヤング係数	使用したシリーズ
呼び径	区　分	(kgf/mm²)	(kgf/mm²)	(%)	(×10⁶kgf/cm²)	
6 φ	SR24	51.6	53.4	14.2	2.22	Ⅰ，Ⅱ
16 φ	SR24	33.2	51.8	22.6	2.12	Ⅰ
D13	SD30	35.9	55.9	19.4	1.70	Ⅱ
D16	SD30	35.9	54.7	19.1	1.77	Ⅰ，Ⅱ
D19	SD30	35.3	57.5	20.4	1.83	Ⅱ

4.3　シリーズⅠ実験：JIS 原案法による付着性状

4.3.1　コンクリート

細骨材として，4 種類のフェロニッケルスラグ細骨材および川砂を用い，これに川砂利および人工軽量粗骨材を組み合わせた合計 10 種類のコンクリートを用意した．その種類，調合，練上がり時の性質，硬化したコンクリートの性質などを表 4.3 に示す．

表 4.3　シリーズⅠ実験に用いた試料コンクリート

試料コンクリート			調　合			練上がり時の性質			硬化コンクリートの性質		
コンクリート種類	骨材組み合せ		水セメント比	粗骨材率	単位水量	スランプ	空気量	単容*	圧縮強度	引張強度	ヤング係数
	粗骨材	細骨材	(%)	(%)	(kg/m³)	(cm)	(%)	(kg/ℓ)	(kgf/cm²)	(kgf/cm²)	(×10⁵kgf/cm²)
普通	RG	N1	60	41.1	189	18.0	4.1	2.41	224	26.2	3.40
		N2		38.0	155	19.0	4.3	2.41	211	26.2	3.52
		N3		41.1	169	19.0	5.0	2.35	210	20.4	3.55
		N4		40.9	184	19.0	5.1	2.30	211	25.4	3.71
		RS		45.0	172	18.5	4.3	2.30	230	26.9	3.33
軽量	LG	N1	60	46.1	204	19.0	3.7	2.04	255	27.6	2.29
		N2		46.0	161	18.0	5.8	2.00	211	26.2	2.42
		N3		46.0	170	18.5	6.2	1.93	187	24.5	2.01
		N4		45.9	198	18.5	5.5	1.90	205	26.5	2.47
		RS		48.0	176	18.5	5.6	1.87	231	26.2	1.98

*単位容積質量の略

4.3.2　試験体

a)　種　　類：コンクリートの種類，鉄筋の種類，埋込み方向および埋込み深さを変化させた合計 60 種類について各 3 体ずつ合計 180 体作製した．

b)　形　　状：試験体の形状・寸法，鉄筋の埋込み方向および深さなどの概略を**図 4.1** に示す．なお，埋込み鉄筋の周辺には，割裂防止用のスパイラル筋を配した．

4.3.3　試験方法

JIS 原案「鉄筋とコンクリートとの付着試験方法(案)」に準じて試験した．その概略を**図 4.2** に示す．

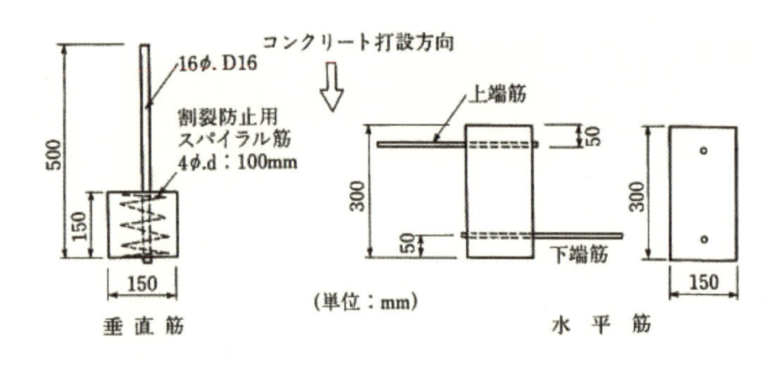

図 4.1　シリーズ I 実験で使用した付着試験体の形状・寸法の概略

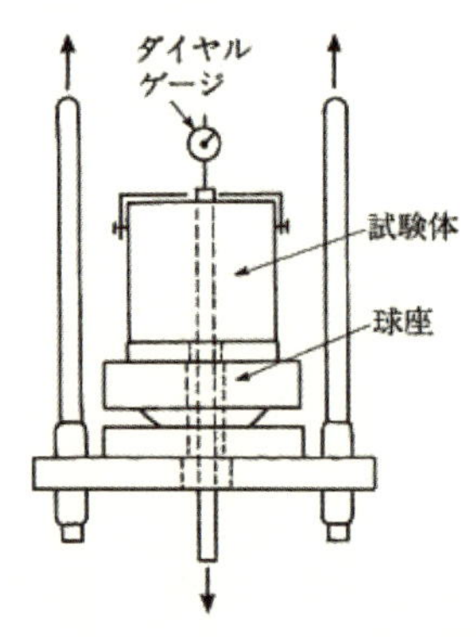

図 4.2　JIS 原案法による付着試験

4.3.4　実験結果および検討

実験結果の一覧を**表 4.4** に示す．

表 4.4　シリーズ I 実験：付着試験結果の一覧

試験体種類			丸鋼(16φ)				異形鉄筋(D16)			
コンクリート種類	埋込み状況	細骨材記号	付着応力度(kgf/cm²) τi	付着応力度(kgf/cm²) τb	Tb時すべり量 (10-2mm)	Tb/Fc (%)	付着応力度(kgf/cm²) τi	付着応力度(kgf/cm²) τb	Tb時すべり量 (mm)	τb/Fc (%)
普通コンクリート	垂直筋	N1	27.9	36.1	11.4	16.1	43.1	125.8	1.48	56.2
		N2	31.8	42.8	15.3	20.3	43.1	121.3	0.80	57.5
		N3	26.9	38.8	13.4	18.5	53.4	122.2	1.32	58.2
		N4	27.3	35.4	13.6	16.8	38.6	127.1	1.99	60.2
		RS	23.4	46.9	16.0	20.4	32.7	136.6	1.33	59.1
	水平筋上端	N1	6.4	13.5	0.7	6.0	2.3	112.4	1.51	50.2
		N2	12.1	18.9	5.7	9.0	8.1	105.8	1.07	50.0
		N3	5.0	6.5	6.4	3.1	7.8	106.7	1.92	50.6
		N4	1.4	8.8	1.4	4.2	6.0	95.8	1.57	45.4
		RS	9.3	18.6	7.2	8.1	14.2	109.6	1.74	47.7
	水平筋下端	N1	8.1	32.6	8.0	14.6	35.5	139.2	1.00	62.1
		N2	25.2	35.8	9.6	17.0	6.1	121.2	0.82	57.4
		N3	11.4	30.2	6.0	14.4	29.5	132.2	1.32	63.0
		N4	8.3	25.9	5.7	12.3	48.4	121.7	1.37	57.7
		RS	14.0	28.7	12.9	12.5	54.6	135.1	1.53	58.7
軽量コンクリート	垂直筋	N1	22.3	34.5	13.7	13.5	19.1	126.3	1.7	49.5
		N2	23.6	37.7	10.8	17.9	33.6	122.2	0.87	57.9
		N3	17.2	33.4	14.0	17.9	34.7	102.3	0.80	54.7
		N4	18.3	28.9	16.5	14.1	22.7	113.5	0.87	55.4
		RS	16.6	29.7	12.9	12.9	39.0	133.7	1.53	58.7
	水平筋上端	N1	3.8	9.5	0.7	3.7	19.5	73.4	1.55	28.3
		N2	8.9	11.9	0.4	5.6	15.2	71.2	1.07	33.7
		N3	2.6	10.1	0.6	5.4	14.7	99.8	1.17	53.4
		N4	2.4	7.6	2.1	3.7	21.8	53.5	1.00	26.1
		RS	4.2	11.6	0.7	5.0	20.6	77.7	1.00	33.6
	水平筋下端	N1	14.1	26.2	11.3	10.3	26.3	133.1	1.58	52.2
		N2	10.0	28.8	9.3	13.6	25.9	108.0	1.20	51.2
		N3	3.6	19.0	8.0	10.2	25.4	124.6	1.03	66.6
		N4	6.2	20.9	11.5	10.2	27.3	124.6	1.03	66.6
		RS	14.7	26.0	8.2	11.3	21.6	123.5	1.80	53.5

注)　Ti：鉄筋すべり量が0.001mm時の付着応力度
　　Tb：最大付着応力度(付着強度)

a) 付着強度について

i) 骨材種類の影響

図 4.3 に，川砂を用いたコンクリート(粗骨材には普通骨材(RG)または人工軽量骨材(LG)を使用)の付着強度に対するフェロニッケルスラグ細骨材コンクリートの付着強度の平均値の関係を鉄筋の種類，鉄筋の埋込み方向別に示す．

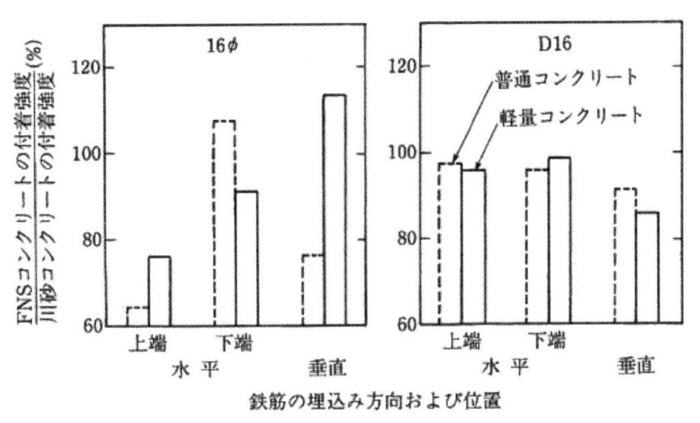

図 4.3　FNS コンクリートの付着強度

これによると，フェロニッケルスラグ細骨材を用いた場合では川砂を用いた場合に比べて，64～113%(平均 92.3%)の値を示し，平均で約 8%の付着強度の低下がみられた．

また，水平筋の場合，下端筋に対する上端筋の付着強度の低下は，フェロニッケルスラグ細骨材コンクリートでは平均約 44%であり，丸棒では平均 60%の低下を示した．

全体的にみて，川砂コンクリートの約 37%に比べてやや大きな低下率を示している．

これらのことは，フェロニッケルスラグ細骨材コンクリートのブリーディングの大きさに起因しているものと考えられる．

ii) 圧縮強度との関係

圧縮強度(Fc)に対する付着強度(τb)の比の関係について，川砂コンクリートに対するフェロニッケルスラグ細骨材コンクリートの比を**図 4.4** に示す．

これによると，丸鋼を使用した場合のフェロニッケルスラグ細骨材コンクリートでは，コンクリートの種類，鉄筋の埋込み方向によって大きな違いがみられる．一方，異形鉄筋を使用したフェロニッケルスラグ細骨材コンクリートの場合では，コンクリートの種類，鉄筋の埋込み方向による違いも小さく，かつ川砂コンクリートの場合と同等の値を示した．

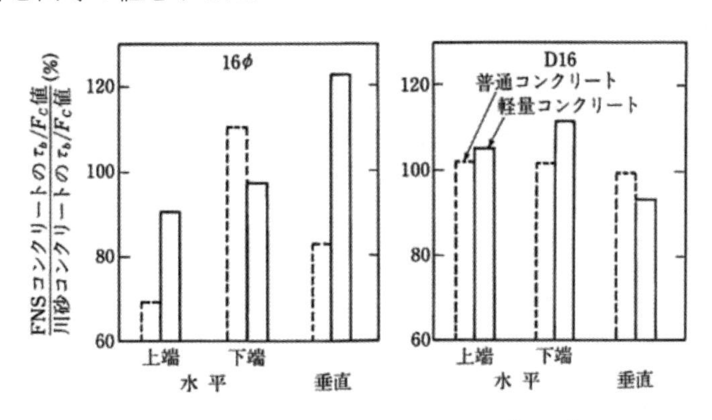

図 4.4　FNS コンクリートの付着強度

iii）許容付着応力度との関係

日本建築学会「鉄筋コンクリート構造計算基準」に規定されている許容付着応力度との比較では，異形鉄筋を使用した場合にはいずれのフェロニッケルスラグ細骨材コンクリートにおいても，長期および短期許容付着応力度を上回る付着強度を示した．これに対して，丸棒を用いたフェロニッケルスラグ細骨材コンクリートの一部には，若干ではあるが許容付着応力度を下回るものが認められた．

b）すべり量について

フェロニッケルスラグ細骨材コンクリートで丸鋼使用の場合，同一すべり量に対する付着応力度(τ_{bs})は，川砂コンクリートに比べて約 20%大きい値を示した．また，最大付着応力度(τ_b)時におけるフェロニッケルスラグ細骨材コンクリートのすべり量は，平均 0.14mm で，川砂コンクリートに比べやや小さい値であった．

図 4.5 は，異形鉄筋を使用した場合の自由端の鉄筋すべり量と τ_{bs}/Fc の関係を示したものである．これによると，自由端の鉄筋のすべり量が小さい段階では，フェロニッケルスラグ細骨材コンクリートと川砂コンクリートの間に若干の相違がみられるものの，全体としては両者の間に明確な差異は認められなかった．

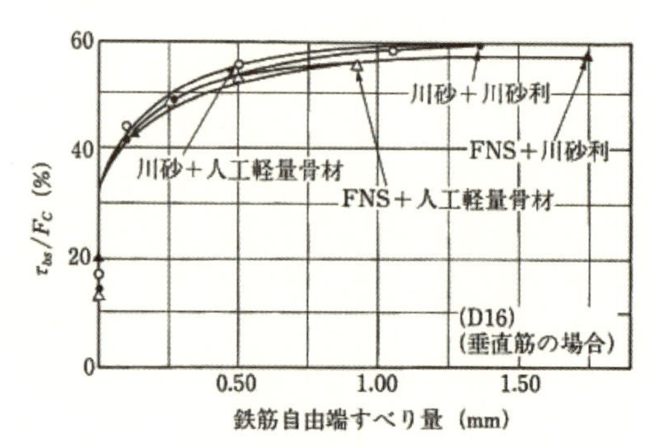

図 4.5　FNS コンクリートにおける鉄筋自由端滑り量と τ_b/Fc の関係(異形鉄筋)

4.4　シリーズ II 実験：鉄筋コンクリートはり型試験体の曲げ，せん断および付着挙動

4.4.1　コンクリート

細骨材として，N2 および N4 の 2 種類のフェロニッケルスラグ細骨材および川砂(RS)を用い，これに川砂利を組み合わせた合計 3 種類のコンクリートを用意した．鉄筋コンクリートはり型試験体の作製に用いたコンクリートの種類，調合概略およびコンクリートの主要性質を**表 4.5** に示す．

4.4.2　試験体

3 種類のコンクリートを用いて，曲げ試験体 12 体，せん断試験体 6 体および付着試験体 6 体を作製した．試験体の種類，形状・寸法，配筋方法などの概要を**表 4.6** および**図 4.6a** および**図 4.6b** に示す．

表 4.5　鉄筋コンクリートはり型試験体の作製に用いたコンクリート

コンクリート種類・調合				コンクリートの主要性質							
細骨材記号	W/C (%)	細骨材量 (%)	単位水量 (kg/m³)	スランプ (cm)	空気量 (%)	単容* (kg/ℓ)	強度(kgf/cm²) 圧縮	引張	曲げ	ヤング係数 :×10⁵ (kgf/cm²)	圧縮ひずみ度 (%)
N2	60	39.5	158	19.0	4.0	2.43	276～307	30.5～33.2	39.0～44.6	3.40～4.01	0.17～0.21
N4		41.0	187	18.5	2.8	2.35	268～317	32.2～39.0	37.8～39.8	2.92～3.11	0.22～0.28
RS		45.1	173	19.0	3.1	2.32	275～329	31.1～32.8	39.9～45.3	2.99～3.31	0.20～0.23

＊ 単位容積質量の略.

表 4.6　鉄筋コンクリートはり型試験体の種類および配筋寸法の概略

試験項目	試験体記号	配筋方法 主筋 引張側	配筋方法 主筋 圧縮側	せん断補強筋 試験区間	せん断補強筋 試験区間外	形状・寸法 (cm)	試験体数
曲　げ	N2-a N4-a RS-a	2-D13 Pt：1.5%	2-6φ	2-6φ@100	2-6φ@40	15×15×180	各2体 合　計 12　体
	N2-b N4-b RS-b	3-D16 Pt：3.3%					
せん断	N2 N4 RS	3-D16	3-D16	2-6φ@100	2-6φ@40	20×15×210 シャースパン ：60cm	各2体 合　計 6　体
付　着	N2 N4 RS	2-D16	2-D19	2-6φ@50	2-6φ@50	20×25×78 付着長さ ：15d	各2体 合　計 6　体

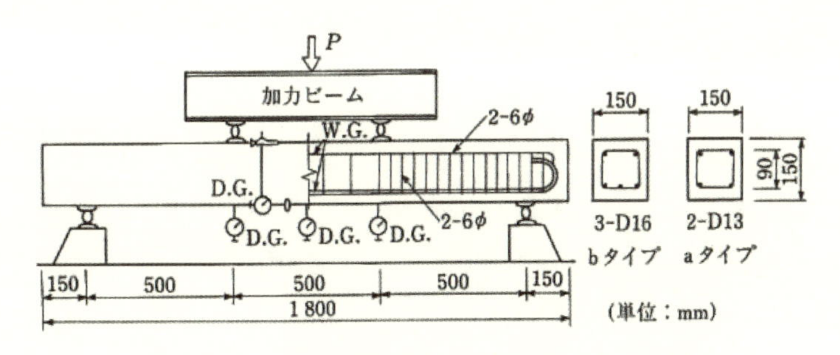

図 4.6a　曲げ試験体および試験方法の概略

4.4.3　試験方法

a) **曲げ試験**：加力は，図 4.6a に示す 3 等分点加力方法により行い，載荷は一方向漸増加力方法で行った．鉄筋のひずみは，鉄筋に貼りつけたワイヤーストレインゲージにより，曲率は，曲げ試験区間内に取り付けた曲率測定装置により，また，たわみは，ダイヤルゲージによりそれぞれを測定した．また，ひび割れの発生および進展状況については目視により観察し，記録した．

b) **せん断試験**：図 4.6b に示す逆対称加力方法により，図 4.6c に示す荷重ステップで 1 方向各 1 回載荷した．部材角は，せん断スパン内に取り付けたダイヤルゲージの値から計算により求めた．

c) **付着試験**：付着試験体は試験体の両端から 24cm（付着長さ 15d に相当）の位置に人工切欠きを設けたもので，この部分が引張側となるように試験機をセットし，図 4.6d に示すような曲げ加力方法により載荷した．切欠き部に張り付けたワイヤーストレインゲージのひずみ度から鉄筋に作用する応力を求めた．

また，鉄筋とコンクリート間のすべり量については，試験体の端部にセットしたダイヤルゲージにより測定した．両端のダイヤルゲージのうち大きなすべり量を示す端部のすべり量を鉄筋とコンクリートのすべり量とし，0.05～0.3mm の間で 10 段階に制御し，各制御すべり量について 5 階の繰返し載荷を行った．

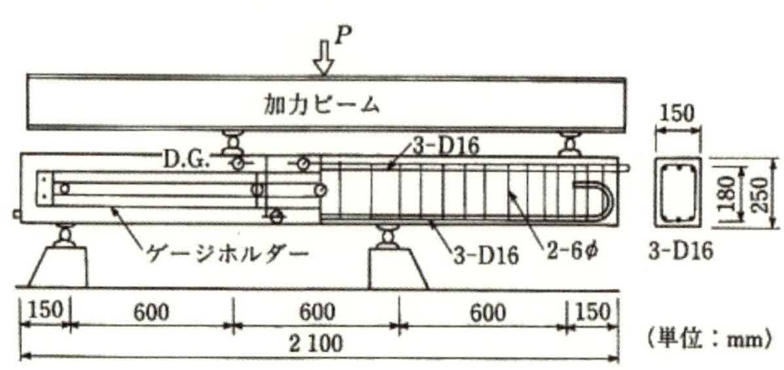

図 4. 6b　せん断試験体および試験方法の概略

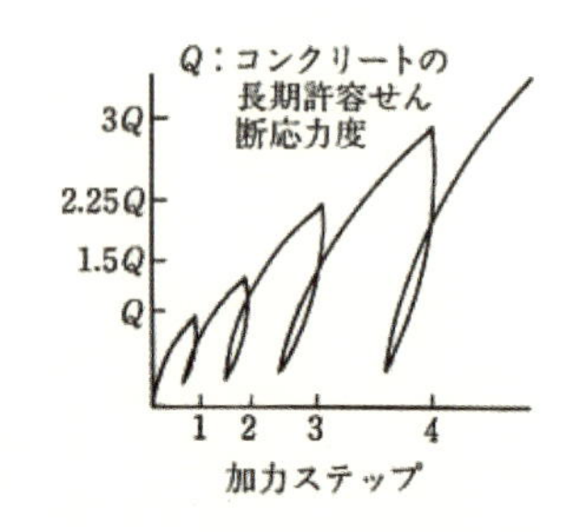

図 4. 6c　せん断試験の加力方法

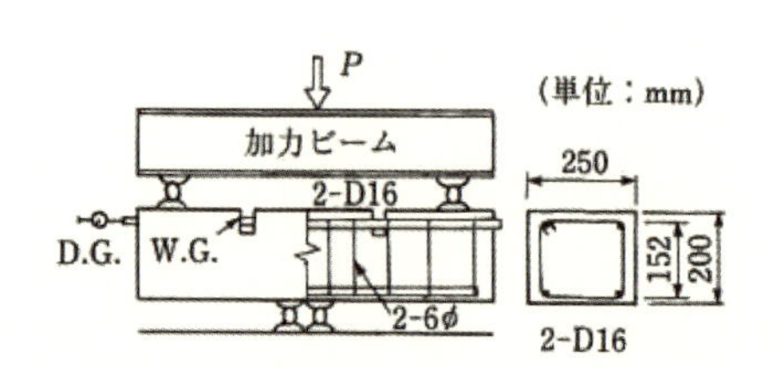

図 4. 6d　付着試験体および試験方法

4. 4. 4　実験結果および検討

a) 曲げ性状について

曲げ試験結果の一覧を表 4. 7 に示す．

i ）**破壊状況**：a および b タイプのいずれの試験体においても引張鉄筋降伏後に圧縮縁のコンクリートが圧壊して，終局破壊を示した．ひび割れの発生や進展の状況については細骨材の種類による相違は認められなかった．

ii ）**耐　　力**：表 4. 7 によると，同一の配筋方法の場合には，細骨材の種類による曲げ耐力の相違は認められなかった．

また，既往の耐力算定式との関係についても，フェロニッケルスラグ細骨材コンクリートと川砂コンクリートとの間には相違は認められなかった．

iii）**相対たわみ**：図 4. 7 に各試験体の曲げモーメントと相対たわみの関係を示す．

これによると，引張側主筋降伏時および終局時のたわみは，a タイプ試験体では，RS で 0.90mm および 5.05mm，N4 で 1.02mm および 5.74mm，N2 では 1.07mm および 5.13mm であり，フェロニッケルスラグ細骨材コンクリートにおいて若干ではあるがたわみが大きくなる傾向が認められた．

この傾向は b タイプ試験体においても同様に認められた．

表 4.7　曲げ試験結果の一覧

試験体記号		初ひび割れ発生時		引張側主筋降伏時			終局時		破　壊モード**
		実験値 (t・cm)	実験値/計算値 (1)	実験値 (t・cm)	実験値/計算値 (2)	実験値/計算値 (3)	実験値 (t・cm)	実験値/計算値 (4)	
N2	a	25.0	1.48	100.1	0.99	0.93	108.2	1.05	(a)
	b	32.5	1.93	220.8	0.99	0.96	230.5	0.98	(a)
N4	a	25.0	1.51	100.0	0.98	0.94	108.1	1.05	(a)
	b	37.5	2.26	233.8	1.00	0.97	230.1	0.99	(a)
RS	a	35.0	1.90	97.0	0.95	0.89	108.5	1.00	(a)
	b	30.0	1.63	227.5	1.02	0.98	232.2	1.00	(a)

＊ 実験結果は各2試験体の平均値を示す
＊＊ (a)引張側主筋降伏後、圧縮縁コンクリートの圧壊による破壊
(1)(2)日本建築学会式(3)梅村式(4)日本建築学会略算式

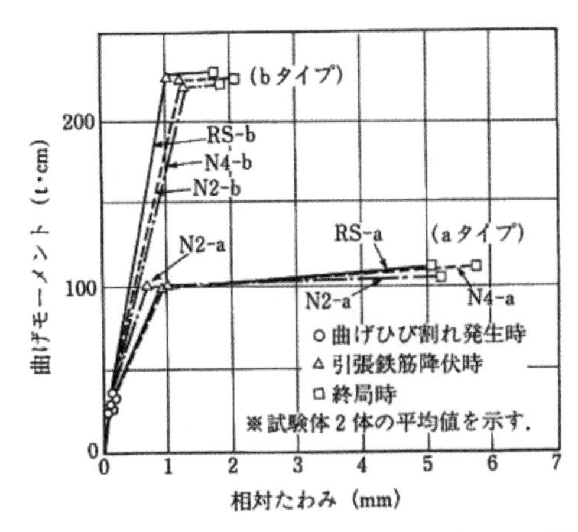

図 4.7　曲げモーメントと相対たわみの関係

iv) 曲　　率：図 4.8 に各種試験体の曲げモーメントと曲率の関係を示す.

これによると，引張側主筋降伏時および終局時の曲率($1/\rho : 10^{-6}mm^{-1}$)は，フェロニッケルスラグ細骨材コンクリートおよび川砂コンクリートの間に差異はほとんど認められなかった.

v) 靭 性 率：表 4.8 に，コンクリートの靭性率を示す.

これによると，フェロニッケルスラグ細骨材コンクリートの靭性率は，川砂コンクリートに比べて同程度かやや大きいといえる.

以上を総合すると，曲げ性状に関してはフェロニッケルスラグ細骨材を用いることにより，特に問題となる点はないといえる.

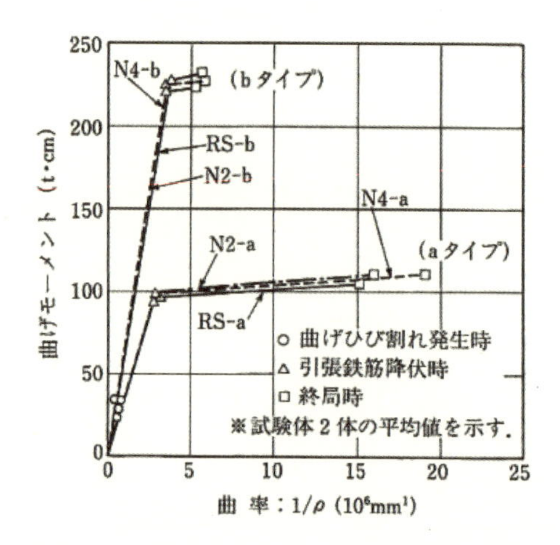

図 4.8　曲げモーメントと曲率の関係

表 4.8　各種試験体の靭性率

試験体 記　号	φy $10^{-6}mm^{-1}$	φu $10^{-6}mm^{-1}$	靭性率 μ
N2-a	29.9	160.3	5.36
N4-a	32.3	191.4	5.93
RS-a	29.9	152.5	5.10
N2-b	35.4	55.8	1.58
N4-b	34.8	59.9	1.72
RS-b	38.8	58.3	1.51

b) せん断性状について

せん断試験結果の一覧を表 4.9 に示す.

表 4.9　せん断試験結果*の一覧

試験体 記　号	曲げひび割れ発生時		斜めひび割れ発生時		終局時		破　壊 モード**
	せん断 応力度 (kgf/cm²)	実験値 /計算値 (5)	せん断 応力度 (kgf/cm²)	実験値 /計算値 (6)	せん断 応力度 (kgf/cm²)	実験値 /計算値 (7)	
N2	97.5	2.09	21.8	1.23	48.4	1.17	(a)
N4	112.5	2.25	23.9	1.28	54.3	1.24	(b)
RS	114.0	2.45	22.7	1.29	49.6	1.20	(a)(c)

＊ 実験値は各2試験体の平均値を示す
＊＊ (a)斜め引張破壊　(b)せん断引張破壊　(c)せん断複合破壊

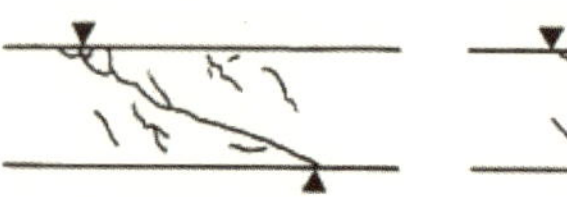

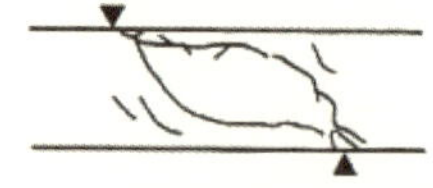

(5) 日本建築学会式, (6) および (7) 大野・荒川式

i）破壊状況

川砂コンクリートの試験体ではせん断引張破壊およびせん断複合破壊を示した．これに対して，フェロニッケルスラグ細骨材コンクリートのN4試験体では，2体ともせん断引張破壊を，N2試験体では2体とも斜め引張破壊を示した．

このように細骨材の種類により，異なった破壊モードを示したが，細骨材の特性の影響によるものかどうかについては明らかにすることはできなかった．

ii）耐　　力

曲げひび割れ発生時のモーメントは，川砂コンクリートに比べてフェロニッケルスラグ細骨材コンクリートは若干小さくなる傾向が認められた．

一方，斜めひび割れ発生時および終局時では，フェロニッケルスラグ細骨材による差異は多少みられるものの川砂コンクリートと同程度の耐力を示した．

また，既往のせん断応力算定式との関係においては，フェロニッケルスラグ細骨材を用いた場合でもかなり安全側で適用できることが確かめられた．

iii）部 材 角

荷重と部材角の関係を図4.9に，各荷重時の部材角を表4.10に示す．

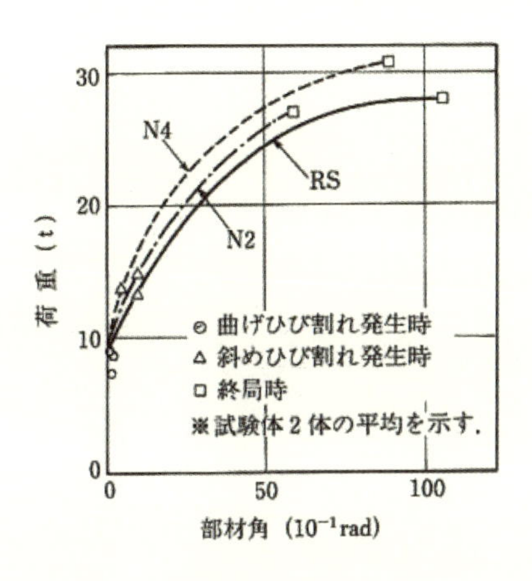

図4.9　荷重と部材角の関係

表4.10　せん断試験における各荷重時の部材角

試験体記号	各荷重時の部材角（10^{-4}rad）				
	1.0Q	1.5Q	2.25Q	3.0Q	Qmax
N2	2.6 (217)	5.8 (121)	17.0 (91)	34.6 (78)	57.6 (55)
N4	1.7 (142)	2.8 (58)	14.5 (78)	33.9 (76)	87.3 (83)
RS	1.2 (100)	4.8 (100)	18.7 (100)	44.4 (100)	105.4 (100)

*部材角は、各2試験体の平均値
(　　)内の数値は、RSを基準としたときの割合
Q：長期許容せん断応力度

フェロニッケルスラグ細骨材コンクリート試験体では，長期許容せん断応力度前後の荷重段階までは，川砂コンクリート試験体に比べて大きな部材角を示した．しかし，その後の荷重段階では，荷重の増加にともなう部材角の増加割合は川砂コンクリートに比べてむしろ小さく，長期許容応力度の3倍(短期許容応力度の2倍)以上では，川砂コンクリートに比べて60～80%程度の部材角を示した．この原因は主として，破壊モードの相違によるものと考えられる．

c）付着性状

付着試験結果の一覧を**表 4.11** に，繰返し加力による付着応力の低下状況を**図 4.10** に示す．これに基づいて検討を行うと以下のようである．

表 4.11　付着試験結果の一覧

試験体記号	0.1mmすべり時応力度 τ (kgf/cm²)	付着強度 (kgf/cm²)	τ時のすべり量 (mm)	τ0.1/τmax	破壊モード
N2	91.4	95.2	0.150	0.96	(a)
N4	92.1	92.4	0.175	1.00	(a)
RS	91.9	95.2	0.075	0.97	(a)

(a)引張側主筋降伏による曲げ破壊

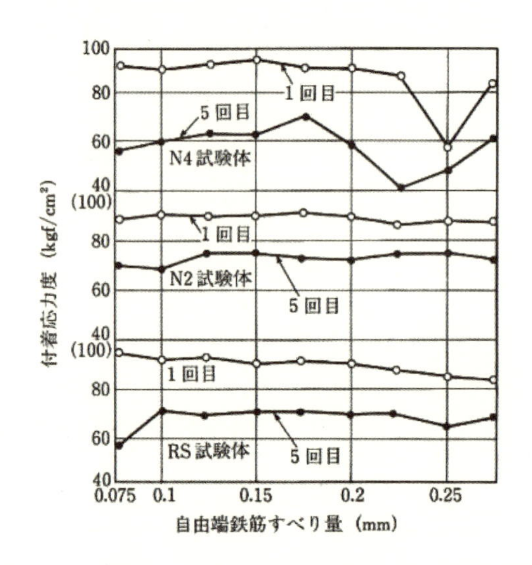

図 4.10　繰返し加力による付着応力の低下状況

ｉ）**破壊状況**：いずれの試験体においても，主筋近傍に微細なひび割れの発生が認められたが，荷重の増加にともなうひび割れの進展は小さく，主筋の引張降伏により終局破壊に至った．

ii）**耐　　力**：すべり量 0.1mm 時および最大荷重時(付着強度)の付着耐力については，フェロニッケルスラグ細骨材および川砂を用いた場合のいずれにおいても，同等の付着応力度を示した．

iii）**すべり量**：フェロニッケルスラグ細骨材コンクリートの最大荷重時のすべり量，すなわち主筋が降伏に至るまでのすべり量は，川砂コンクリートに比べてやや大きくなる傾向が認められた．しかし，その値は 0.15～0.17mm 程度であり，特に問題となることはないといえる．

ⅳ）疲 労 性：繰返し載荷による1回目に対する5回目の付着応力の低下状況を**図4.10**に示す．これによると，フェロニッケルスラグ細骨材コンクリートの種類により応力低下率が異なり，川砂コンクリートはこの2種類のほぼ中間的な値を示している．

4.5　まとめ

フェロニッケルスラグ細骨材を細骨材として全量用いた場合でも，鉄筋コンクリート部材としての力学特性挙動は，川砂を用いた場合とほぼ同様である．したがって，鉄筋コンクリート用細骨材としての適用性を十分に有しているといえる．

5.　長期屋外暴露試験結果

日本鉱業協会は，これまで日本建築学会および土木学会とともにフェロニッケルスラグ細骨材を用いた大型の試験体を製作し，長期屋外暴露試験を行ってきている．**表 5.1** に暴露試験を行っている主要な試験体および調査結果の概要を示す．現在，定期的に目視による調査，非破壊試験およびコア試料による各種試験を行っているが，フェロニッケルスラグ細骨材コンクリートの耐久性は，川砂，海砂，砕砂など通常の細骨材を用いた場合と比べ何ら遜色なく，すぐれた優れたコンクリート用細骨材であることが確認されている．

〔D〕骨材の場合，普通ポルトランドセメントのアルカリ量 0.78%（$Na_2Oeq.$）程度以下（コンクリート中のアルカリ総量 3.0kg/m^3 以下）のコンクリートおよび高炉セメント B 種を用いたコンクリートの暴露材齢 10 年以上の試験体においても，通常のコンクリートと同様の性状を示していた．

表 5.1　FNS を用いたコンクリートの耐久性試験結果

No	試験開始年月	配合概要					調査時期	材令(日)	調査項目・結果				
		セメントの種類	FNS混合率(%)	圧縮強度(kN/mm^2) 28日[Ⅰ]	W/C(%)	スランプ(cm)			ひび割れ・染み・破損	中性化深さ	コア試験 N/mm^2[Ⅱ]	コア試験 [Ⅱ]/[Ⅰ]	静弾性係数(kN/mm^2)
表2.16-21	1981.9	N	0	58.6	47	7	2015.9	12,410	異常を認めず（一部パネルに微小のひびわれ発生）	0mm	68.0	1.16	37.3
表2.16-22	1981.9	N	100	55.2	47	7	2015.9	12,410		0mm	62.9	1.14	41.4
表2.16-25	1992.3	N	50	32.0	55	18	2015.9	8,575	異常認めず	5mm	48.1	1.50	32.7
表2.16-26	1992.3	N	50	31.1	55	8	2015.9	8,575	異常認めず	3mm	41.6	1.34	29.6
表2.16-27	1992.3	BB	50	33.0	55	8	2015.9	8,575	異常認めず	3mm	43.2	1.31	34.2
表2.16-28	1992.3	N	0	32.0	55	8	2015.9	8,575	異常認めず	0mm	43.2	1.35	34.2

6.　フェロニッケルスラグ骨材の使用実績

6.1 概　要

フェロニッケルスラグはフェロニッケル製錬の際に副産されるスラグを加工して製造され，天然資源の枯渇対策および循環型社会の構築の対策の一環としてフェロニッケルスラグ骨材の利用は有用である.

フェロニッケルスラグ細骨材のコンクリート用骨材としての規格化は，1992 年に JIS A 5011(コンクリート用スラグ骨材)として実施され，その後，1997 年のスラグ骨材の規格見直しに際し，アルカリ骨材反応性の対策についても，レディーミクストコンクリート用骨材として普通骨材と同様の取り扱いで良いことになり，また微粒細骨材の有用性も認められた，JIS A 5011-2 として改正された.

2015 年度の JIS 改正では，コンクリート用スラグ骨材への環境安全性の規定の導入およびフェロニッケルスラグ粗骨材の追加がなされた.

今回，土木学会「フェロニッケルスラグを用いたコンクリートの設計・施工指針」の改訂において，フェロニッケルスラグ細骨材を用いた種々のコンクリートの使用実績を追記し，今後のフェロニッケルスラグ細骨材およびフェロニッケルスラグ粗骨材の使用のための資料とすることとした．また，近年フェロニッケルスラグ粗骨材のコンクリート用粗骨材も骨材として使用されるようになり，フェロニッケルスラグ粗骨材を用いた使用実績についても記述した.

6.2 生産・出荷量の年度別実績

2003 年(平成 15 年)から 2013 年(平成 25 年)までの年度別実績について**図 6.1** および**表 6.1** に記述した．また，最近の配合例についても追記した.

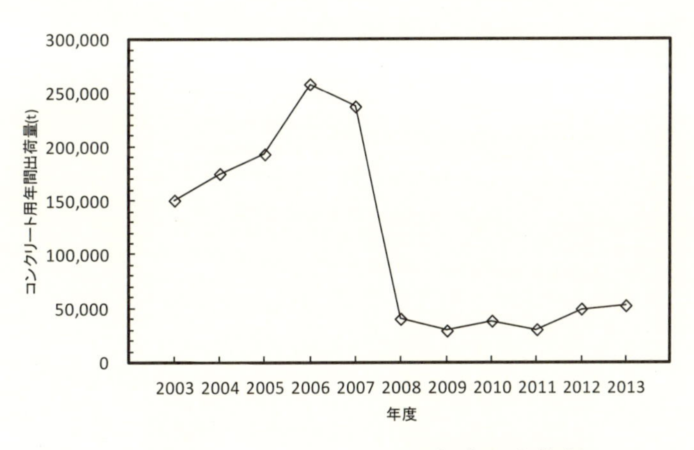

図 6.1　コンクリート用年度別出荷量

表 6.1　コンクリートの FNS 使用実績(出荷ベース)

(単位:t)

年度	用途	日本冶金	大平洋金属	日向製錬所	計
		A	B	C	
2003	土木・建築	36,612	112,053	8,836	157,501
2004		36,602	96,527	45,445	178,574
2005		40,907	88,772	64,440	194,119
2006		34,745	112,586	109,945	257,276
2007		30,379	81,954	119,597	231,930
2008		30,770	2,543	6,106	39,419
2009		25,189	230	2,253	27,672
2010		20,725	10,484	4,399	35,608
2011		21,080	7,428	1,028	29,536
2012		22,101	19,321	5,873	47,295
2013		29,930	18,365	5,680	53,975
	計	329,040	550,263	373,602	1,252,905

6.3　コンクリート種別・用途別の使用実績

フェロニッケルスラグ細骨材の使用目的は，既存の普通細骨材の品質，特に粒度分布改善や強度特性改善および消波ブロック用としてのコンクリート単位容積質量の確保などが主要なものである.

表 6.2 に，各種用途別コンクリートの使用実績および配合・品質の概要を示す.〔A〕骨材は主として粗目の地場産出細骨材の粒度改善用として，一般生コンクリートに使用されている.

〔B〕骨材のうち微粒分を含んでいない FNS5-0.3 は，混合使用される細目の山砂の粒度分布を改善し，かつ単位水量を減少させる目的で主として生コンクリート用として使用されている. FNS5 は，コンクリートの質量増加のための使用(消波ブロック用)およびコンクリートパイル用として高強度コンクリートの強度特性や品質改善を主要目的で使用されている.

〔D〕骨材は，コンクリート製品の品質改善を目的として海砂など普通砂と混合使用されている.
今後は生コンクリート用細骨材にも用いられる予定である.

表 6.2 a　実施工構造体に用いられたFNS コンクリートの配合例 (1/2)

No.	構造体種別	施工年	FNSまたはFNG銘柄種別[3]	FNSまたはFNG混合率(%)	設計強度[1] (N/mm^2)	W/C (%)	空気量(%)	スランプ(cm)	単位量(kg/m^3) セメント	水	FNS(細骨材)	FNG(粗骨材)	細骨材	粗骨材	混和剤種類	備考[2]
1	一般構造用	1992	A1.2	50	21	62.0	4.5	8.0	256	159	457	0	459	1043	AE減水剤	宮津市近辺生コン工場
2	一般構造用	1992	A1.2	27	24	58.0	4.5	18.0	309	179	299	0	575	959	AE減水剤	宮津市近辺生コン工場
3	一般構造用	1992	A1.2	50	21	62.0	4.5	8.0	256	159	457	0	459	1043	AE減水剤	日本冶金工業㈱，宮津市近辺生コン工場
4	一般構造用	1992	A1.2	27	24	58.0	4.5	18.0	309	179	299	0	575	959	AE減水剤	日本冶金工業㈱，宮津市近辺生コン工場
5	一般構造用	2002	A1.2	13.8	27	52.0	—	18.0	354	184	285	0	547	947	AE減水剤	日本冶金工業㈱，宮津市近辺生コン工場
6	一般構造用	2012	A1.2	13.4	30	47.5	—	18.0	385	183	268	0	526	956	AE減水剤	日本冶金工業㈱，宮津市近辺生コン工場
7	一般構造用	2013	A1.2	10.4	24	54.9	4.5	15.0	324	178	216	0	648	1002	AE減水剤	日本冶金工業㈱，宮津市近辺生コン工場
8	砂防ダム	1994	A1.2	35	21	62.0	4.5	8.0	253	157	315	0	599	1027	AE減水剤	宮津市近辺生コン工場
9	砂防ダム	2014	A1.2	10.3	21	56.9	—	5.0	255	145	230	0	583	1179	AE減水剤	日本冶金工業㈱，宮津市近辺生コン工場
10	ケーソン	2012	A1.2	14	24	55.0	—	8.0	293	161	297	0	573	1014	AE減水剤	日本冶金工業㈱，宮津市近辺生コン工場
11	耐震補強用	2012	A1.2	14	27	51.1	—	18.0	358	183	283	0	550	927	AE減水剤	日本冶金工業㈱，宮津市近辺生コン工場
12	PC橋梁	2005	A1.2	12.8	40	38.5	—	12.0	429	165	261	0	503	999	高性能AE減水剤	日本冶金工業㈱，宮津市近辺生コン工場
13	消波ブロック	1992	A1.2	45	21	60.0	4.5	8.0	256	159	457	0	459	1043	AE減水剤	日本冶金工業㈱，宮津市近辺生コン工場
14	消波ブロック(異形)	2012	A1.2	12.7	21	57.3	—	8.0	262	150	282	0	535	1108	AE減水剤	日本冶金工業㈱，宮津市近辺生コン工場
15	道路橋梁用	2011	A1.2	12.4	21	59.6	—	8.0	255	152	274	0	539	1123	AE減水剤	日本冶金工業㈱，宮津市近辺生コン工場
16	道路舗装用	1994	A1.2	30	45	39.5	4.5	6.5	377	149	227	0	431	1194	AE減水剤	宮津市近辺生コン工場
17	道路舗装用	2004	A1.2	10	曲げ4.5	39.0	—	2.5	359	140	219	0	421	1238	AE減水剤	日本冶金工業㈱，宮津市近辺生コン工場
18	道路覆工用	2004	A1.2	12	21	59.6	—	15.0	277	165	272	0	524	1091	AE減水剤	日本冶金工業㈱，宮津市近辺生コン工場
19	砂防ダム	1992	B5	100	19.6	52.8	4.5	5.0	230	121	915	0	0	1224	AE減水剤	青森県八戸市
20	消波ブロック(ドロス)	1987～1988	B5	25	21	57.1	3.0	10.0	280	160	261	0	719	1193	AE減水剤	東京都伊豆諸島
21	消波ブロック(テトラ)	1988	B5	100	21	60.1	3.0	8.0	257	160	1056	0	0	1147	AE減水剤	東京都伊豆諸島
22	消波ブロック(テトラ)	1991	B5	100	21	54.0	4.5	8.0	252	138	800	0	0	1357	AE減水剤	青森県深浦町
23	道路舗装用	1996	B5	100	40	36.7	4.5	5.0	368	135	662	0	0	1389	AE減水剤	青森県八戸市
24	道路舗装用	1996	B5	50	40	39.4	4.5	5.0	368	145	320	0	309	1374	AE減水剤	青森県八戸市
25	コンクリートパイル	1995	B5	100	83.4	23.8	2.0	3.0	500	119	794	0	0	1155	高性能減水剤	遠心力締固め
26	一般構造用	1992	B5-0.3	20	21	60.1	4.5	8.0	257	154	174	0	640	1087	AE減水剤	東京都・千葉県生コン工場
27	一般構造用	1992	B5-0.3	20	21	60.1	4.5	18.0	291	176	175	0	646	992	AE減水剤	東京都・千葉県生コン工場
28	擁壁	1989	C5	60	21	55.0	5.0	12.0	398	186	541	0	297	1069	AE減水剤	青森県八戸市
29	一般構造用	1995	D5	50	21	52.0	4.5	15.0	379	197	450	0	388	855	AE減水剤	高炉B種・東予
30	ケーソン上部コンクリート	2008	D5	30	18	60.0	4.5	8.0	255	153	263	0	558	1095	AE減水剤	㈱日向製錬所，㈱南栄建設工業

1）設計強度は生コンクリートの呼び強度または設計基準強度を示す。

2）備考欄は施工場所や生コン工場等を記載。

3）FNS及びFNG銘柄種別はコンクリートライブラリー参照。

表 6.2 b　実施工構造体に用いられたFNS コンクリートの配合例 (2/2)

No.	構造体種別	施工年	FNSまたはFNG銘柄種別[3]	FNSまたはFNG混合率(%)	設計強度[1] (N/mm^2)	W/C (%)	空気量(%)	スランプ(cm)	単位量(kg/m^3)						混和剤種類	備考[2]
									セメント	水	FNS(細骨材)	FNG(粗骨材)	細骨材	粗骨材		
31	消波ブロック(テトラ)	1998	D5	30	24	54.0	—	8.0	265	143	270	0	548	1113	AE減水剤	㈱日向製錬所，日向アサノコンクリート㈱
32	消波ブロック(三脚)	1999	D5	30	21	60.0	—	8.0	234	140	281	0	587	1142	AE減水剤	㈱日向製錬所，延岡小野田レミコン㈱
33	消波ブロック(テトラ)	2000	D5	30	21	53.4	—	8.0	247	132	262	0	538	1210	AE減水剤	㈱日向製錬所，宮崎レミコン㈱
34	道路舗装用	1981	D5	100	20.6	45.0	2.0	12.0	358	197	858	0	0	957	AE減水剤	㈱日向製錬所内
35	ボックスカルバート	1995	D5	30	34.4	38.0	2.0	5.0	427	162	203	0	598	1068	AE減水剤	宮崎県コンクリート製品工場
36	PCボックスカルバート	1995	D5	30	39.3	35.0	2.0	5.0	450	156	231	0	477	1025	AE減水剤	宮崎県コンクリート製品工場
37	擁壁ブロック	1995	D5	30	29.4	42.0	2.0	5.0	386	162	245	0	505	1089	AE減水剤	宮崎県コンクリート製品工場
38	擬岩ブロック	1995	D5	30	23.5	50.0	2.0	5.0	320	160	261	0	546	1090	AE減水剤	宮崎県コンクリート製品工場
39	道路側溝・蓋	1995	D5	30	26.5	44.0	2.0	5.0	368	162	248	0	513	1089	AE減水剤	宮崎県コンクリート製品工場
40	大平洋金属場内防油堤	2013	E20-5	50	24	49.0	5.5	18.0	341	167	0	553	771	502	AE減水剤	大平洋金属㈱，BB，G20mm，八戸市近郊生ｺﾝ工場
41	【民】一般構造用(土間)	2014	B5	35	30	47.9	4.5	15.0	351	168	316	0	508	1096	AE減水剤	大平洋金属㈱，N，G25mm，八戸市近郊生ｺﾝ工場
42	【民】一般構造用(基礎)	2014	B5	35	30	47.9	4.5	18.0	366	175	316	0	513	1055	AE減水剤	大平洋金属㈱，N，G25mm，八戸市近郊生ｺﾝ工場
43	【民】一般構造用(基礎)	2014	B5	35	21	59.6	4.5	15.0	277	165	337	0	546	1021	AE減水剤	大平洋金属㈱，N，G20mm，八戸市近郊生ｺﾝ工場
44	【国】堤防補強	2014	B5	35	21	58.7	4.5	8.0	251	147	319	0	515	1228	AE減水剤	大平洋金属㈱，BB，G40mm，八戸市近郊生ｺﾝ工場
45	【県】送水管付帯	2014	B5	35	21	59.6	4.5	8.0	261	155	334	0	541	1160	AE減水剤	大平洋金属㈱，N，G25mm，八戸市近郊生ｺﾝ工場
46	【国】消波ブロック(テトラ)	2004～2013	B5	100	21	52.5	4.5	8.0	258	135	820	0	0	1348	AE減水剤	大平洋金属㈱，BB，G40mm，八戸市近郊生ｺﾝ工場
47	【国】消波ブロック(テトラ)	2014	B5	100	21	53.8	4.5	8.0	255	137	825	0	0	1348	AE減水剤	大平洋金属㈱，BB，G40mm，八戸市近郊生ｺﾝ工場
48	PHCパイル	2005～2007	B5	100	93.2	23.8	2.0	2.0	500	119	863	0	0	1118	減水剤	大平洋金属㈱，H，G20mm，八戸市近郊ﾊﾟｲﾙﾒｰｶｰ
49	一般構造用	2014	B5	35	21	59.6	4.5	8.0	261	155	334	0	541	1160	AE減水剤	大平洋金属㈱，N，G25mm，八戸市近郊生ｺﾝ工場
50	一般構造用	2014	B5	35	21	59.6	4.5	8.0	252	150	328	0	526	1207	AE減水剤	大平洋金属㈱，N，G40mm，八戸市近郊生ｺﾝ工場
51	一般構造用	2015	B5	35	21	59.4	4.5	8.0	266	158	310	0	502	1216	AE減水剤	大平洋金属㈱，N，G20mm，八戸市近郊生ｺﾝ工場
52	一般構造用	2015	B5	35	21	59.4	4.5	8.0	253	150	319	0	513	1231	AE減水剤	大平洋金属㈱，N，G40mm，八戸市近郊生ｺﾝ工場

1）設計強度は生コンクリートの呼び強度または設計基準強度を示す。
2）備考欄は施工場所や生コン工場等を記載。
3）FNS及びFNG銘柄種別はコンクリートライブラリー参照。

7. 消波用コンクリートブロックの容積計算例

消波用コンクリートブロックは，質量の大きさがその機能を支配する．わが国では，消波用コンクリートブロックに必要とされる質量を計算する式として，式(7.1)に示すハドソン式が一般に使用されている．この式では，コンクリートブロックの最小質量に浮力の影響を考慮することになっており，密度が少しでも大きいと浮力の影響によって顕著な容積低減効果が得られる．**図 7.1** は，コンクリートの単位容積質量と消波ブロックの容積比との関係を示したものであるが，フェロニッケルスラグ細骨材コンクリートの単位容積質量が 2.5t/m³の場合，通常の骨材を用いたコンクリートの 2.3t/m³の場合と比較して消波ブロックの所要の容積は約 65%となり，フェロニッケルスラグ細骨材コンクリートの有利性を示している．

$$W=\frac{\gamma_r H^3}{K_D(S_r-1)^3\cot\alpha} \quad \cdots\cdots (7.1)$$

ここに，W：　コンクリートブロックの最小質量(t)

γ_r：　コンクリートブロックの単位容積質量(t/m³)

H：　設計計算に用いる波高(m)

S_r：　コンクリートブロックの海水に対する比重

（$=\gamma_r/\gamma_w$，γ_w は海水の密度 1.03kg/cm³）

α：　斜面が水平面となす角度(度)（一般に，cotα＝1.3～1.5）

K_D：　被覆材および被害率によって定まる定数(一般に 8.3)

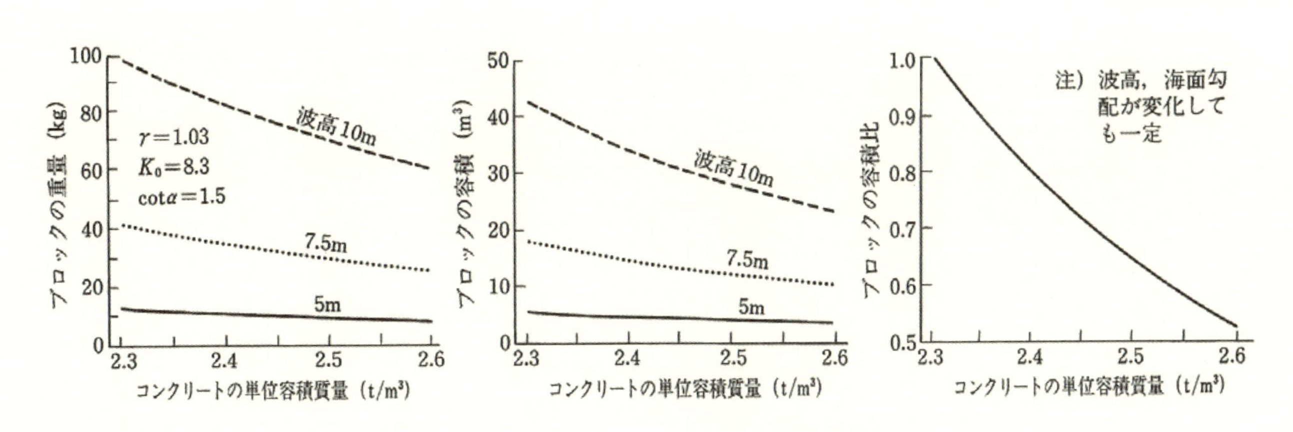

図 7.1　消波ブロックへの適用効果(計算例)

付録 Ⅱ

非鉄スラグ製品の製造・販売管理ガイドライン

日本鉱業協会は，非鉄スラグ製品の製造販売が適正に実施され廃掃法，環境安全品質等に関する不具合の防止対策として「非鉄スラグ製品の製造・販売ガイドライン」を規定している．非鉄スラグ製品の取り扱いを行う上での参考資料として付録Ⅲとして掲載した．なお，本ガイドラインは日本鉱業協会の HP に掲示されている． H.P：www.kogyo-kyokai.gr.jp/

非鉄スラグ製品の製造・販売管理ガイドライン

1. 主 旨

日本鉱業協会スラグ委員会の各会員（以下「各会員」という.）が非鉄スラグ製品（ここで非鉄スラグとは、フェロニッケルスラグ、銅スラグ、亜鉛スラグをいう.）を製造・販売するにあたり、取引を円滑に行うとともに、需要家（ここで需要家とは、各会員が行う非鉄スラグ製品の販売先のみではなく、非鉄スラグ製品の使用方法や施工方法を実質的に決定する者を含むものとする．また、ここで各会員の販売先とは、売買契約によって非鉄スラグ製品を購入する者をいう.）での利用に際し、適切な使用がなされるために、製造・販売者として遵守すべき事項を、本ガイドラインで定める.

なお、フェロニッケルスラグとは、JIS A 5011-2 の規定に準じ、ニッケル鉱石等を原料としてフェロニッケルを製造する際に副生するスラグを指し、銅スラグとは、JIS A 5011-3 の規定に準じ、銅精鉱等を原料として銅を製造する際に副生するスラグを指し、亜鉛スラグとは、亜鉛製錬所で亜鉛を製造する際に副生するスラグを指す．また、非鉄スラグ製品の使用方法や施工方法を実質的に決定する者とは、施主、施工業者、設計コンサルタントなどを指す.

なお、各会員とは、日本冶金工業㈱、大平洋金属㈱、住友金属鉱山㈱、三菱マテリアル㈱、パンパシフィック・カッパー㈱、三井金属鉱業㈱、DOWA メタルマイン㈱を指す．また、対象となる製造・販売する関係会社は、日本冶金工業㈱大江山製造所、宮津海陸運輸㈱ 、大平洋金属㈱八戸本社（製造所)、住友金属鉱山㈱東予工場、㈱日向製錬所、住鉱物流㈱、日比共同製錬㈱ 、パンパシフィック・カッパー㈱佐賀関製錬所、小名浜製錬㈱、三菱マテリアル㈱直島製錬所、八戸製錬㈱、三池製錬㈱とする.

2. 非鉄スラグ製品の適用範囲

2-1. 非鉄スラグ製品

本ガイドラインは、各会員及び製造・販売する関係会社が製造・販売する全ての非鉄スラグ製品に適用する.

(1) 非鉄スラグの用途は、別紙 1－非鉄スラグ製品の使用場所・用途に示されているものに限定し、それ以外の用途に使用してはならない．新たな用途を追加する場合は、各会員が、日本鉱業協会に申請・協議し追加するものとする.

(2) 非鉄スラグ製品は、製造を行う主体により下記の様に区分する.

①　各会員及び製造・販売する関係会社が自ら非鉄スラグのみで製品を製造する場合
各会員及び製造・販売する関係会社が自ら非鉄スラグのみで非鉄スラグ製品を製造する場合には、その製品を本ガイドラインにおける非鉄スラグ製品とする.
②　各会員及び製造・販売する関係会社が自ら他の材料と混合調製（非鉄スラグを破砕・整粒し、他材と混合し、非鉄スラグ製品を加工・製造すること）する場合
各会員及び製造・販売する関係会社が自ら非鉄スラグ（他の各会員及び製造・販売する関係会社から購入したものを含む）と他の材料を混合調製した後、そのままの状態で使用される場合には、混合調製後の製品を本ガイドラインにおける非鉄スラグ製品とする.
③　各会員及び製造・販売する関係会社が販売した後、各会員及び製造・販売する関係会社以外の第三者が他の材料と混合調製する場合

各会員及び製造・販売する関係会社が非鉄スラグを各会員及び製造・販売する関係会社以外の第三者に販売した後で、各会員及び製造・販売する関係会社以外の第三者が非鉄スラグと他の材料を混合調製した場合は、非鉄スラグ製品の対象外とする. 但し、各会員及び製造・販売する関係会社は販売に際し、第三者が遵守すべき事項（混合率等の使用条件等）を提示し、その内容について第三者との契約を取り交わさなければならない.

また、第三者が契約時に締結した事項が確実に実施されている事を確認しなければならない.

(3)　各会員及び製造・販売する関係会社が非鉄スラグをブラスト材として販売する場合、使用後、廃掃法等を遵守し処理されることを確認しなければならない.

2-2. 廃棄物として処理される非鉄スラグの扱い

各会員及び製造・販売する関係会社は、使用場所・用途に応じて適用する品質及び環境安全品質を満たさない非鉄スラグは非鉄スラグ製品として販売しない.「廃棄物の処理及び清掃に関する法律」に従って、適正に処理しなければならない.

3.　各会員及び製造・販売する関係会社の責務

各会員及び製造・販売する関係会社は、本ガイドラインに定める事項に従い、自社の「非鉄スラグ製品に関わる管理マニュアル」を整備するものとし、非鉄スラグ製品の製造・販売にあたっては、本ガイドライン並びに当該自社のマニュアルを遵守しなければならない.

各会員及び製造･販売する関係会社は、本ガイドライン等を遵守することを通じて、法令遵守はもとより、非鉄スラグ製品の品質に対する懸念、非鉄スラグ製品に起因する生活環境の保全上の支障が発生するおそれ等を未然に防止するとともに、非鉄スラグ製品への信頼の維持・向上に努めなければならない.

4.　非鉄スラグ製品の品質管理

4-1. 備えるべき環境安全品質

①　各会員及び製造・販売する関係会社は、非鉄スラグ製品が備えるべき環境安全品質として、法律、法律に基づく命令、条例、規則及びこれらに基づく通知（以下「法令等」という.）、JIS、国・自治体の各種仕様書や学会･協会等の最新の要綱･指針で定められているものがある場合は、これを遵守しなければならない.
②　各会員及び製造・販売する関係会社は、非鉄スラグ製品の使用場所を管轄する自治体が定めるリサイクル認定等の独自の認定制度に適合する製品として、非鉄スラグ製品を販売するときは、当該認定に関して自

治体が定める環境安全品質基準に従わなければならない.

③　各会員及び製造・販売する関係会社は、法令等、JIS、国・自治体の各種仕様書や学会・協会等の最新の要綱・指針などに明確な環境安全品質の定めがない場合は、非鉄スラグ製品の環境安全品質の適合性については、使用される場所等や用途に応じて適用される基準（別紙 2－非鉄スラグ製品の使用場所・用途に応じて適用する環境安全品質基準参照）を遵守しなければならない.

4-2. 前項の環境安全品質以外の品質規格等

①　非鉄スラグ製品が備えるべき品質規格等として、法令等、JIS、国・自治体の各種仕様書や学会・協会等の最新の要綱・指針等で定められているものがある場合は、各会員及び製造・販売する関係会社は、これを遵守しなければならない.

②　各会員及び製造・販売する関係会社は、非鉄スラグ製品の使用場所を管轄する自治体が定めるリサイクル認定等の独自の認定制度に適合する製品として、非鉄スラグ製品を販売するときは、当該認定に関して自治体が定める品質規格等に従わなければならない.

③　法令等、JIS、国・自治体の各種仕様書や学会・協会等の最新の要綱・指針等で明確な品質規格等の定めがない場合は、各会員及び製造・販売する関係会社は、需要家との間で品質規格等を取り決め、これを遵守しなければならない.

4-3. 出荷検査

非鉄スラグ製品の出荷検査は、原則として、各会員及び製造・販売する関係会社により、JIS または需要家との間の取り決めに従い行われることとする.

但し、非鉄スラグ製品の環境安全品質に係る環境安全形式検査は、JIS Q 17025 若しくは JIS Q 17050-1 及び JIS Q 17050-2 に適合している試験事業者、または環境計量証明事業者として登録されている分析機関により、別紙 2 に示す試験頻度で実施しなければならない. 環境安全受渡検査は、社内分析で行ってもよい. 但し、JIS Q 17025 若しくは JIS Q 17050-1 及び JIS Q 17050-2 に適合している試験事業者、または環境計量証明事業者として登録されている分析機関での分析を 1 年に 1 回以上行い、社内分析の検証を行うことが必要である.

別紙 2 に示す製造ロットとは、工場ごとの製造実態、品質管理実態に応じて、各会員及び製造・販売する関係会社が規定するものとする.

また、その結果に係る記録については、少なくとも 10 年以上の保管期限を定めて保管されなければならない. なお、以下に示す保管記録は、電子データでも可とする. また、本ガイドラインにおいての環境計量証明事業者とは、計量法に基づく計量証明の事業区分が「水又は土壌中の物質の濃度に係わる事業」の登録を受けた者とする.

また、需要家から要求があった場合には、各会員及び製造・販売する関係会社は、環境安全品質に係る記録を提出することとする.

5. 非鉄スラグ製品の置場・保管管理

各会員及び製造・販売する関係会社は、スラグ専用置場を設けて、置き場外への流出や異物が混入しないよう、また、周辺地域への飛散などによる悪影響を避けるなどの対策を講じて、適切な保管管理を行う. 仮設の置き場を設置する場合には、特に置き場外への飛散防止や異物混入防止に留意し、適切に管理を行うものとする.

6. 非鉄スラグ製品の販売管理

6-1. 非鉄スラグ製品の用途指定

各会員及び製造・販売する関係会社は、非鉄スラグ製品が、適切に有効活用されるように、別紙 1 の用途にのみ販売するものとする.

6-2. 需要家の審査

各会員及び製造・販売関係会社は、需要家の用途などの適合性を審査し、適合した需要家にのみ販売するものとする. また、以下の項目について需要家の審査を行う. 販売先が需要家と異なる場合は、販売先と需要家について審査するものとする.

■ 審査事項

・当該取引の用途などの内容説明にあいまいな点の有無
・各会員及び製造・販売する関係会社の社内コンプライアンス規定に基づく確認
・需要家の過去の行政処分情報（入札停止処分等）の有無､(内容の確認)
・需要家の過去の取引履歴における問題の有無
・需要家の会社の業務内容、経営情報に不審な点の有無

6-3. 受注前

(1)　需要家への品質特性の説明

各会員及び製造・販売する関係会社は、需要家から非鉄スラグ製品の引き合いがあった場合は、需要家が法令を遵守するとともに、不適切な使用により生じ得る環境負荷に関する理解を深めるために、用途に応じてパンフレットや技術資料を提供するなど、需要家に対して書面で非鉄スラグ製品の品質特性と使用上の注意事項を説明しなければならない.

(2)　受注前現地調査要否の判断、受注可否の判断、施工中及び施工後の調査要否の判断

各会員及び製造・販売する関係会社は、需要家から非鉄スラグ製品の引き合いがあった場合は、需要家から使用場所（運送、施工中の一時保管場所を含む. 以下同じ)、使用状態、施工内容、施工方法などの説明を受けた上で、使用場所の現地調査の要否を判断し、必要と判断される場合には現地調査をおこなわなければならない. 当該現地調査を踏まえ、事前に関係者間で協議した結果、施工中（一時保管場所を含む)、施工後を通じて必要な対策を講じてもなお、法令違反を惹起する疑い、または生活環境の保全上の支障が発生するおそれがある場合は、各会員及び製造・販売する関係会社は、販売を見合わせなければならない. また、販売可能と判断したものについて、各会員及び製造・販売する関係会社は、施工中・施工後の調査の要否を判断し、必要と判断される場合には施工中・施工後の調査をしなければならない.

使用場所の現地調査項目は、各会員及び製造・販売する関係会社にて、予め定めるものとする.

受注前現地調査により販売可能と判断した場合においても、各会員及び製造・販売する関係会社は、施工中及び施工後の留意点について、需要家に説明するとともに、必要に応じて行政・近隣住民との事前協議を行うこととする.

(3)　受注前現地調査の実施基準、受注可否の判断基準、施工中及び施工後の調査の実施基準

① 使用場所の受注前現地調査の実施基準、② 受注前現地調査の結果に基づいた受注可否判断基準、③ 施工中・施工後の現地調査の実施基準は、各会員及び製造・販売する関係会社にて予め定めるものとする. 但し、少なくとも 3,000t 以上の案件については、各会員及び製造・販売する関係会社は、受注前現地調査を実施しなければならない.

(4)　販売上の留意点

①　各会員及び製造・販売する関係会社は、非鉄スラグ製品の販売において、販売先に対し、有償で販売しなければならない.

各会員及び製造・販売する関係会社が支払う運送費や業務委託費等が販売代金以上となるおそれがある場合は、各会員及び製造・販売する関係会社は、販売先以外の第三者を運送業者や業務委託先等として選定しなければならない.

②　出荷場所と使用場所の関係から、運送費が販売代金以上となるおそれがある場合は、各会員及び製造・販売する関係会社は、あらかじめ複数の運送業者から見積もりを取るなど運送費の妥当性を検証しなければならない.

③　各会員及び製造・販売する関係会社は、販売した非鉄スラグ製品は原則転売・転用を禁止とし、
転売・転用をする場合は販売者の了解を得ることを購入者に書面にて周知徹底しなければならな
い.

(5)　受注前現地調査、需要家との面談等の記録

受注前現地調査、需要家との面談、需要家に非鉄スラグ製品の品質特性と使用上の注意事項の説明を行った事実等については、各会員及び製造・販売する関係会社は、予め各会員にて定める様式により記録に留め、少なくとも納入完了から10年以上の保管期限を定めて保管しなければならない. また、需要家との間で取り決めた品質規格等については、各会員及び製造・販売する関係会社は、書面で需要家に提出しなければならない.

《 調査項目 》

①　調査年月日
②　工事名
③　施工場所
④　施主名
⑤　施工業者名
⑥　用途：具体的な用途を記入
⑦　規格、非鉄スラグ製品の種類
⑧　納入時期・工期
⑨　数 量
⑩　他のリサイクル材との共同使用の有無
⑪　施工場所の状況⑫施工中の保管場所
⑬　輸送方法、輸送中の一時保管場所

《 決定項目 》

① 施工中状況調査の要否
②　施工後の追跡調査の要否

(6)　新規納入事案に対する社内承認

各会員及び製造・販売する関係会社は、量の多少を問わず、新規納入事案については、事前入手情報・現地調査結果等を基に各社で定める審査・承認を受ける. 審査結果は様式に定めるところに記入し、関係者回覧の上、期限を定めて保管する.

6-4. 受注・納入

(1)　受注を決定し、非鉄スラグ製品を納入する場合には、各会員及び製造・販売する関係会社は、需要家との契約条件に従って試験成績表を提出しなければならない.

(2)　非鉄スラグ製品が使用される場所に応じて適用される環境安全品質とそれへの適合性については、各会員及び製造・販売する関係会社は、契約書あるいはその他の方法で需要家に提示しなければならない. コンクリート用銅スラグ骨材及びアスファルト混合物用銅スラグ骨材は、環境安全形式検査成績表と混合率の上限を提出しなければならない.

(3)　各会員及び製造・販売する関係会社は、非鉄スラグ製品を納入する場合は、法に基づき、需要家に化学物質等安全データシート（英: Material Safety Data Sheet、略称 MSDS）あるいは安全性データシート（英: Safety Data Sheet、略称 SDS）を発行しなければならない.

6-5. 非鉄スラグ製品の運送

非鉄スラグ製品の運送に際しては、各会員及び製造・販売する関係会社は、代金受領、運搬伝票等で非鉄スラグ製品が確実に需要家に届けられたこと確認しなければならない. また、需要家が製造元及び販売元を確認できるように、納入伝票等には、製造元及び販売元の各会員名称を記載しなければならない.

6-6. 施工中の調査

(1)　各会員及び製造・販売する関係会社は、必要に応じて施工場所（運送、一時保管を含む）の調査を実施しなければならない. 特に、粉塵対策が重要である. 但し、3,000t 以上の案件については、各会員及び製造・販売する関係会社は、施工中の調査を必ず実施しなければならない. なお、各会員及び製造・販売する関係会社は、施工中の調査結果を記録に留め、少なくとも 10 年以上の保管期限を定め保管しなければならない.

(2)　状況確認の結果、運送、保管、施工に際して、非鉄スラグ製品の取扱い等に不具合が認められる場合は、各会員及び製造・販売する関係会社は、必ず需要家に正しい取扱い方法について注意喚起し、それを記録に留め、少なくとも 10 年以上の保管期限を定めて保管しなければならない. また、必要に応じて行政庁と協議し、それを記録に留め、少なくとも 10 年以上の保管期限を定めて保管しなければならない.

特に、施工中の非鉄スラグ製品の各会員及び製造・販売する関係会社および需要家による製造事業所外での一時保管については、各会員及び製造・販売する関係会社は、定期的に見回り調査を実施し、粉塵対策等の実施状況を調査・点検し、記録するとともに、各会員及び製造・販売する関係会社および需要家による一時保管において在庫過多による野積みが生じないよう、各会員及び製造・販売する関係会社および需要家での在庫は使用量の 3 ヵ月分を上限の目処とする. 3 ヵ月以上の長期間にわたり利用されずに放置されている場合には、各会員及び製造・販売する関係会社は、速やかにその解消を指導し、指導に従わない場合は、行政と相談の上、撤去を含め、速やかな対策を講じなければならない.

(3)　6-3 (2)で受注前に施工中の調査を不要と判断したものについても、問題発生のおそれのあるものについては、各会員及び製造・販売する関係会社は、調査を実施しなければならない.

7. 施工後の調査

(1)　各会員及び製造・販売する関係会社は、施工場所や利用用途等の特徴に応じて、施工後の調査の期間、頻度についての判断基準を定めなければならない. また、各会員及び製造・販売する関係会社は、施工後の施工場所の状況に応じて、調査期間の延長や頻度の見直しを実施しなければならない. 但し、少なくとも 3,000t 以上の案件については、各会員及び製造・販売する関係会社は、施工後の調査を実施しなければならない.

尚、ケーソン中詰材、SCP等の事後確認が不可能な場合は、施工中の確認で代用してもよい.

(2) 事前の現地調査で施工後の調査が必要と判断された場合は、各会員及び製造・販売する関係会社は、需要家と相談の上、施工後の調査を、必要な期間、必要な頻度で行い、調査結果を記録に留め、少なくとも10年以上の保管期限を定め保管しなければならない.

(3) 施工後の調査の結果、施工後使用場所に環境への影響が懸念される場合は、各会員及び製造・販売する関係会社は、速やかに需要家と協議し、それが非鉄スラグ製品の品質に起因する場合、必要な措置を講じなければならない. 需要家における使用が原因の場合、各会員及び製造・販売する関係会社は、需要家に対して、必要な注意喚起を行わなければならない. これらにあたり、各会員及び製造・販売する関係会社は、必要に応じ行政と協議することとする. 各会員及び製造・販売する関係会社は、これらについて記録に留め、少なくとも10年以上の保管期限を定め保管しなければならない.

(4) 各会員及び製造・販売する関係会社は、施工後の調査を必要なしと判断した案件においても、使用場所に異常が認められた場合は、前項に準じる.

8. 行政・住民等からの指摘・苦情等が発せられたとき及びその懸念が生じたときの対応

非鉄スラグ製品の運送・一時保管・施工中・施工後の一連のプロセスにおいて、行政・住民等からの指摘・苦情等が発せられたとき、またはその懸念が生じたときは、その原因が非鉄スラグ製品に起因するか否かを問わず、各会員及び製造・販売する関係会社は、需要家と協力して速やかに原因究明にあたるとともに、非鉄スラグ製品に起因する場合は、需要家と、必要に応じて行政・住民等と協議の上適切な対策をとることとし、需要家その他の関係者の行為に起因する場合には、必要に応じ当該関係者に注意喚起を行い、必要に応じて行政庁と協議することとする.

また、非鉄スラグ製品に起因するか否かを問わず、各会員及び製造・販売する関係会社は、非鉄スラグ製品に対する信頼・評価が毀損されることがないよう適切かつ迅速な対応を図ることとする. これらの対応は各会員及び製造・販売する関係会社が主導し、販売会社と相互協力して行うこととする. 本項の措置については記録に留め、少なくとも10年以上の保管期限を定め保管しなければならない.

行政・住民等からの重大な指摘・苦情等が発せられたときは、日本鉱業協会に報告する.

9. マニュアルの整備と運用遵守状況の点検及び是正措置

各会員及び製造・販売する関係会社は、本ガイドラインに定める事項を、自社の非鉄スラグ製品に関わる管理マニュアルとして整備しなければならない.

各会員及び製造・販売する関係会社は、ガイドライン及びマニュアルの社内教育を定期的に実施し、自社のマニュアルの規定に従い運用しているかどうか、保管すべき記録を保管しているかどうか等マニュアルの運用遵守状況について、定期的に点検を行い、不適正な運用がなされている場合には是正措置を講じなければならない. なお、教育・点検及びその是正措置については記録に留め、少なくとも10年以上の保管期限を定め保管しなければならない.

また、各会員及び製造・販売する関係会社は、需要家（販売会社や販売代理店を含む）に対しても、ガイドライン及びマニュアルの教育を実施し、非鉄スラグ製品の製造・販売に関わる遵守事項を周知徹底することとする.

10. 日本鉱業協会への報告と点検

(1) 各会員及び製造・販売する関係会社は、ガイドラインに基づく自社及び製造・販売関係会社の活動状況を半期毎に日本鉱業協会に報告しなければならない.

(2) 各会員及び製造・販売する関係会社は、自社の運用マニュアルに基づいた運用状況を確認するために、第三者機関による監査を1年に1回定期的に実施することとする.

(3) 日本鉱業協会は、各社から提出された半期ごとの報告及び1年毎の第三者機関による監査報告書を有識者の助言を得て確認するものとする.

11. ガイドラインの定期的な点検・整備

本ガイドラインは、有識者の助言を得て少なくとも1回/年の点検を行い、日本鉱業協会は必要に応じて改正を行う.

（本ガイドライン制定・改正）

２００５年　９月３０日制定
２００８年　２月　１日改正
２０１５年　９月３０日改正
２０１６年　２月２５日改正

以上

別紙 1

非鉄スラグ製品の使用場所・用途

使 用 可：○
使用不可：－

<table>
<tr><th colspan="3">用　途</th><th colspan="3">非鉄スラグ</th></tr>
<tr><th>大区分</th><th>中区分</th><th>小区分</th><th>フェロニッケルスラグ</th><th>銅スラグ</th><th>亜鉛スラグ</th></tr>
<tr><td rowspan="5">コンクリート工</td><td rowspan="3">一般用途</td><td>細 骨 材</td><td>○</td><td>○</td><td>－</td></tr>
<tr><td>粗 骨 材</td><td>○</td><td>－</td><td>－</td></tr>
<tr><td>レジコン用混和剤</td><td>○</td><td>－</td><td>－</td></tr>
<tr><td rowspan="2">港湾用途</td><td>細 骨 材</td><td>○</td><td>○</td><td>－</td></tr>
<tr><td>粗 骨 材</td><td>○</td><td>－</td><td>－</td></tr>
<tr><td colspan="2">コンクリート製品</td><td>細 骨 材</td><td>○</td><td>○</td><td>－</td></tr>
<tr><td rowspan="5">舗装工</td><td>アスファルト混合物</td><td>アスファルト混合物用骨材</td><td>○</td><td>○</td><td>－</td></tr>
<tr><td rowspan="2">路盤材</td><td>路盤材用骨材</td><td>○</td><td>－</td><td>－</td></tr>
<tr><td>路 盤 材</td><td>○</td><td>－</td><td>－</td></tr>
<tr><td rowspan="2">路床材</td><td>路床材用骨材</td><td>○</td><td>－</td><td>－</td></tr>
<tr><td>路 床 材</td><td>○</td><td>－</td><td>－</td></tr>
<tr><td rowspan="9">土工</td><td rowspan="4">一般用途</td><td>盛土材，覆土材，積載盛土材</td><td>○</td><td>－</td><td>－</td></tr>
<tr><td>造成材、埋戻材</td><td>○</td><td>－</td><td>－</td></tr>
<tr><td>地盤改良材</td><td>○</td><td>－</td><td>－</td></tr>
<tr><td>そ の 他</td><td>○</td><td>－</td><td>－</td></tr>
<tr><td rowspan="5">港湾用途</td><td>ケーソン中詰材</td><td>○</td><td>○</td><td>○</td></tr>
<tr><td>地盤改良材</td><td>○</td><td>○</td><td>－</td></tr>
<tr><td>裏 込 材</td><td>○</td><td>○</td><td>－</td></tr>
<tr><td>藻場，浅場，干潟、覆砂材</td><td>○</td><td>－</td><td>－</td></tr>
<tr><td>埋立材、裏埋材</td><td>○</td><td>－</td><td>－</td></tr>
<tr><td colspan="2" rowspan="2">建築用途</td><td>建材用原料</td><td>○</td><td>○</td><td>○</td></tr>
<tr><td>建 築 資 材</td><td>○</td><td>－</td><td>－</td></tr>
<tr><td colspan="2">ブラスト材</td><td>サンドブラスト材</td><td>○</td><td>○</td><td>○</td></tr>
<tr><td colspan="2" rowspan="6">原　料</td><td>鋳 物 砂</td><td>○</td><td>－</td><td>－</td></tr>
<tr><td>セメント用原料</td><td>○</td><td>○</td><td>○</td></tr>
<tr><td>肥 料 材 料</td><td>○</td><td>－</td><td>－</td></tr>
<tr><td>造 滓 材</td><td>○</td><td>－</td><td>－</td></tr>
<tr><td>製鉄用鉄源</td><td>－</td><td>○</td><td>－</td></tr>
<tr><td>溶接用フラックス</td><td>○</td><td>－</td><td>－</td></tr>
</table>

非鉄スラグ製品の製造・販売ガイドラインの環境安全品質基準

別紙2

用途			試料の種類	判定基準値			試験方法	分析項目	試験頻度	根拠
大区分		小区分		フェロニッケルスラグ	銅スラグ	亜鉛スラグ				
コンクリート用	一般	細骨材	<環境安全形式検査> スラグ骨材又は利用模擬試料 <環境安全受渡検査> スラグ骨材試料	<環境安全形式検査> 環境安全品質基準 (土壌環境基準) <環境安全受渡検査> 環境安全受渡判定値	<環境安全形式検査> 環境安全品質基準 (土壌環境基準) <環境安全受渡検査> 環境安全受渡判定値		JIS K 5011-2.3	<環境安全形式検査> FNS・CUS 8項目 (Cd,Pb,Cr(VI),As,Hg,Se,B) <環境安全受渡検査> FNS：1項目（F） CUS：3項目（Cd,Pb,As)	<環境安全形式検査> 1回/3年以内 <環境安全受渡検査> 1回/製造ロット	FNS JIS A 5011-2 CUS JIS A 5011-3
		粗骨材								
		レジコン用混和剤								
	港湾	細骨材	<環境安全形式検査> スラグ骨材又は利用模擬試料 <環境安全受渡検査> スラグ骨材試料	<環境安全形式検査> 環境安全品質基準 (港湾用途溶出量基準) <環境安全受渡検査> 環境安全受渡判定値	<環境安全形式検査> 環境安全品質基準 (港湾用途溶出量基準) <環境安全受渡検査> 環境安全受渡判定値		JIS K 5011-2.3	<環境安全形式検査> FNS・CUS 8項目 (Cd,Pb,Cr(VI),As,Hg,Se,B) <環境安全受渡検査> FNS：1項目（F） CUS：3項目（Cd,Pb,As)	<環境安全形式検査> 1回/3年以内 <環境安全受渡検査> 1回/製造ロット	FNS JIS A 5011-2 CUS JIS A 5011-3
		粗骨材								
		レジコン用混和剤								
コンクリート製品		細骨材	同上	同上			同上	同上	同上	同上
道路用	アスファルト混合物	アスファルト混合物用骨材	<環境安全形式検査> スラグ骨材又は利用模擬試料 <環境安全受渡検査> スラグ骨材試料	<環境安全形式検査> 環境安全品質基準 (土壌環境基準) <環境安全受渡検査> 環境安全受渡判定値	<環境安全形式検査> 環境安全品質基準 (土壌環境基準) <環境安全受渡検査> 環境安全受渡判定値		JIS K 5011-2.3	<環境安全形式検査> FNS・CUS 8項目 (Cd,Pb,Cr(VI),As,Hg,Se,B) <環境安全受渡検査> FNS：1項目（F） CUS：3項目（Cd,Pb,As	<環境安全形式検査> 1回/3年以内 <環境安全受渡検査> 1回/製造ロット	土壌環境基準 建設分野の規格への環境側面の導入に関する指針 付属書II 道路用スラグに環境安全性品質及びその検査法を導入するための指針(暫定的に適用)
	路盤材	路盤材用骨材	<環境安全形式検査> スラグ骨材又は利用模擬試料 <環境安全受渡検査> スラグ骨材試料	<環境安全形式検査> 環境安全品質基準 (土壌環境基準) <環境安全受渡検査> 環境安全受渡判定値			JIS K 0058-1.2	<環境安全形式検査> FNS 8項目 (Cd,Pb,Cr(VI),As,Hg,Se,B) <環境安全受渡検査> FNS：1項目（F）		
		路盤材	<環境安全形式検査> スラグ骨材又は利用模擬試料 <環境安全受渡検査> 非鉄スラグ試料							
	路床材	路床材用骨材	<環境安全形式検査> スラグ骨材又は利用模擬試料 <環境安全受渡検査> スラグ骨材試料							
		路床材	<環境安全形式検査> 利用模擬試料 <環境安全受渡検査> 非鉄スラグ試料							
土工用	一般	盛土材、覆土材、積載盛土材	非鉄スラグ試料	土壌汚染対策法・ 土壌環境基準			環告18.19号	8項目 (Cd,Pb,Cr(VI),As,Hg,Se,B)	1回/製造ロット	土壌汚染対策法・ 土壌環境基準
		造成材、埋戻材								
		地盤改良材								
		その他								
	港湾	ケーソン中詰材	非鉄スラグ試料	港湾用溶出量基準	港湾用溶出量基準	港湾用溶出量基準	JIS K	8項目 (Cd,Pb,Cr(VI),As,Hg,Se,B)	1回/製造ロット	港湾用途基準 建設分野の規格への環境側面を導入する為の総合報告書（暫定的に適用)
		地盤改良材		港湾用溶出量基準	港湾用溶出量基準		JIS K 0058-1			
		裏込材、裏埋材		土壌汚染対策法・ 土壌環境基準 (港湾用溶出量基準※1)	土壌汚染対策法・ 土壌環境基準 (港湾用溶出量基準※1)	土壌汚染対策法・ 土壌環境基準 (港湾用溶出量基準※1)	環告18.19号 （JIS K 0058-1.2)			
		藻場、浅場、干潟覆砂材		港湾用途基準・ 土壌汚染対策法(含有量)			JIS K 0058-1 環告19号			
		埋立材		土壌汚染対策法・ 土壌環境基準			環告18.19号			土壌汚染対策法・ 土壌環境基準
建築用		建材用原料	非鉄スラグ試料	原料としての納入であり。協議により決定						
		建築資材	非鉄スラグ試料	土壌汚染対策法・ 土壌環境基準	土壌汚染対策法・ 土壌環境基準		環告18.19号	8項目 (Cd,Pb,Cr(VI),As,Hg,Se,B)	1回/製造ロット	土壌汚染対策法・ 土壌環境基準
ブラスト材		サンドブラスト材	非鉄スラグ試料	使用者と協議により決定			■使用後の処理は、廃棄物の処理及び清掃に関する法律の基準遵守			
原料		鋳物材	非鉄スラグ試料	原料としての納入であり。協議により決定						
		セメント用原料	非鉄スラグ試料	原料としての納入であり。協議により決定						
		肥料原料	非鉄スラグ試料	原料としての納入であり。協議により決定						
		造滓材	非鉄スラグ試料	原料としての納入であり。協議により決定						
		製鉄用原料	非鉄スラグ試料	原料としての納入であり。協議により決定						
		溶接用フラックス	非鉄スラグ試料	原料としての納入であり。協議により決定						

※1：土壌と明確に区分されている場合は港湾用溶出量基準を適用する。

付録 Ⅲ

フェロニッケルスラグ細骨材および銅スラグ細骨材混合率確認方法

1. はじめに

普通細骨材とフェロニッケルスラグ細骨材(以下「FNS」という。)または，銅スラグ細骨材(以下「CUS」という。)とを，あらかじめ混合した細骨材を用いる場合には，品質管理のために FNS 混合率または銅スラグ細骨材混合率を調べる必要が生じることがある．すなわち，混合細骨材のフェロニッケルスラグ細骨材混合率または銅スラグ細骨材混合率が不明である場合の混合率の推定および混合細骨材の混合の均一性を調べることが考えられる．このような場合に，フェロニッケルスラグ細骨材混合率または銅スラグ細骨材混合率測定方法が必要となる．

ここに示す混合率の確認方法は，普通細骨材とスラグ細骨材の化学成分の違いに着目し，蛍光X線分析装置を使用した混合率の測定と，密度差が大きいことに着目した混合率の推定を行うものである．尚、本混合率確認方法は,日本鉱業協会が確立したものである．

2. 蛍光X線分析装置による混合率測定方法

2.1 試験方法の考え方

フェロニッケルスラグ細骨材は化学成分として，普通骨材が含有しないマグネシウム(MgO)鉄(FeO)を**表 1** に示すように含有する．本成分について蛍光X線分析装置を利用して分析すると，混合砂のフェロニッケルスラグ細骨材混合率の試験ができることとなる．また， 銅スラグ細骨材は化学成分として，普通骨材が含有しない鉄(FeO)を**表 2** に示すように含有する．本成分について蛍光X線分析装置を利用して分析すると，混合砂の**銅スラグ細骨材**混合率の試験ができることとなる．

表 1.　フェロニッケルスラグ細骨材の化学成分

製錬所名	酸化マグネシウム(MgO) (%)		全鉄(FeO) (%)	
	平均値	最小～最大	平均値	最小～最大
A	30.1	28.9～30.9	6.65	5.99～7.60
B	33.5	31.1～36.0	7.46	5.81～9.07
C	32.0	30.8～32.9	10.65	9.54～11.90

表 2.　銅スラグ細骨材の化学成分

製錬所名	全鉄(FeO) (%)	
	平均値	最大～最小
A	46.3	45.0～48.0
B	42.9	41.0～46.0
C	51.0	48.8～53.1
D	48.8	46.7～50.6
E	39.6	38.5～40.8

2.2　試験方法の検証

2.2.1　フェロニッケルスラグ細骨材骨材混合率の測定方法

フェロニッケルスラグ細骨材と海砂を混合したフェロニッケルスラグ細骨材混合率と Mg，Fe の X 線強度の一例を**図 1，2** に示す．強い相関が認められ，測定方法として使用できることを示している．

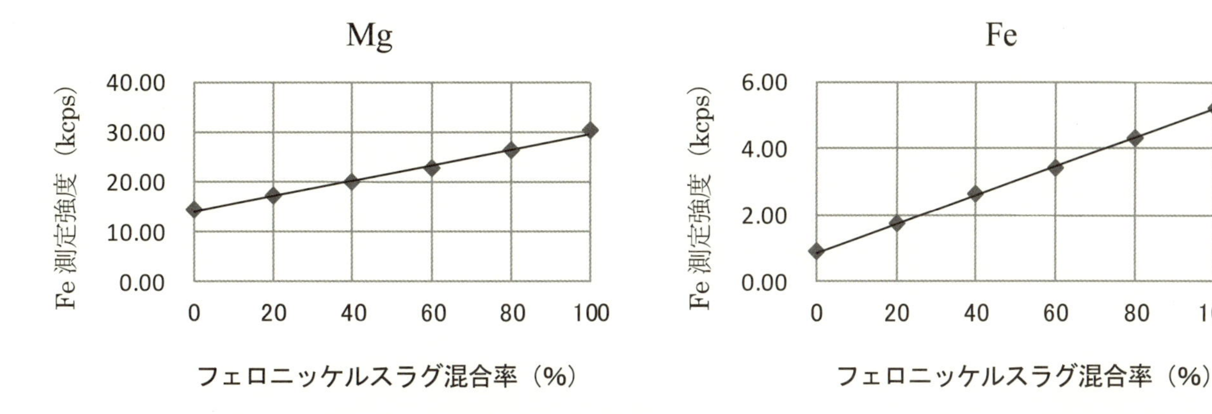

図 1　フェロニッケルスラグ細骨材混合率と Mg の X 線強度　　**図 2　フェロニッケルスラグ細骨材混合率と Fe の X 線強度**

2.2.2　銅スラグ細骨材骨材混合率の測定方法

大阪地区で一般的な海砂，石灰石砕砂，硬質砂岩砕砂と銅スラグ細骨材を重量比(40：20：20：20)で混合した銅スラグ細骨材混合率と Fe の X 線強度の一例を**図 3** に，名古屋地区で一般的な砕砂と銅スラグ細骨材を混合した銅スラグ細骨材混合率と Fe の X 線強度の一例を**図 4** に示す．いずれも，強い相関が認められ，測定方法として使用できることを示している．

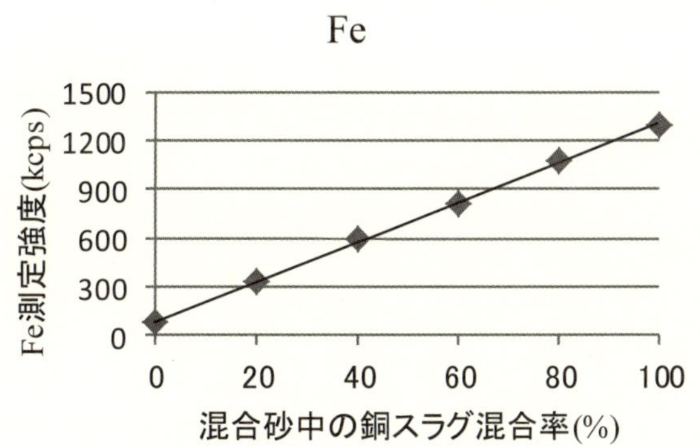

図 3　銅スラグ細骨材混合率と Fe の X 線強度

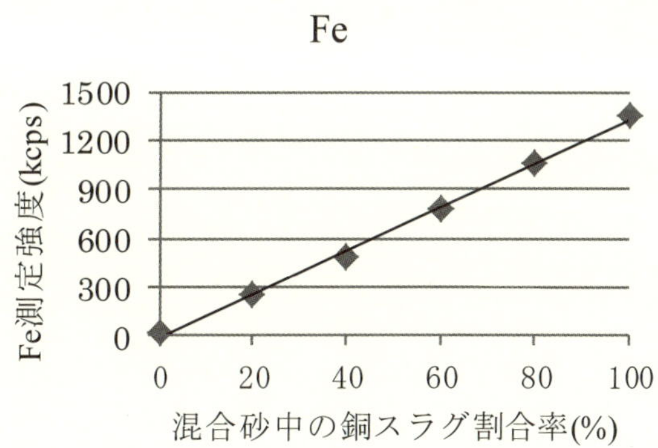

図 4　銅スラグ細骨材混合率と Fe の X 線強度

3.　絶乾密度測定による混合率の推定

3.1　試験方法の考え方

フェロニッケルスラグ細骨材の絶乾密度は，製造所により多少の差はあるが**表 3** に示すように 2.70～3.06g/cm^3 の範囲に分布している．また，銅スラグ細骨材の絶乾密度は，製造所により多少の差はあるが**表 4** に示すように 3.42～3.57g/cm^3 の範囲に分布している．一方，普通骨材の絶乾密度は，地域および産地などによって変化し，全国の生コンクリート工場における骨材の品質実態の調査によれば，**図 5** に示すようにほぼ 2.46

～2.73g/cm^{3}の範囲に分布している．したがって，普通骨材とフェロニッケルスラグ細骨材，銅スラグ細骨材の絶乾密度には絶対的な差がありフェロニッケルスラグ細骨材，銅スラグ細骨材混合骨材の絶乾密度を測定することによりフェロニッケルスラグ細骨材混合率，銅スラグ細骨材混合率の簡易な推定を行う事ができるといえる．

表3　フェロニッケルスラグ細骨材の絶乾密度

製造所名	骨材呼び名	絶乾密度(g/cm^3)	
		平均値	最小～最大
A	FNS1.2	3.05	3.04～3.06
B	FNS5	2.92	2.87～3.01
	FNS5-0.3	2.78	2.70～2.89
C	FNS5	2.99	2.97～3.04

表4　銅スラグ細骨材の絶乾密度

製錬所名	骨材呼び名	絶乾密度(g/cm^3)	
		平均値	最大～最小
A	CUS5-0.3	3.48	3.42～3.54
B	CUS5-0.3	3.48	3.47～3.49
	CUS2.5	3.48	3.47～3.50
C	CUS5-0.3	3.56	3.55～3.57
D	CUS5-0.3	3.47	3.46～3.49
E	CUS2.5	3.48	3.46～3.50

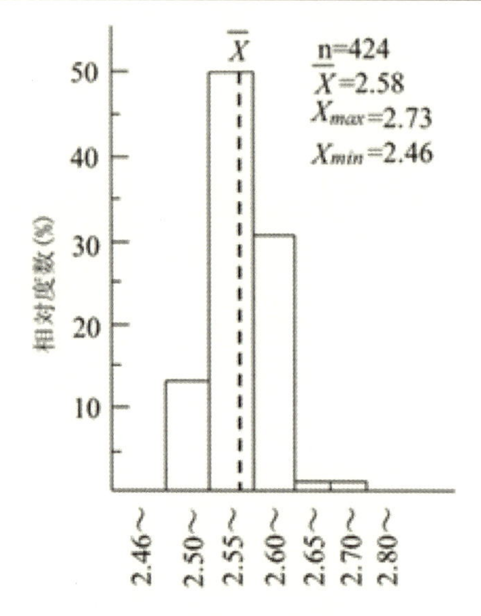

図5　普通細骨材の比重の分布（全国）

（出展：赤井公昭，豊福俊康：骨材の地域特性－全国コンクリート工場使用骨材の品質実態－，コンクリート工学，Vol. 17. No. 8. 1979）

3.2　試験方法の検証

3.2.1　フェロニッケルスラグ細骨材混合率の推定

FNS1.2 と海砂および FNS5 と石灰砕砂の混合率と絶乾密度の関係の一例を図 6 に示す．粒度が異なる FNS1.2 と海砂は，混合率と絶乾密度に相関が認められた．また，粒度が似通った石灰砕砂と FNS5 は，混合率と絶乾密度に強い相関が認められた．以上のことから混合前のフェロニッケルスラグ細骨材と混合した普通骨材の絶乾密度が明らかな場合，フェロニッケルスラグ細骨材混合砂の絶乾密度を測定することでフェロニッケルスラグ細骨材混合率の推定ができることが検証された．

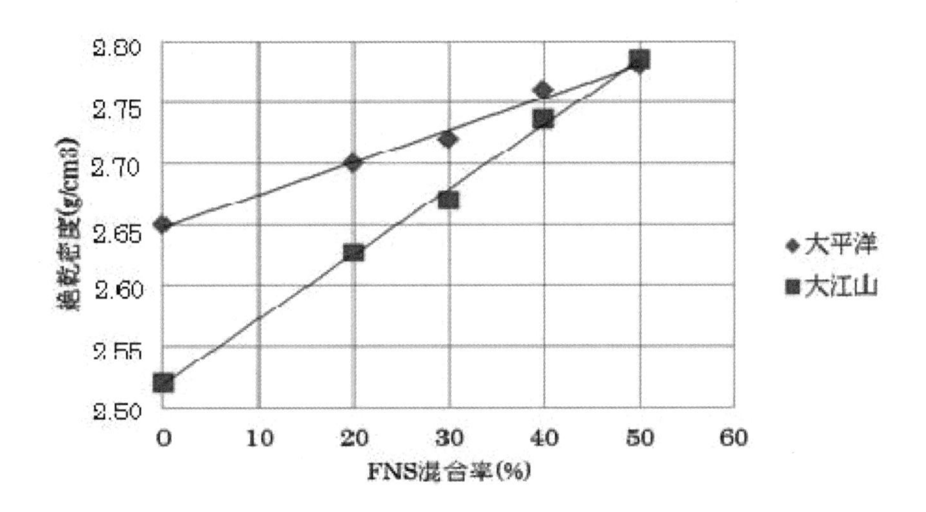

図 6　フェロニッケルスラグ細骨材混合率と絶乾密度の関係

3.2.3　銅スラグ細骨材混合率の推定

CUS2.5 と海砂+砕砂および CUS2.5 と山砂の混合率と絶乾密度の関係の一例を図 7 に示す．混合率と絶乾密度に強い相関が認められた．以上のことから混合前の銅スラグ細骨材と混合した普通骨材の絶乾密度が明らかな場合，銅スラグ細骨材混合砂の絶乾密度を測定することで銅スラグ細骨材混合率の推定ができることが検証された．

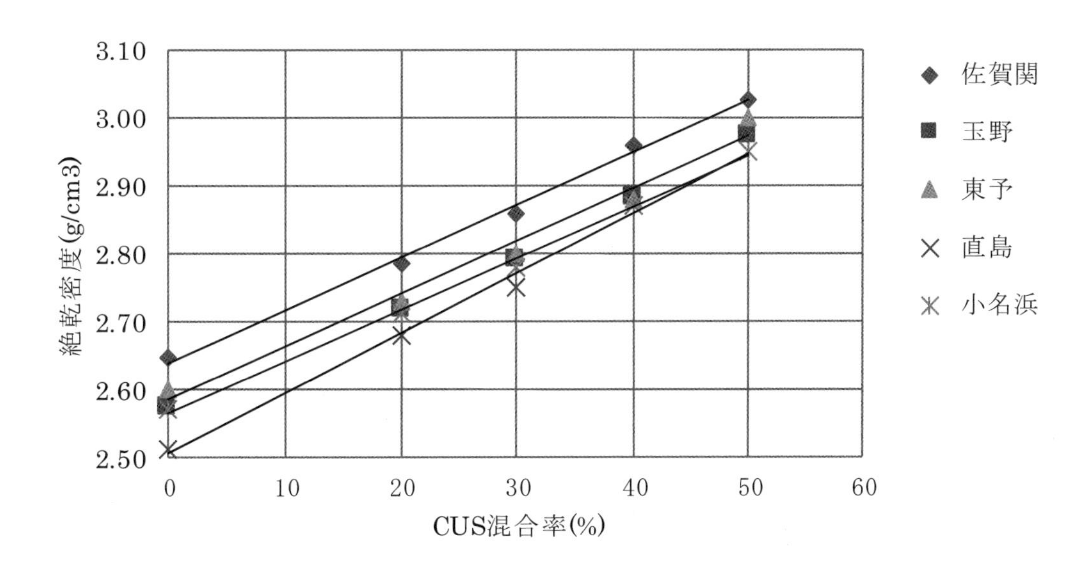

図 7　銅スラグ細骨材混合率と絶乾密度の関係

4.　試験方法

4.1　適用範囲

この試験方法は，混合細骨材を構成しているフェロニッケルスラグ細骨材または銅スラグ細骨材と普通骨材の化学成分の違いまたは絶乾密度の違いを利用したものであり，フェロニッケルスラグ細骨材または銅スラグ細骨材と他の普通細骨材を混合した細骨材のフェロニッケルスラグ細骨材または銅スラグ細骨材混合率の試験または推定に適用する．

4.2　試験方法

4.2.1　蛍光X線試験方法によるフェロニッケルスラグ細骨材または銅スラグ細骨材混合率の推定

4.2.1.1 試験方法

4.2.1.1.1　試料の採り方及び取扱い方

(1) 試料の採取

試料の採取及び約 500 g とするまでの試料の縮分は，JIS M 8100 による．

(2) 試料の調製

試料の調製は，次による．

a) 採取した試料約 500 g を温度 100～110 ℃で恒量となるまで乾燥した後，めのう製乳鉢，又は異物の混入などで試料が汚染されないことをあらかじめ確認した粉砕機で **JIS Z 8801-1** に規定する公称目開き 600 μm の金属製網ふるいを試料の全量が通過するまで粉砕する．ただし，粉砕機を使用する場合において，全量を 600 μm 未満に粉砕できる条件をあらかじめ確認している場合は，600 μm ふるいは使用しなくともよい．

b) 次に，約 30 g の試料を得るまで縮分し，これを更にめのう製乳鉢内又は粉砕機で **JIS Z 8801-1** に規定する公称目開き 150 μm の金属製網ふるいを全量通過させるまですりつぶす．

c) **すりつぶした試料は**，温度 105±5 ℃に調節されている空気浴に入れて乾燥し，2 時間ごとに空気浴から取り出し，デシケータ中で常温まで放冷する．放冷後，試料の質量を測定し，乾燥による質量減少が 2 時間につき 0.1 %以下になるまでこの操作を繰り返す．

(3) 試料のはかり方

試料のはかり方は，次による．

a)　試料のはかりとりに際しては，試料をよくかき混ぜて平均組成が得られるように注意し，また，異物が混入していないことを確かめなければならない．

b)　試料のはかりとりには，化学はかりを用いる．

4.2.1.1.2　蛍光X線分析法

(1) 要　旨

試料に一次 X 線を照射して，試料から発生する蛍光 X 線強度を蛍光 X 線分析装置を用いて測定し，あらかじめ成分含有率既知の試料を用いて，求めてある蛍光 X 線強度と成分含有率との関係線（検量線）から定量値を求める．

(2) 定量範囲

ここで規定する適用成分は，全鉄および酸化マグネシウムとし，定量範囲を**表** 5 に示す．

表 5－定量範囲

単位　（質量分率）%

化学成分	定量範囲
全鉄(FNS)	0.5～15.0
全鉄(CUS)	1～70.0
酸化マグネシウム	5.0～40.0

(3) 一般事項

分析方法に共通な一般事項は，JIS K 0119 による．

(4) 装置

装置は，次による．

a)　蛍光 X 線分析装置　蛍光 X 線分析装置は，JIS K 0119 又は JIS K 0470 に規定するものとし，**表 5** の定量下限域でも十分な測定感度をもつものとする．

b)　加圧成形装置　加圧成形装置は，196～392 kN の能力をもつものとする．

(5) 成形試料調製方法

試料を測定に適した平たん（坦）な面が得られるように金属カップ，金属リング，成形ダイスなどを用いて加圧成形し，平板状の試料とする．

なお，バインダを用いる場合は，試料とバインダを正確にはかりとり，一定の割合で均一に混合し，成形しなければならない．

(6) 分析方法

分析方法は，次による．

a)　スペクトル線　使用するスペクトル線は，**表 6** による．

表 6－スペクトル線

化学成分	スペクトル線		波長 nm	次数
全鉄	Fe	Kα	0.1937	1
酸化マグネシウム	Mg	Kα	0.9890	1

b)　検量線の作成　検量線は，化学分析法によって成分含有率を決定したフェロニッケルスラグ細骨材試料または銅スラグ細骨材試料の数点を用いる．

(5)の方法によって成形作製し，測定元素の蛍光 X 線強度と成分含有率から関係線を求める．

c)　定量　定量は，b) と同一条件で蛍光 X 線強度を測定し，b) で作成した検量線によって行う．

(7)　フェロニッケルスラグ細骨材混合率または，銅スラグ細骨材混合率の算定

フェロニッケルスラグ細骨材混合率または，銅スラグ細骨材混合率と酸化マグネシウムまたは全鉄の含有率の関係を事前に測定しておく．

フェロニッケルスラグ細骨材または銅スラグ細骨材混合砂の酸化マグネシウムまたは全鉄の含有率を測定し，フェロニッケルスラグ細骨材混合率または，銅スラグ細骨材混合率の推定を行う．

4.2.2　絶乾密度測定によるフェロニッケルスラグ細骨材混合率および，銅スラグ細骨材混合率の推定

(1)　試験方法

フェロニッケルスラグ細骨材または銅スラグ細骨材，フェロニッケルスラグ細骨材または銅スラグ細骨材混合砂および普通骨材の絶乾密度の試験方法は,JIS A 1109：2006 に準拠して行う．

(2)　フェロニッケルスラグ細骨材混合率または，銅スラグ細骨材混合率の推定

当該普通骨材についてフェロニッケルスラグ細骨材混合率または銅スラグ細骨材混合率と絶乾密度の関係を事前に測定しておく．フェロニッケルスラグ細骨材または銅スラグ細骨材混合砂の絶乾密度を測定しフェロニッケルスラグ細骨材混合率または銅スラグ細骨材混合率の推定を行う．

付録　Ⅳ

フェロニッケルスラグ骨材に関する文献リスト

1) フェロニッケルスラグのコンクリート用細骨材としての利用に関する研究（中間報告），土木学会コンクリート委員会スラグ小委員会，1984. 7
2) フェロニッケルスラグのコンクリート用細骨材としての利用に関する研究，土木学会コンクリート委員会スラグ小委員会，1985. 7
3) コンクリート用細骨材としてのフェロニッケルスラグの利用に関する研究（中間報告），日本建築学会材料施工委員会第1分科会骨材小委員会フェロニッケルスラグ検討ワーキンググループ，1984. 4
4) コンクリート用細骨材としてのフェロニッケルスラグの利用に関する研究，日本建築学会材料施工委員会第1分科会骨材小委員会フェロニッケルスラグ検討ワーキンググループ，1985. 7
5) コンクリート用細骨材としてのフェロニッケルスラグの品質基準（案），日本建築学会材料施工委員会第1分科会骨材小委員会フェロニッケルスラグ検討ワーキンググループ，1986. 3
6) 廃棄物の建築事業への利用可能性に関する研究（その1），建設省建築研究所，1983. 3
7) 廃棄物の建築事業への利用可能性に関する研究（その2），建設省建築研究所，1984. 3
8) 廃棄物の建築事業への利用可能性に関する研究（その3），建設省建築研究所，1985. 3
9) 廃棄物の建築事業への利用可能性に関する研究（その4），建設省建築研究所，1986. 3
10) ニッケルの概要，日本鉱業協会ニッケル委員会，1981. 5
11) 秋山　淳・山本泰彦：コンクリート用細骨材としてのフェロニッケルスラグの利用，土木学会論文集，第366号/V4，pp. 103～112，1986. 2
12) 秋山　淳・山本泰彦：フェロニッケルスラグのアルカリシリカ反応性，土木学会論文集，第378号/V6，pp. 157～163，1987. 9
13) 秋山　淳・山本泰彦：フェロニッケルスラグ微粉末のアルカリシリカ反応抑制効果，第3回コンクリート工学年次講演会論文集，pp. 603～608，1987
14) 嵩　英雄・和泉意登志・篠崎征夫・奥野　亨：蛇紋岩骨材に起因するコンクリートのポップアウト，セメント・コンクリート，No. 426，pp. 8～15，1982. 8
15) 和泉意登志・嵩　英雄・篠崎征夫・奥野　亨：蛇紋岩骨材に起因するコンクリートのポップアウトについて，第3回コンクリート工学年次講演会論文集，PP. 149～152，1981
16) 枷場重正・川村満紀・本多宗高・助田佐古エ門：コンクリート用骨材としての高炭素フェロクロームスラグおよび高炭素フェロニッケルスラグの利用に関する研究，セメント・コンクリート，No. 348，pp. 30～38，1976. 2
17) 川村満紀・枷場重正：アルカリシリカ反応とその防止対策，土木学会論文集，第348号/V1，pp. 13～26，1984. 8
18) 森野圭二：コンクリート骨材のポップアウトに関する研究，土木学会年次講演会概要集，Vol. 90，pp. 173～174，1978. 9
19) 川瀬清孝・飛坂基夫：フェロニッケルスラグのコンクリート用細骨材への利用に関する研究，日本建築

学会大会学術講演会梗概集，pp. 77～78，1983. 9

20) 沼沢秀夫・飛坂基夫：フェロニッケルスラグのコンクリート用細骨材への利用に関する基礎的実験・建材試験情報 1，pp. 7～14，1982. 1

21) 向井　毅・菊池雅史・石垣泰樹：産業廃棄物のコンクリート用骨材としての利用に関する基礎的検討，その 1，日本建築学会大会学術講演会梗概集，pp. 79～80，1983. 9

22) 向井　毅・菊池雅史・宮本俊次・石垣泰樹：産業廃棄物のコンクリート用骨材としての利用に関する基礎的検討，その 2，日本建築学会大会学術講演会梗概集，pp. 35～36，1984. 10

23) 児島孝之・和田教志・神谷　敏・春名義則：フェロニッケルスラグ細骨材を用いたコンクリートの乾燥収縮性状に関する一実験，土木学会関西支部年次学術講演会概要集，V-12，pp. 1～2，1983. 5

24) 魚本健人・星野富夫：フェロニッケルスラグ細骨材を用いたコンクリートの強度特性，第 38 回セメント技術大会議演要旨，pp. 88～89，1984. 5

25) 小林正几・田中　弘・高橋幸一・前原泰史：フェロニッケルスラグ細骨材を用いたコンクリートの耐凍害性，第 6 回コンクリート工学年次講演会論文集，pp. 73～76，1984. 7

26) 秋山　淳・山本泰彦：コンクリートにおけるフェロニッケルスラグの利用に関する基礎研究，土木学会第 38 回年次学術講演会議演概要集，V-81，pp. 161～162，1983. 9

27) 山本泰彦・秋山　淳：フェロニッケルスラグを用いたコンクリートの耐久性，第 11 回セメント・コンクリート討論会講演要旨集，pp. 13～16，1984. 10

28) 秋山　淳・山本泰彦：フェロニッケルスラグを用いたコンクリートの長期安定性，土木学会第 39 回年次学術講演会議演概要集，V-62，pp. 123～124，1984. 10

29) 魚本健人・星野富夫：フェロニッケルスラグ細骨材を用いたコンクリート強度，土木学会第 38 回年次学術講演会議演概要集，V-80，pp. 159～160，1983. 9

30) 庄谷征美，杉田修一・菅原　隆：非鉄金属スラグコンクリートの 2，3 の問題点について，土木学会第 41 回年次学術講演会講演概要集，V-219，pp. 435～436，1986. 11

31) 菅原　隆・庄谷征美・杉田修一：非鉄金属スラグコンクリートの耐久性について，土木学会第 41 回年次学術講演会議演概要集，V-220，pp. 437～438，1986. 11

32) 菅原　隆・庄谷征美・杉田修一：非鉄金属スラグを用いたコンクリートの凍結融解抵抗性，セメント技術年報，Vol. 41，pp. 363～366，1987

33) 魚本健人・出頭圭三：フェロニッケルスラグ製造時温度と骨材の反応性，セメント技術年報，Vol. 40，pp. 150～153，1986

34) 秋山　淳・山本泰彦：フェロニッケルスラグを用いたコンクリートのポップアウト，土木学会論文集，第 390 号/V-8，pp. 171～178，1988. 2

35) 小林正几・加賀秀治・横山昌寛・杉山鉄男：フェロニッケルスラグのアルカリ骨材反応性について，コンクリート工学年次論文報告集 11-1，pp. 111～116，1989

36) 佐々木政雄・渡辺正実・橋谷正泰：フェロニッケルスラグのポップアウト現象に関する実験研究，足利工業大学卒業研究梗概集，pp. 55～58，1989

37) 松尾泰明・武部博倫・太田能生・森永健次：フェロニッケルスラグの冷却条件と組織に関する研究，資源・素材学会誌，No. 14，pp. 1067～1071，1989

38) 平井　宏・鍋谷　裕・竹内　甫・板迫征二：フェロニッケルスラグを用いたコンクリート，〈消波ブロックの製造と暴露試験〉，セメント・コンクリート，No. 514，pp. 41～48，1989. 12

39）友澤史紀・加賀秀治・横山昌寛：フェロニッケルスラグ細骨材を用いたコンクリートのポンプ施工性に関する実験研究，日本鉱業協会フェロニッケルスラグ利用研究委員会報告書，pp. 146～192，1990. 3

40）横山昌寛：FNS 細骨材 JIS 化に関する検討と今後の作業方針の提案，日本鉱業協会フェロニッケルスラグ利用研究委員会報告書，pp. 193～222，1990. 3

41）岡田　清:回転炉ニッケルスラグのコンクリート用細骨材としての利用研究,日本材料学会報告書,1980. 2

42）杉田修一・庄谷征美・村井浩介：フェロアロイスラグを粗骨材として用いたコンクリートの諸性質について，土木学会第 40 回年次学術講演会議演概要集，V-5，pp. 9～10，1985

43）杉田修一・庄谷征美・菅原　隆：フェロアロイスラグのコンクリート用粗骨材としての利用に関する基本的研究，コンクリート工学年次論文報告集，9-1，pp. 1～6，1987

44）磯島康雄・庄谷征美・菅原　隆：フェロアロイスラグコンクリートの短長期力学特性について，土木学会東北支部技術研究発表会議演概要集，pp. 420～421，1987

45）佐藤眞吾・庄谷征美・菅原　隆：フェロニッケルスラグのコンクリート用細骨材としての利用に関する 2，3 の研究，土木学会東北支部技術研究発表会話演概要集，pp. 426～427，1989

46）再資源化の開発状況調査報告書，㈲クリーンジャパンセンター，pp. 189~201，1985. 3

47）フェロニッケルスラグ細骨材 JIS 化に関する研究,日本鉱業協会フェロニッケルスラグ利用研究委員会，1988. 11

48）星野富夫・魚本健人：フェロニッケルスラグ細骨材を用いたコンクリート強度とポロシチー，土木学会関東支部技術研究発表会議演梗概集，pp. 147～148，1984

49）長田紀晃・鍋谷　裕・庄谷征美：重量コンクリートを用いた消波ブロックの施工試験について，土木学会東北支部技術研究発表会，pp. 540～541，1989. 4

50）FNS モルタルポップアウト発現試験，日本鉱業協会ニッケル委員会，1985. 7

51）フェロニッケルスラグ細骨材の各工場製造管理データ，日本鉱業協会フェロニッケルスラグ利用研究委員会報告書，1990. 3

52）テトラポッド供試体による施工・暴露試験（中間報告書），日本鉱業協会フェロニッケルスラグ利用研究委員会，1988. 5

53）フェロニッケルスラグコンクリート施工実績リスト，日本鉱業協会コンクリート用フェロニッケルスラグ細骨材の研究報告書，pp. 377～455，1991. 10

54）依田彰彦，横室　隆：フェロニッケルモルタルのポップアウトについて，日本建築学会大会学術講演梗概集，PP. 563～564，1991. 9

55）友澤史紀・横山昌寛：フェロニッケルスラグコンクリートの耐久性調査，日本鉱業協会フェロニッケルスラグ細骨材利用研究委員会報告書，pp. 25～53，1990. 3

56）加賀秀治・横山昌寛・鍋谷　裕：フェロニッケルスラグ細骨材の膨張性について，日本鉱業協会フェロニッケルスラグ細骨材利用研究委員会報告書，pp. 54～65，1990. 3

57）横山昌寛：フェロニッケルスラグ細骨材のアルカリシリカ反応におけるペシマム量に関するモルタルバー膨張試験，日本鉱業協会フェロニッケルスラグ細骨材利用研究委員会報告書，pp. 67～72，1990. 3

58）飛坂基夫・横山昌寛：フェロニッケルスラグ細骨材の膨張量抑制方法に関する基礎研究，日本鉱業協会フェロニッケルスラグ細骨材利用研究委員会報告書，pp. 73～78，1990. 3

59）阿部道彦：フェロニッケルスラグ細骨材の強度に関する品質評価，日本鉱業協会コンクリート用フェロ

ニッケルスラグ細骨材研究委員会報告書，pp. 51〜76，1991. 10

60) 陳　　庭・友澤史紀・田村政道：細骨材の表面乾燥飽水状態の測定に関する研究，日本建築学会大会学術講演梗概集，pp. 77〜78，1991. 9

61) 重量コンクリートによる32T型テトラポッドの施工試験について，日本テトラポッド㈱・大平洋金属㈱，1990. 10

62) 依田彰彦：高性能AE減水剤を用いたFNS細骨材コンクリートの品質に関する実験研究，日本鉱業協会コンクリート用フェロニッケルスラグ細骨材研究委員会報告書，pp. 79〜133，1991. 10

63) 松下公大・田村敬二：細骨材にフェロニッケルスラグを用いたコンクリートの配合と強度に関する実験，水曜会誌，Vol. 16，No. 7，pp. 410〜415，1968. 10

64) 横田　啓・西山　孝・平井　宏・村井浩介・鍋谷　裕：フェロニッケルスラグの骨材化ーアルカリ骨材反応性についてー，資源・素材学会秋期大会，pp. 5〜8，1990

65) フェロニッケルスラグ細骨材の基本的性能調査研究，㈲建材試験センター，1980. 3

66) 非鉄製錬からみ類の実態と活用について，日本鉱業協会技術部，1963. 9

67) 庄谷征美：フェロニッケル砂と天然砂を混合使用したモルタル及びコンクリートの品質に関する基礎的検討，日本鉱業協会コンクリート用フェロニッケルスラグ細骨材研究委員会報告書，pp. 135〜223，1991. 10

68) 長瀧重義：FNSを用いたモルタルのASRによる膨張特性とフライアッシュによる反応性抑制効果に関する研究，日本鉱業協会コンクリート用フェロニッケルスラグ細骨材研究委員会報告書，pp. 225〜236，1991. 10

69) 田村　博：FNS細骨材使用コンクリートのアルカリ骨材反応性試験，日本鉱業協会コンクリート用フェロニッケルスラグ細骨材研究委員会報告書，pp. 237〜258，1991. 10

70) 片山哲哉：フェロニッケルスラグの鉱物組成の検討，日本鉱業協会コンクリート用フェロニッケルスラグ細骨材研究委員会報告書，pp. 259〜288，1991. 10

71) 國府勝郎・横山昌寛：フェロニッケルスラグ細骨材の熱的性質に関する調査研究，日本鉱業協会コンクリート用フェロニッケルスラグ細骨材研究委員会報告書，pp. 289〜299，1991. 10

72) コンクリート用フェロニッケルスラグ細骨材品質規準（案），日本鉱業協会コンクリート用フェロニッケルスラグ研究委員会，1991. 10

73) コンクリート用フェロニッケルスラグ細骨材研究報告概要集，日本鉱業協会コンクリート用フェロニッケルスラグ研究委員会，1991. 12

74) M. Shoya, S. Sugita and Y. Tsukinaga : Freeze-Thaw Resistance of Ferro-Nickel Slag Sand Concrete, Proceedings of Workshop on Low Temperature Effects on Concrete, National Research Council Canada, 1991

75) 庄谷征美・杉田修一・鍋谷　裕：二種類のフェロニッケルスラグ細骨材を混合使用したコンクリートの品質について，セメント・コンクリート論文報告集，No. 46，pp. 210〜213，1992. 12

76) F. Tomosawa, M. Yokoyama : An Experimental Study on Alkali Reactivity of Ferro-Nickel Slag Aggregate for Concrete, The 9th International Conference on Alkali-Aggregate Reaction in Concrete, pp. 1067〜1076，1992. 7

77) 横山昌寛・友澤史紀：コンクリート用フェロニッケルスラグ細骨材のアルカリ骨材反応性に関する研究，日本建築学会大会学術講演梗概集，pp. 545〜546，1992. 8

78) フェロニッケルスラグ細骨材を用いたコンクリートのブリーディング特性と耐凍性に関する実験研究，日本建築学会フェロニッケルスラグ研究委員会資料，1992. 10
79) 横山昌寛・飛坂基夫・川瀬清孝：フェロニッケルスラグ細骨材を用いたコンクリートのブリーディング特性および耐凍性に関する研究，日本建築学会大会学術講演会梗概集，1993. 9
80) フェロニッケルスラグ細骨材コンクリートの運搬に伴う品質変化に関する実験研究，土木学会・日本建築学会フェロニッケルスラグ委員会資料，1992. 9
81) 横室　隆・依田彰彦：フェロニッケルスラグを細骨材として用いたコンクリートの性質，コンクリート工学年次講演会論文集，15-1，pp. 239～244，1993. 6
82) 黒井登起雄・梶原敏孝・菊池雅史：混合細骨材中のフェロニッケルスラグ細骨材混合率の推定，日本建築学会大会学術講演梗概集，pp. 427～428，1993. 9
83) 黒井登起雄・梶原敏孝：混合細骨材中のフェロニッケルスラグ細骨材混合率の推定，土木学会第 48 回年次学術講演会議演概要集，pp. 488～489，1993. 9
84) 松村仁夫・黒井登起雄：フェロニッケルスラグ細骨材を用いたコンクリートの諸性質に関する研究，土木学会第48 回年次学術講演会議演概要集，PP. 486～487，1993. 9
85) 庄谷征美・杉田修一・徳橋一樹：フェロニッケルスラグ砂を用いたコンクリートの凍結融解抵抗性，土木学会第46 回年次学術講演会，pp. 558～559，1991. 9
86) 庄谷征美・杉田修一・戸川一夫・中本純次・平石信也：フェロニッケルスラグ細骨材コンクリートの品質について，セメント・コンクリート論文集，No. 47，pp. 166～171，1993. 12
87) 戸川一夫，庄谷征美・高津行秀・斉藤賢三：フェロニッケルスラグ細骨材を用いたコンクリートの諸性質，コンクリート工学年次論文報告集，pp. 245～250，1993. 6
88) 依田彰彦・横室　隆：フェロニッケルモルタルのポップアウトについて，日本建築学会大会学術講演梗概集，PP. 563～564，1991. 9
89) 黒井登起雄・松村仁夫・梶原敏幸・鍋谷　裕・庄谷征夷：混合細骨材の混合率推定及び均一性試験方法の提案，第20回セメント・コンクリート研究討論会論文報告集，1993. 11
90) 依田彰彦・横室　隆：フェロニッケルスラグ細骨材コンクリート・10年までの性質，第20回セメント・コンクリート研究討論会論文報告集，pp. 31~36，1993. 11
91) 依田彰彦：高性能AE減水剤を用いたFNS細骨材コンクリートの品質に関する実験研究，日本鉱業協会コンクリート用フェロニッケルスラグ細骨材研究委員会報告書，pp. 79～133，1991. 10
92) 日本工業規格：JIS A 5011（コンクリート用スラグ骨材）および同解説，日本規格協会，1991. 10
93) 横室　隆・依田彰彦：コンクリート硬化体の組織に関する実験的研究（その 2　細骨材としてフェロニッケルスラグを用いた場合），足利工業大学研究集録第18号，pp. 133～136，1992. 3
94) 日本鉱業協会：コンクリート用フェロニッケルスラグ細骨材について，月刊　生コンクリート，Vol. 12，No. 2，1993. 2
95) 横室　隆・依田彰彦：フェロニッケルスラグを細骨材として用いたコンクリートの性質，コンクリート工学協会年次論文報告集，第18号，15～Ⅰ，pp. 239～244，1993. 6
96) フェロニッケルスラグ細骨材コンクリート施工指針（案），土木学会，1994. 1
97) フェロニッケルスラグ細骨材を用いるコンクリートの設計施工指針（案）・同解説，日本建築学会，1994. 1
98) GUIDLINES FOR CONSTRACTION USING FERRONICKEL SLAG FINE AGGREGATE，JSCE Committee on Ferronickel

Slag Fine Aggregate, January 1994
99) 國府勝郎・川瀬清孝:フェロニッケルスラグ細骨材のコンクリートへの利用,コンクリート工学,Vol. 32, No. 2, pp. 15～22, 1994. 2
100) 横山昌寛：フェロニッケルスラグ細骨材，セメント・コンクリート，No. 569, pp. 49～51, 1994. 7
101) 庄谷征美・杉田修一・月永洋一：フェロニッケルスラグ細骨材を用いたコンクリートの凍結融解抵抗性に関する研究，材料，Vol. 43, No. 491, pp. 976～982, 1994. 8
102) 横山昌寛:フェロニッケルスラグ細骨材のアルカリ骨材反応性および反応性抑制対策方法に関する調査研究報告書のレビュー，日本鉱業協会フェロニッケルスラグ細骨材研究委員会資料，1994. 8
103) 村井浩介・川崎康一・鍋谷　裕：フェロニッケルスラグを用いたコンクリート用細骨材について，フェロアロイ，Vol. 38, No. 1, pp. 53～62, 1994
104) フェロニッケルスラグ〔D〕骨材のアルカリシリカ反応性抑制対策に関する実験研究報告書
〔Phase Ⅰ〕 各種細骨材の化学法によるASR試験　1995. 11
〔Phase Ⅱ〕 モルタルバー法による反応性抑制対策試験（その1）　1995. 11
〔Phase Ⅲ〕 モルタルバー法による反応性抑制対策試験（その2），　1996. 2
〔Phase Ⅳ〕 コンクリートバー法による反応性抑制対策試験（その1），　1996. 4
コンクリートバー法追加試験（その2），　1996. 10
日本鉱業協会 フェロニッケルスラグ細骨材研究委員会
105) 庄谷征美・國府勝郎：フェロニッケルスラグ細骨材〈使い方のポイント〉，セメント・コンクリート，No. 571, pp. 19～28, 1994. 9
106) フェロニッケルスラグ細骨材を用いたコンクリート暴露試験体の耐久性調査（その2）報告書，日本鉱業協会フェロニッケルスラグ研究委員会，1995. 11
107) 戸川一夫・庄谷征美・國府勝郎：フェロニッケルスラグ細骨材コンクリートのブリーディングの低減と耐凍害性および水密性に関する研究，材料，第45巻，第1号，pp. 101～109, 1996. 1
108) 高強度フェロニッケルスラグ細骨材コンクリート関連資料集，日本鉱業協会フェロニッケルスラグ細骨材研究委員会，1996. 4
109) 梶原敏孝・横山昌寛：フェロニッケルスラグ細骨材，コンクリート工学，Vol.34, No. 7, pp. 31～33, 1996. 7
110) フェロニッケルスラグ細骨材の高強度コンクリート用細骨材への適用性に関する試験報告書，日本建築学会フェロニッケルスラグ小委員会資料，日本鉱業協会，1996. 6
111) 大川原修・笠井芳夫・松井　勇・湯法　界・蓮沼輝臣：フェロニッケル砂を用いたモルタルの耐熱性に関する実験研究（その1　実験概要と熱質量減少，熱収縮），日本建築学会大会学術講演梗概集，pp. 647～648, 1996. 9
112) 笠井芳夫・松井　勇・湯浅　昇・大川原修・浅沼輝臣：フェロニッケルスラグ細骨材を用いたモルタルの耐熱性に関する実験研究（その2　圧縮強度，静弾性係数，引張強度の熱変化），日本建築学会大会学術講演梗概集，PP. 649～650, 1996. 9
113) フェロニッケルスラグ細骨材の微粒分がコンクリートの物性に及ぼす影響に関する研究，土木学会スラグ研究委員会資料，日本鉱業協会，1997. 3
114) フェロニッケルスラグ細骨材を用いたコンクリートのブリーディング特性に及ぼす諸要因の影響に関する研究－コンクリート温度，微粒分量，FNS混合率の影響，日本鉱業協会，1997. 6

115）横山昌寛：フェロニッケルスラグを用いたコンクリートの運搬・施工による空気量・単位容積質量の変動の解析と質量管理規準の提案，日本建築学会フェロニッケルスラグ細骨材研究委員会報告，1997．6
116）関川定美・月永洋一・庄谷征美：フェロニッケルスラグ細骨材の高強度コンクリートへの適用性に関する研究，日本建築学会東北支部研究報告集，No．60，pp．305〜308，1997．6
117）フェロニッケルスラグ細骨材（D）を用いた生コンクリートの運搬による品質変化に関する試験報告書（FNS〔D〕$_{2.5}$ を用いた生コンクリートの試験），日本鉱業協会，1997．6
118）M．Shoya，K．Togawa，K．Kokubu：On Properties of Freshly Mixed and Hardend Concrete with Ferro-Nickel Slag Fine Aggregate，1997 International Conference on Engineering Materials，pp．759〜774，Ottawa Canada，1997．6
119）庄谷征美：フェロニッケルスラグ細骨材を用いた高流動コンクリートの研究，日本建築学会 フェロニッケルスラグ細骨材研究委員会資料，1997．7
120）笠井芳夫：フェロニッケルスラグ砂を用いたモルタルの耐熱性に関する実験報告書－1996 年度，1997．6
121）日本工業規格 JIS A 5011-2（コンクリート用スラグ骨材-第 2 部）：フェロニッケルスラグ骨材，日本規格協会，1997．8
122）M．Shoya，S．Togawa，S．Sugita and Y．Tukinaga：Freezing and Thawing Resistance of Concrete with Excessive Bleeding and its Improvement，Fourth CANMET/ACI International Conference on Durability of Concrete，pp．1591〜1602，1997．8
123）S．Nagataki，F．Tomosawa，T．Kaziwara，M．Yokoyama：PROPERTIES OF NONFERROUS METAL SLAG USED AS AGGREGATE FOR CONCRETE，International Conference on Engineering Materials，Ottawa Canada，Vol．I．pp．733〜743，1997．6
124）野中　英・笠井芳夫・松井　勇・湯浅　昇：フェロニッケルスラグ砂を用いたモルタルの加熱および冷却繰返しに対する抵抗性，日本建築学会大会学術講演会梗概集（関東），pp．21〜22，1997．9
125）関川定美・月永洋一・庄谷征美：フェロニッケルスラグ細骨材の高強度コンクリートへの適用性に関する基礎的研究，日本建築学会大会学術講演梗概集（関東），pp．23〜24，1997．9
126）フェロニッケルスラグ細骨材および銅スラグ細骨材を用いたコンクリートの気乾単位容積質量に関する調査研究報告書，日本鉱業協会，1997．10
127）CUS および FNS と軽量粗骨材を用いたコンクリートの品質，日本鉱業協会，1997．10
128）CUS および FNS を用いたコンクリートのポアソン比に関する試験研究，日本鉱業協会，1997．11
129）梶原敏幸・武田重三：「JIS A 5011 コンクリート用スラグ骨材」の改正にかかわる主要点について，月刊生コンクリート，Vol．16，No．9，1997．10
130）依田彰彦・横室　隆：フェロニッケルを骨材として用いたコンクリートの性質，コンクリート工学年次論文報告集，20-2，1998
131）阿波　稔・迫井裕樹・庄谷征美・月永洋一・長瀧重義：フェロニッケルスラグを粗骨材として用いたコンクリートの基礎的性質，コンクリート工学論文集，第 21 巻第 3 号，2010．9
132）呉　承寧・長瀧重義：フェロニッケルスラグ細・粗骨材が高炉セメントコンクリートの特性に及ぼす影響，第 42 回セメント・コンクリート研究討論会論文集，2015．10
133）日本工業規格：JIS A 5011-2　コンクリート用スラグ骨材-第 2 部フェロニッケルスラグ骨材 ，日本規格協会，2016，4

134) 衣田彰彦・横室隆：論文　フェロニッケルスラグを骨材として用いたコンクリートの性質，コンクリート工学年次論文報告書，Vol. 20，No. 2，1998

135) 中島和俊・渡辺　健・橋本親典・石丸啓輔：論文　拘束条件の有無による非鉄スラグ細骨材を用いたコンクリートの乾燥収縮特性の評価，コンクリート工学年次論文集，Vol. 37，No. 1，2015

136) 太田貫之・庄谷征美・阿波稔：スラグ細骨材を用いた自己充填型高流動コンクリートの品質に関する研究，土木学会第53回年次学術講演会，pp. 534～535，1998. 10

137) 小出貴夫、長岡誠一、西本好克、河上浩司：論文　200N/mm2 級超高強度コンクリートにおける使用材料が強度特性に及ぼす影響の検討，コンクリート工学年次論文報告書，Vol. 30，No. 2，2008

138) 阿波　稔・迫井裕樹：フェロニッケルスラグ粗骨材のアルカリシリカ反応に関する試験(迅速法およびモルタルバー法)，八戸工業大学土木建築工学科コンクリート工学研究室報告書，2013.3

139) 岡　友貴・山田悠二・橋本親典・渡邉　健：論文　非鉄スラグ細骨材を用いたコンクリートの施工性能および強度に関する実験的検討，コンクリート工学年次論文集 Vol. 37，No. 1，2015

140) 丸岡正知：フェロニッケルスラグ細骨材を用いた加熱養生コンクリートの物性，土木学会非鉄スラグ骨材コンクリート研究小委員会資料，2015

141) 呉　承寧：フェロニッケルスラグ骨材コンクリートの性能評価，土木学会非鉄スラグ骨材コンクリート研究小委員会資料，2015

142) 呉　承寧：愛知工業大学土木工学科材料研究室試験報告書，愛知工業大学，2014. 12

コンクリート標準示方書一覧および今後の改訂予定

書名	判型	ページ数	定価	現在の最新版	次回改訂予定
2012年制定　コンクリート標準示方書 ［基本原則編］	A4判	35	本体2,800円＋税	2012年制定	2017年度
2012年制定　コンクリート標準示方書 ［設計編］	A4判	609	本体8,000円＋税	2012年制定	2017年度
2012年制定　コンクリート標準示方書 ［施工編］	A4判	389	本体6,600円＋税	2012年制定	2017年度
2013年制定　コンクリート標準示方書 ［維持管理編］	A4判	299	本体4,800円＋税	2013年制定	2017年度
2013年制定　コンクリート標準示方書 ［ダムコンクリート編］	A4判	86	本体3,800円＋税	2013年制定	2017年度
2013年制定　コンクリート標準示方書 ［規準編］ （2冊セット） ・土木学会規準および関連規準 ・JIS規格集	A4判	614＋893	本体11,000円＋税	2013年制定	2017年度

※次回改訂版は、現在版とは編成が変わる可能性があります。

●コンクリートライブラリー一覧●

号数：標題／発行年月／判型・ページ数／本体価格

第 1 号：コンクリートの話－吉田徳次郎先生御遺稿より－／昭.37.5 ／ B 5・48 p.
第 2 号：第 1 回異形鉄筋シンポジウム／昭.37.12 ／ B 5・97 p.
第 3 号：異形鉄筋を用いた鉄筋コンクリート構造物の設計例／昭.38.2 ／ B 5・92 p.
第 4 号：ペーストによるフライアッシュの使用に関する研究／昭.38.3 ／ B 5・22 p.
第 5 号：小丸川 PC 鉄道橋の架替え工事ならびにこれに関連して行った実験研究の報告／昭.38.3 ／ B 5・62 p.
第 6 号：鉄道橋としてのプレストレストコンクリート桁の設計方法に関する研究／昭.38.3 ／ B 5・62 p.
第 7 号：コンクリートの水密性の研究／昭.38.6 ／ B 5・35 p.
第 8 号：鉱物質微粉末がコンクリートのウォーカビリチーおよび強度におよぼす効果に関する基礎研究／昭.38.7 ／ B 5・56 p.
第 9 号：添えばりを用いるアンダーピンニング工法の研究／昭.38.7 ／ B 5・17 p.
第 10 号：構造用軽量骨材シンポジウム／昭.39.5 ／ B 5・96 p.
第 11 号：微細な空げきてん充のためのセメント注入における混和材料に関する研究／昭.39.12 ／ B 5・28 p.
第 12 号：コンクリート舗装の構造設計に関する実験的研究／昭.40.1 ／ B 5・33 p.
第 13 号：プレパックドコンクリート施工例集／昭.40.3 ／ B 5・330 p.
第 14 号：第 2 回異形鉄筋シンポジウム／昭.40.12 ／ B 5・236 p.
第 15 号：デイビダーク工法設計施工指針（案）／昭.41.7 ／ B 5・88 p.
第 16 号：単純曲げをうける鉄筋コンクリート桁およびプレストレストコンクリート桁の極限強さ設計法に関する研究／昭.42.5 ／ B 5・34 p.
第 17 号：MDC 工法設計施工指針（案）／昭.42.7 ／ B 5・93 p.
第 18 号：現場コンクリートの品質管理と品質検査／昭.43.3 ／ B 5・111 p.
第 19 号：港湾工事におけるプレパックドコンクリートの施工管理に関する基礎研究／昭.43.3 ／ B 5・38 p.
第 20 号：フライアッシュを混和したコンクリートの中性化と鉄筋の発錆に関する長期研究／昭.43.10 ／ B 5・55 p.
第 21 号：バウル・レオンハルト工法設計施工指針（案）／昭.43.12 ／ B 5・100 p.
第 22 号：レオバ工法設計施工指針（案）／昭.43.12 ／ B 5・85 p.
第 23 号：BBRV 工法設計施工指針（案）／昭.44.9 ／ B 5・134 p.
第 24 号：第 2 回構造用軽量骨材シンポジウム／昭.44.10 ／ B 5・132 p.
第 25 号：高炉セメントコンクリートの研究／昭.45.4 ／ B 5・73 p.
第 26 号：鉄道橋としての鉄筋コンクリート斜角げたの設計に関する研究／昭.45.5 ／ B 5・28 p.
第 27 号：高張力異形鉄筋の使用に関する基礎研究／昭.45.5 ／ B 5・24 p.
第 28 号：コンクリートの品質管理に関する基礎研究／昭.45.12 ／ B 5・28 p.
第 29 号：フレシネー工法設計施工指針（案）／昭.45.12 ／ B 5・123 p.
第 30 号：フープコーン工法設計施工指針（案）／昭.46.10 ／ B 5・75 p.
第 31 号：OSPA 工法設計施工指針（案）／昭.47.5 ／ B 5・107 p.
第 32 号：OBC 工法設計施工指針（案）／昭.47.5 ／ B 5・93 p.
第 33 号：VSL 工法設計施工指針（案）／昭.47.5 ／ B 5・88 p.
第 34 号：鉄筋コンクリート終局強度理論の参考／昭.47.8 ／ B 5・158 p.
第 35 号：アルミナセメントコンクリートに関するシンポジウム；付：アルミナセメントコンクリート施工指針（案）／ 昭.47.12 ／ B 5・123 p.
第 36 号：SEEE 工法設計施工指針（案）／昭.49.3 ／ B 5・100 p.
第 37 号：コンクリート標準示方書（昭和 49 年度版）改訂資料／昭.49.9 ／ B 5・117 p.
第 38 号：コンクリートの品質管理試験方法／昭.49.9 ／ B 5・96 p.
第 39 号：膨張性セメント混和材を用いたコンクリートに関するシンポジウム／昭.49.10 ／ B 5・143 p.
第 40 号：太径鉄筋 D 51 を用いる鉄筋コンクリート構造物の設計指針（案）／昭.50.6 ／ B 5・156 p.
第 41 号：鉄筋コンクリート設計法の最近の動向／昭.50.11 ／ B 5・186 p.
第 42 号：海洋コンクリート構造物設計施工指針（案）／昭和.51.12 ／ B 5・118 p.
第 43 号：太径鉄筋 D 51 を用いる鉄筋コンクリート構造物の設計指針／昭.52.8 ／ B 5・182 p.
第 44 号：プレストレストコンクリート標準示方書解説資料／昭.54.7 ／ B 5・84 p.
第 45 号：膨張コンクリート設計施工指針（案）／昭.54.12 ／ B 5・113 p.
第 46 号：無筋および鉄筋コンクリート標準示方書（昭和 55 年版）改訂資料【付・最近におけるコンクリート工学の諸問題に関する講習会テキスト】／昭.55.4 ／ B 5・83 p.
第 47 号：高強度コンクリート設計施工指針（案）／昭.55.4 ／ B 5・56 p.
第 48 号：コンクリート構造の限界状態設計法試案／昭.56.4 ／ B 5・136 p.
第 49 号：鉄筋継手指針／昭.57.2 ／ B 5・208 p. ／ 3689 円
第 50 号：鋼繊維補強コンクリート設計施工指針（案）／昭.58.3 ／ B 5・183 p.
第 51 号：流動化コンクリート施工指針（案）／昭.58.10 ／ B 5・218 p.
第 52 号：コンクリート構造の限界状態設計法指針（案）／昭.58.11 ／ B 5・369 p.
第 53 号：フライアッシュを混和したコンクリートの中性化と鉄筋の発錆に関する長期研究（第二次）／昭.59.3 ／ B 5・68 p.
第 54 号：鉄筋コンクリート構造物の設計例／昭.59.4 ／ B 5・118 p.
第 55 号：鉄筋継手指針（その 2）－鉄筋のエンクローズ溶接継手－／昭.59.10 ／ B 5・124 p. ／ 2136 円

●コンクリートライブラリー一覧●

号数：標題／発行年月／判型・ページ数／本体価格

第 56 号 ：人工軽量骨材コンクリート設計施工マニュアル／昭.60.5 ／ B 5・104 p.
第 57 号 ：コンクリートのポンプ施工指針（案）／昭.60.11 ／ B 5・195 p.
第 58 号 ：エポキシ樹脂塗装鉄筋を用いる鉄筋コンクリートの設計施工指針（案）／昭.61.2 ／ B 5・173 p.
第 59 号 ：連続ミキサによる現場練りコンクリート施工指針（案）／昭.61.6 ／ B 5・109 p.
第 60 号 ：アンダーソン工法設計施工要領（案）／昭.61.9 ／ B 5・90 p.
第 61 号 ：コンクリート標準示方書（昭和 61 年制定）改訂資料／昭.61.10 ／ B 5・271 p.
第 62 号 ：PC 合成床版工法設計施工指針（案）／昭.62.3 ／ B 5・116 p.
第 63 号 ：高炉スラグ微粉末を用いたコンクリートの設計施工指針（案）／昭.63.1 ／ B 5・158 p.
第 64 号 ：フライアッシュを混和したコンクリートの中性化と鉄筋の発錆に関する長期研究（最終報告）／昭 63.3 ／ B 5・124 p.
第 65 号 ：コンクリート構造物の耐久設計指針（試案）／平. 元.8 ／ B 5・73 p.
※第 66 号 ：プレストレストコンクリート工法設計施工指針／平.3.3 ／ B 5・568 p. ／ 5825 円
※第 67 号 ：水中不分離性コンクリート設計施工指針（案）／平.3.5 ／ B 5・192 p. ／ 2913 円
第 68 号 ：コンクリートの現状と将来／平.3.3 ／ B 5・65 p.
第 69 号 ：コンクリートの力学特性に関する調査研究報告／平.3.7 ／ B 5・128 p.
第 70 号 ：コンクリート標準示方書（平成 3 年版）改訂資料およびコンクリート技術の今後の動向／平 3.9 ／ B 5・316 p.
第 71 号 ：太径ねじふし鉄筋 D 57 および D 64 を用いる鉄筋コンクリート構造物の設計施工指針（案）／平 4.1 ／ B 5・113 p.
第 72 号 ：連続繊維補強材のコンクリート構造物への適用／平.4.4 ／ B 5・145 p.
第 73 号 ：鋼コンクリートサンドイッチ構造設計指針（案）／平.4.7 ／ B 5・100 p.
※第 74 号 ：高性能 AE 減水剤を用いたコンクリートの施工指針（案）付・流動化コンクリート施工指針（改訂版）／平.5.7 ／ B 5・142 p. ／ 2427 円
※第 75 号 ：膨張コンクリート設計施工指針／平.5.7 ／ B 5・219 p. ／ 3981 円
第 76 号 ：高炉スラグ骨材コンクリート施工指針／平.5.7 ／ B 5・66 p.
第 77 号 ：鉄筋のアモルファス接合継手設計施工指針（案）／平.6.2 ／ B 5・115 p.
第 78 号 ：フェロニッケルスラグ細骨材コンクリート施工指針（案）／平.6.1 ／ B 5・100 p.
第 79 号 ：コンクリート技術の現状と示方書改訂の動向／平.6.7 ／ B 5・318 p.
第 80 号 ：シリカフュームを用いたコンクリートの設計・施工指針（案）／平.7.10 ／ B 5・233 p.
第 81 号 ：コンクリート構造物の維持管理指針（案）／平.7.10 ／ B 5・137 p.
第 82 号 ：コンクリート構造物の耐久設計指針（案）／平.7.11 ／ B 5・98 p.
第 83 号 ：コンクリート構造のエスセティックス／平.7.11 ／ B 5・68 p.
第 84 号 ：ISO 9000 s とコンクリート工事に関する報告書／平 7.2 ／ B 5・82 p.
第 85 号 ：平成 8 年制定コンクリート標準示方書改訂資料／平 8.2 ／ B 5・112 p.
第 86 号 ：高炉スラグ微粉末を用いたコンクリートの施工指針／平 8.6 ／ B 5・186 p.
第 87 号 ：平成 8 年制定コンクリート標準示方書（耐震設計編）改訂資料／平 8.7 ／ B 5・104 p.
第 88 号 ：連続繊維補強材を用いたコンクリート構造物の設計・施工指針（案）／平 8.9 ／ B 5・361 p.
第 89 号 ：鉄筋の自動エンクローズ溶接継手設計施工指針（案）／平 9.8 ／ B 5・120 p.
※第 90 号 ：複合構造物設計・施工指針（案）／平 9.10 ／ B 5・230 p. ／ 4200 円
第 91 号 ：フェロニッケルスラグ細骨材を用いたコンクリートの施工指針／平 10.2 ／ B 5・124 p.
第 92 号 ：銅スラグ細骨材を用いたコンクリートの施工指針／平 10.2 ／ B 5・100 p. ／ 2800 円
第 93 号 ：高流動コンクリート施工指針／平 10.7 ／ B 5・246 p. ／ 4700 円
第 94 号 ：フライアッシュを用いたコンクリートの施工指針（案）／平 11.4 ／ A 4・214 p. ／ 4000 円
※第 95 号 ：コンクリート構造物の補強指針（案）／平 11.9 ／ A 4・121 p. ／ 2800 円
第 96 号 ：資源有効利用の現状と課題／平 11.10 ／ A 4・160 p.
第 97 号 ：鋼繊維補強鉄筋コンクリート柱部材の設計指針（案）／平 11.11 ／ A 4・79 p.
第 98 号 ：LNG 地下タンク躯体の構造性能照査指針／平 11.12 ／ A 4・197 p. ／ 5500 円
第 99 号 ：平成 11 年版　コンクリート標準示方書［施工編］－耐久性照査型－　改訂資料／平 12.1 ／ A 4・97 p.
第100号 ：コンクリートのポンプ施工指針［平成 12 年版］／平 12.2 ／ A 4・226 p.
※第101号 ：連続繊維シートを用いたコンクリート構造物の補修補強指針／平 12.7 ／ A 4・313 p. ／ 5000 円
※第102号 ：トンネルコンクリート施工指針（案）／平 12.7 ／ A 4・160 p. ／ 3000 円
※第103号 ：コンクリート構造物におけるコールドジョイント問題と対策／平 12.7 ／ A 4・156 p. ／ 2000 円
第104号 ：2001 年制定　コンクリート標準示方書［維持管理編］制定資料／平 13.1 ／ A 4・143 p.
第105号 ：自己充てん型高強度高耐久コンクリート構造物設計・施工指針（案）／平 13.6 ／ A 4・601 p.
第106号 ：高強度フライアッシュ人工骨材を用いたコンクリートの設計・施工指針（案）／平 13.7 ／ A 4・184 p.
※第107号 ：電気化学的防食工法　設計施工指針（案）／平 13.11 ／ A 4・249 p. ／ 2800 円
第108号 ：2002 年版　コンクリート標準示方書　改訂資料／平 14.3 ／ A 4・214 p.
第109号 ：コンクリートの耐久性に関する研究の現状とデータベース構築のためのフォーマットの提案／平 14.12 ／ A 4・177 p.
第110号 ：電気炉酸化スラグ骨材を用いたコンクリートの設計・施工指針（案）／平 15.3 ／ A 4・110 p.

●コンクリートライブラリー一覧●

号数：標題／発行年月／判型・ページ数／本体価格

※第111号：コンクリートからの微量成分溶出に関する現状と課題／平 15.5／A 4・92 p.／1600 円
※第112号：エポキシ樹脂塗装鉄筋を用いる鉄筋コンクリートの設計施工指針［改訂版］／平 15.11／A 4・216 p.／3400 円
第113号：超高強度繊維補強コンクリートの設計・施工指針（案）／平 16.9／A 4・167 p.／2000 円
※第114号：2003 年に発生した地震によるコンクリート構造物の被害分析／平 16.11／A 4・267 p.／3400 円
第115号：（CD-ROM 写真集）2003 年，2004 年に発生した地震によるコンクリート構造物の被害／平 17.6／A4・CD-ROM
第116号：土木学会コンクリート標準示方書に基づく設計計算例［桟橋上部工編］／2001 年制定コンクリート標準示方書［維持管理編］に基づくコンクリート構造物の維持管理事例集（案）／平 17.3／A4・192 p.
※第117号：土木学会コンクリート標準示方書に基づく設計計算例［道路橋編］／平 17.3／A4・321 p.／2600 円
第118号：土木学会コンクリート標準示方書に基づく設計計算例［鉄道構造物編］／平 17.3／A4・248 p.
※第119号：表面保護工法　設計施工指針（案）／平 17.4／A4・531 p.／4000 円
第120号：電力施設解体コンクリートを用いた再生骨材コンクリートの設計施工指針（案）／平 17.6／A4・248 p.
第121号：吹付けコンクリート指針（案）　トンネル編／平 17.7／A4・235 p.／2000 円
※第122号：吹付けコンクリート指針（案）　のり面編／平 17.7／A4・215 p.／2000 円
※第123号：吹付けコンクリート指針（案）　補修・補強編／平 17.7／A4・273 p.／2200 円
※第124号：アルカリ骨材反応対策小委員会報告書－鉄筋破断と新たなる対応－／平 17.8／A4・316 p.／3400 円
第125号：コンクリート構造物の環境性能照査指針（試案）／平 17.11／A4・180 p.
第126号：施工性能にもとづくコンクリートの配合設計・施工指針（案）／平 19.3／A4・278 p.／4800 円
※第127号：複数微細ひび割れ型繊維補強セメント複合材料設計・施工指針（案）／平 19.3／A4・316 p.／2500 円
※第128号：鉄筋定着・継手指針［2007 年版］／平 19.8／A4・286 p.／4800 円
第129号：2007 年版　コンクリート標準示方書　改訂資料／平 20.3／A4・207 p.
※第130号：ステンレス鉄筋を用いるコンクリート構造物の設計施工指針（案）／平 20.9／A4・79p.／1700 円
※第131号：古代ローマコンクリート－ソンマ・ヴェスヴィアーナ遺跡から発掘されたコンクリートの調査と分析－／平 21.4／A4・148p.／3600 円
※第132号：循環型社会に適合したフライアッシュコンクリートの最新利用技術－利用拡大に向けた設計施工指針試案－／平 21.12／A4・383p.／4000 円
※第133号：エポキシ樹脂を用いた高機能 PC 鋼材を使用するプレストレストコンクリート設計施工指針（案）／平 22.8／A4・272p.／3000 円
※第134号：コンクリート構造物の補修・解体・再利用における CO_2 削減を目指して－補修における環境配慮および解体コンクリートの CO_2 固定化－／平 24.5／A4・115p.／2500 円
※第135号：コンクリートのポンプ施工指針　2012 年版／平 24.6／A4・247p.／3400 円
※第136号：高流動コンクリートの配合設計・施工指針　2012 年版／平 24.6／A4・275p.／4600 円
※第137号：けい酸塩系表面含浸工法の設計施工指針（案）／平 24.7／A4・220p.／3800 円
※第138号：2012 年制定　コンクリート標準示方書改訂資料－基本原則編・設計編・施工編－／平 25.3／A4・573p.／5000 円
※第139号：2013 年制定　コンクリート標準示方書改訂資料－維持管理編・ダムコンクリート編－／平 25.10／A4・132p.／3000 円
※第140号：津波による橋梁構造物に及ぼす波力の評価に関する調査研究委員会報告書／平 25.11／A4・293p.＋CD-ROM／3400 円
※第141号：コンクリートのあと施工アンカー工法の設計・施工指針（案）／平 26.3／A4・135p.／2800 円
※第142号：災害廃棄物の処分と有効利用－東日本大震災の記録と教訓－／平 26.5／A4・232p.／3000 円
※第143号：トンネル構造物のコンクリートに対する耐火工設計施工指針（案）／平 26.6／A4・108p.／2800 円
※第144号：汚染水貯蔵用 PC タンクの適用を目指して／平 28.5／A4・228p.／4500 円
※第145号：施工性能にもとづくコンクリートの配合設計・施工指針［2016 年版］／平 28.6／A4・338p.+DVD-ROM／5000 円
※第146号：フェロニッケルスラグ骨材を用いたコンクリートの設計施工指針／平 28.7／A4・216p.／2000 円
※第147号：銅スラグ細骨材を用いたコンクリートの設計施工指針／平 28.7／A4・188p.／1900 円

※は土木学会にて販売中です．価格には別途消費税が加算されます．

定価（本体 2,000 円＋税）

コンクリートライブラリー146
フェロニッケルスラグ骨材を用いたコンクリートの設計施工指針

平成 28 年 7 月 27 日　第 1 版・第 1 刷発行

編集者……公益社団法人　土木学会　コンクリート委員会
非鉄スラグ骨材コンクリート研究小委員会
委員長　宇治　公隆
発行者……公益社団法人　土木学会　専務理事　塚田　幸広

発行所……公益社団法人　土木学会
〒160-0004　東京都新宿区四谷 1 丁目（外濠公園内）
TEL　03-3355-3444　FAX　03-5379-2769
http://www.jsce.or.jp/
発売所……丸善出版株式会社
〒101-0051　東京都千代田区神田神保町 2-17　神田神保町ビル
TEL　03-3512-3256　FAX　03-3512-3270

ISBN978-4-8106-0887-8
印刷・製本・用紙：勝美印刷（株）